高等院校应用型本科规划教材

仪器分析实验教程

（第三版）

钱晓荣　郁桂云　主编

吴　静　刘红霞　副主编

华东理工大学出版社
EAST CHINA UNIVERSITY OF SCIENCE AND TECHNOLOGY PRESS

·上海·

图书在版编目(CIP)数据

仪器分析实验教程 / 钱晓荣,郁桂云主编. —3 版
. —上海:华东理工大学出版社,2021.4(2024.7 重印)
高等院校应用型本科规划教材
ISBN 978 - 7 - 5628 - 6459 - 2

Ⅰ. ①仪… Ⅱ. ①钱…②郁… Ⅲ. ①仪器分析-实
验-高等学校-教材 Ⅳ. ①O657 - 33

中国版本图书馆 CIP 数据核字(2021)第 042242 号

内 容 提 要

全书共分 13 章。首先,介绍了分析实验的基础知识,包括仪器分析实验的要求、实验室规章、实验用水的规格和制备、常用玻璃器皿的洗涤、化学试剂与试样的准备等内容。其次,重点介绍了常用的仪器分析方法原理、仪器结构与原理和实验内容,主要包括原子发射光谱法、原子吸收光谱法、紫外-可见分光光度法、红外光谱法、气相色谱法、液相色谱法、质谱分析法、电位分析法、极谱分析法、电导分析法等。最后,介绍了 11 个设计性实验以及常用的参考资料。为了便于使用,本书还专门在每章后面安排附录介绍各类仪器实际操作方法。

本书可作为化学、化工、材料、生物、环境、制药等专业的仪器分析实验课程教材,也可供相关专业实验人员参考。

项目统筹 / 吴蒙蒙
责任编辑 / 吴蒙蒙
装帧设计 / 徐　蓉
出版发行 / 华东理工大学出版社有限公司
　　　　　地址:上海市梅陇路 130 号,200237
　　　　　电话:021 - 64250306
　　　　　网址:www.ecustpress.cn
　　　　　邮箱:zongbianban@ecustpress.cn
印　　刷 / 上海展强印刷有限公司
开　　本 / 787 mm×1092 mm　1/16
印　　张 / 16.75
字　　数 / 405 千字
版　　次 / 2009 年 7 月第 1 版
　　　　　2021 年 4 月第 3 版
印　　次 / 2024 年 7 月第 3 次
定　　价 / 58.00 元

第三版前言

仪器分析实验课程是生命科学、环境科学、食品、材料、农业、化学、化工等多个专业领域的基础技能课程之一，是仪器分析课程教学中的重要环节。学好该课程不仅可以培养学生的基本技能、实践能力、科学素养，而且可以提高学生使用各类分析仪器的能力，并增强学生的创新能力。加强仪器分析实验教学对于全面提高学生分析仪器操作、分析数据处理能力非常重要，为以后从事相关工作打好基础，而仪器分析实验教材则是做好分析实验教学的重要依据。因此，为了进一步适应材料等新兴学科和分析仪器高新技术的发展，适应高等工科院校实际情况和当前教学改革的需要，以及服务地方企业的要求，编者在原有教材基础上进行了修订。

本教材在修订后，内容上力求既结合实际，又面向未来，更加突出实用性的特点。根据最新仪器设备的情况，对实验条件进行了优化；分析对象除原有的生物、食品、药品、土壤等之外，还涉及环境监测、新材料和地方企业产品分析；兼顾各个专业的特点和需要，并更加贴近生活和地方企业需求，增加了质量控制与统计分析内容。增加了若干先进仪器及其操作规程，替换淘汰设备，以提高本教材的适用性。替换了某些实验项目，适当提高了设计性实验内容的比例，增加了某些实验内容的难度，以满足不同层次读者的需要，提高了教材的适应性。增加了正交试验设计，以及 Origin、Microsoft Excel 等软件在数据处理中的应用等内容，提高学生数据处理和数据分析的能力，丰富了教材内容。

全书共 13 章，包括仪器分析实验的要求、实验室一般知识、原子发射光谱法、原子吸收光谱法、紫外-可见分光光度法、红外光谱法、气相色谱法、液相色谱法、质谱分析法、电位分析法、极谱分析法、电导分析法和设计性实验等内容，涵盖了各种分析方法的数据分析等内容。

本书由钱晓荣、郁桂云主编，吴静、刘红霞为副主编。盐城工学院化学化工学院的陈亮、葛成艳、张蓓蓓、徐加应、石文艳等教师参加了部分实验内容的编写，在此深表谢意。

由于编者水平有限，书中缺点、错误在所难免，恳请读者批评指正。

编　　者

2020 年 12 月

第二版前言

仪器分析实验课程是生命科学、环境科学、食品、材料、农业、化学、化工等多个专业领域的基础技能课程之一，是仪器分析课程教学中的重要环节。学好该课程不仅可以培养学生的基本技能、实践能力、科学素养，而且可以增强学生的创新能力。加强仪器分析实验教学对于全面提高学生的分析素质非常重要，而仪器分析实验教材则是搞好分析实验教学的重要依据。因此，为了进一步适应新兴学科、高新技术的发展，适应高等工科院校实际情况和当前教学改革的需要，以及服务地方企业的要求，编者对原有教材进行了修订。

本书在内容上，力求既结合实际，又面向未来，更加突出实验方法"实用、适用、简便和先进性"的特点；分析对象选取了生物、食品、药品、地质、土壤、水体等，兼顾到各个专业的特点和需要。增加了若干先进仪器的操作规程，以提高本书的适用性。增加了某些实验项目，以提高本书的全面性。适当加了某些实验内容的深度，以满足不同层次读者的需要。

全书共 13 章，选择了包括分析实验室规则，实验室安全规则，分析实验室用水的规格和制备，常用玻璃器皿的洗涤，化学试剂、分析试样的准备和分解等仪器分析实验的前期准备内容。具体的实验内容涉及原子发射光谱法、原子吸收光谱法、紫外-可见分光光度法、红外光谱法、质谱分析法、电导分析法、电位分析法、极谱和伏安分析法、气相色谱法和高效液相色谱法，以及分析化学中的质量控制和统计分析、设计性实验等。

本书由郁桂云、钱晓荣主编，吴静、刘红霞为副主编。盐城工学院化工实验中心的冒爱荣、陈亮、潘梅、葛成艳等教师参与了部分仪器分析实验内容的编写，在此深表谢意。

由于编者水平所限，书中缺点、错误在所难免，恳请读者批评指正。

编　　者

2015 年 3 月

前　　言

　　分析化学是一门信息科学,可以提供有关物质定性、定量及结构等信息。分析化学包括化学分析和仪器分析。仪器分析与化学分析相比,发展更快。目前,在科学研究、工农业生产、医学、药物和环境等领域中,所遇到的大部分表征与测量任务已由仪器分析来承担。本书是根据普通高等工科院校实际情况和当前教学改革的需要,以及服务地方企业的要求,在多年教学实践和总结的基础上编写而成的。

　　鉴于仪器分析的方法和内容迅速增加,重要性日益突出,本教材编写过程中,将实验内容安排了三个层次的实验,即基本实验、综合性实验及设计性实验。基本实验中有理论验证性实验和反映化学理论应用的实际样品分析实验。综合性实验要求一个实验具有从采样、制样、分析、数据处理及评价全过程的完整性。设计性实验是学生在完成教学要求的基本实验和综合性实验的基础上,自选题目,在教师指导下,通过查阅文献资料,独立地拟定实际样品的分析方法和实验步骤,完成实验并写出报告。

　　全书共13章,选择了包括分析实验室规则,实验室安全规则,分析实验室用水的规格和制备,常用玻璃器皿的洗涤,化学试剂、分析试样的准备和分解等仪器分析实验的前期准备内容。具体的实验内容涉及原子发射光谱法、原子吸收光谱法、紫外-可见分光光度法、红外光谱法、气相色谱法、液相色谱法、质谱分析法、电位分析法、极谱分析法、电导分析法,还有设计性实验等。

　　本书由钱晓荣、郁桂云主编,吴静、刘红霞为副主编。盐城工学院化工实验中心的冒爱荣、陈亮、潘梅、葛成艳和曹燕等教师参与了部分仪器分析实验内容的编写,在此深表谢意。

　　由于编者水平所限,书中缺点、错误在所难免,恳请读者批评指正。

编　　者

2009 年 5 月

目　　录

第1章　仪器分析实验的要求 …………………………………………………… 1

1.1　分析实验预习 ………………………………………………………… 1

1.2　实验数据的记录 ……………………………………………………… 1

1.3　实验报告 ……………………………………………………………… 2

1.4　正交实验在仪器分析实验中的使用 ………………………………… 6

　　1.4.1　正交实验设计的基本方法 …………………………………… 6

　　1.4.2　正交实验结果直观分析 ……………………………………… 7

　　1.4.3　正交实验设计及结果分析实例 ……………………………… 8

1.5　Origin 软件在仪器分析实验数据处理中的应用 …………………… 9

　　1.5.1　图表绘制 ……………………………………………………… 9

　　1.5.2　标准曲线绘制 ………………………………………………… 12

1.6　Microsoft Excel 软件在实验数据处理中的应用 ………………… 13

　　1.6.1　图表绘制 ……………………………………………………… 14

　　1.6.2　标准曲线绘制 ………………………………………………… 15

第2章　实验室一般知识 ……………………………………………………… 16

2.1　分析实验室用水 ……………………………………………………… 16

　　2.1.1　分析实验室用水的规格 ……………………………………… 16

　　2.1.2　水纯度的检查 ………………………………………………… 17

　　2.1.3　水纯度分析结果的表示 ……………………………………… 17

　　2.1.4　各种纯水的制备 ……………………………………………… 17

　　2.1.5　蒸馏法制纯水与离子交换法制纯水的比较 ………………… 19

2.2　玻璃器皿的洗涤 ……………………………………………………… 20

　　2.2.1　洗涤方法 ……………………………………………………… 20

　　2.2.2　常用洗液的配制 ……………………………………………… 22

　　2.2.3　玻璃仪器的干燥 ……………………………………………… 22

2.3　化学试剂 ……………………………………………………………… 23

　　2.3.1　化学试剂的等级 ……………………………………………… 23

　　2.3.2　试剂的保管与取用 …………………………………………… 24

　　2.3.3　分析试剂的提纯方法 ………………………………………… 25

2.4　分析试样 ……………………………………………………………… 28

　　2.4.1　分析试样的准备 ……………………………………………… 28

2.4.2　试样的分解 ······················· 30

2.5　特殊器皿的使用 ························· 37

2.5.1　铂质器皿 ························· 37

2.5.2　银质器皿 ························· 38

2.5.3　铁质器皿 ························· 39

2.5.4　镍质器皿 ························· 39

2.5.5　石英器皿 ························· 39

2.5.6　玛瑙器皿 ························· 39

2.5.7　刚玉器皿 ························· 40

2.5.8　瓷质器皿 ························· 40

2.5.9　聚四氟乙烯器皿 ··················· 40

2.6　气体钢瓶的使用及注意事项 ················· 40

2.6.1　高压气体钢瓶内装气体的分类 ············ 40

2.6.2　高压气体钢瓶的存放与安全操作 ··········· 41

2.7　常用分析仪器的种类 ······················ 44

2.8　仪器设备使用守则 ························· 45

2.9　实验室安全规则 ························· 45

第3章　原子发射光谱法 ······················ 47

3.1　方法原理 ····························· 47

3.1.1　基本原理 ························· 47

3.1.2　分析方法 ························· 48

3.2　仪器结构与原理 ························· 50

3.3　实验内容 ····························· 54

实验一　微波消解 ICP－AES 法测定食品中的铝 ······· 54

实验二　ICP－AES 法同时测定婴幼儿营养食品中的 14 种元素 ······· 56

实验三　ICP－AES 法测定海洋样品的金属元素 ········ 57

实验四　微波消解/ICP－AES 法测定土壤中的环境有效态金属元素 ······ 59

实验五　ICP－AES 法测定人发中微量铜、铅、锌 ······ 60

附录 1　Optima 4300DV 型电感耦合等离子体发射光谱仪操作规程 ······· 62

第4章　原子吸收光谱法 ······················ 64

4.1　方法原理 ····························· 64

4.1.1　基本原理 ························· 64

4.1.2　分析方法 ························· 65

4.2　仪器结构与原理 ························· 66

4.3　实验内容 ····························· 70

实验一　原子吸收分光光度法测定茶水中的钙和镁 ······ 70

实验二　火焰原子吸收光谱法测定废水中的铜 ········ 72

实验三　原子吸收分光光度法测定黄酒中铜和镉的含量

　　　　　——标准加入法 ·················· 74

实验四　石墨炉原子吸收光谱法测定自来水中痕量镉 ········· 77

实验五　石墨炉原子吸收光谱法测定血清中的铬 ·········· 78

附录2　TAS - 986 原子吸收分光光度计(火焰)的使用 ······· 80

附录3　TAS - 990 墨炉型原子吸收操作规程 ············ 84

第5章　紫外-可见分光光度法 ···················· 86

　5.1　方法原理 ·························· 86

　　5.1.1　基本原理 ······················ 86

　　5.1.2　分析方法 ······················ 86

　　5.1.3　在有机化合物分析中的应用 ·············· 88

　5.2　仪器结构与原理 ······················ 89

　5.3　实验内容 ·························· 93

　　实验一　紫外可见分光光度法测定苯酚的含量 ········· 93

　　实验二　甲基红的酸离解平衡常数的测定 ··········· 95

　　实验三　紫外吸收光谱测定蒽醌粗品中蒽醌的含量和摩尔

　　　　　　吸收系数 ε 值 ················ 97

　　实验四　分光光度法同时测定维生素 C 和维生素 E ······· 99

　　实验五　紫外分光光度法测定饮料中的防腐剂 ········ 101

　　附录4　UV9600 型紫外-可见分光光度计操作规程 ······ 103

　　附录5　TU - 1810/1810S 紫外-可见分光光度计操作规程 ···· 104

第6章　红外光谱法 ······················· 106

　6.1　方法原理 ························· 106

　　6.1.1　基本原理 ····················· 106

　　6.1.2　分析方法 ····················· 108

　6.2　仪器结构与原理 ····················· 108

　6.3　实验内容 ························· 110

　　实验一　薄膜法聚苯乙烯红外测定 ············· 110

　　实验二　苯甲酸红外吸收光谱的测绘——KBr 晶体压片法制样 ···· 112

　　实验三　间、对二甲苯的红外吸收光谱定量分析——液膜法制样 ··· 115

　　实验四　奶粉主要营养成分的傅里叶变换红外光谱法分析 ···· 118

　　实验五　顺、反-丁烯二酸的区分 ·············· 119

　　附录6　Nicolet_is 10 型傅里叶红外光谱仪的操作规程 ····· 120

　　附录7　NEXUS - 670 型傅里叶红外光谱仪操作规程 ······ 124

第7章　气相色谱法 ······················· 127

　7.1　方法原理 ························· 127

7.1.1 基本原理 127

7.1.2 分析方法 127

7.2 仪器结构与原理 130

7.3 实验内容 132

实验一 苯系物的气相色谱定性和定量分析——归一化法定量 132

实验二 邻二甲苯中杂质的气相色谱分析——内标法定量 135

实验三 气相色谱法测定95％乙醇中水的含量 138

实验四 毛细管气相色谱法分离白酒中微量香味化合物 140

实验五 蔬菜中有机磷的残留量的气相色谱分析 142

附录8 Agilent 6890N/GC 操作规程 143

附录9 SP6800A 气相色谱仪操作规程 148

第8章 液相色谱法 149

8.1 方法原理 149

8.1.1 基本原理 149

8.1.2 分析方法 149

8.2 仪器结构与原理 151

8.3 实验内容 156

实验一 高效液相色谱仪的结构认识及基本操作 156

实验二 果汁(苹果汁)中有机酸的分析 157

实验三 色谱柱的评价 159

实验四 利用 HPLC 进行氨基酸分析 161

实验五 萘、联苯、菲的高效液相色谱分析 163

实验六 高效液相色谱法测定人血浆中扑热息痛含量 164

附录10 LC1200 液相色谱仪(Agilent 公司)操作规程 166

附录11 岛津 LC-20A 液相色谱仪操作规程 171

附录12 依利特 P230 II 高效液相色谱仪操作规程 172

附录13 Waters 1525-2414 凝胶渗透色谱(GPC)操作规程 173

附录14 美国戴安 ICS1600 离子色谱仪操作规程 173

附录15 ICS-1100 离子色谱操作规程 174

第9章 质谱分析法 175

9.1 方法原理 175

9.1.1 基本原理 175

9.1.2 分析方法 176

9.2 仪器结构与原理 177

9.3 实验内容 179

实验一 GC-MS 法测定多环芳烃样品 179

实验二 紫苏挥发油 GC-MS 分析 181

　　　实验三　GC－MS法分析焦化废水中的有机污染物 ……………… 182
　　　实验四　可乐饮料中咖啡因的GC－MS定量测定 ………………… 184
　　　附录16　Agilent 6890/5975气质联用仪操作规程 …………………… 185

第10章　电位分析法 …………………………………………………………… 188
　10.1　方法原理 ……………………………………………………………… 188
　　　10.1.1　基本原理 ……………………………………………………… 188
　　　10.1.2　分析方法 ……………………………………………………… 190
　10.2　仪器结构与原理 ……………………………………………………… 192
　10.3　实验内容 ……………………………………………………………… 193
　　　实验一　乙酸的电位滴定分析及其离解常数的测定 ……………… 193
　　　实验二　水中I^-和Cl^-的连续测定——电位滴定法 ……………… 196
　　　实验三　pH计使用及工业废水的pH测定 ………………………… 199
　　　实验四　饮用水中氟含量测定——工作曲线法 …………………… 200
　　　附录17　pHS－3C型酸度计的使用 ………………………………… 202
　　　附录18　ZD－2型自动电位滴定仪的使用 ………………………… 204

第11章　极谱分析法 …………………………………………………………… 205
　11.1　方法原理 ……………………………………………………………… 205
　　　11.1.1　基本原理 ……………………………………………………… 205
　　　11.1.2　分析方法 ……………………………………………………… 206
　　　11.1.3　极谱分析法的应用 …………………………………………… 207
　11.2　仪器结构与原理 ……………………………………………………… 208
　11.3　实验内容 ……………………………………………………………… 210
　　　实验一　阳极溶出伏安法测定水样中的铜、镉含量 ……………… 210
　　　实验二　食盐中碘酸根离子含量测定 …………………………… 212
　　　实验三　烫发液中巯基乙酸的测定 ……………………………… 214
　　　实验四　循环伏安法测亚铁氰化钾 ……………………………… 215
　　　附录19　CHI660B电化学工作站的操作规程 …………………… 217
　　　附录20　IM6eX电化学工作站操作规程 ………………………… 223
　　　附录21　M370微区扫描电化学工作站操作说明 ……………… 223

第12章　电导分析法 …………………………………………………………… 225
　12.1　方法原理 ……………………………………………………………… 225
　　　12.1.1　基本原理 ……………………………………………………… 225
　　　12.1.2　分析方法 ……………………………………………………… 226
　12.2　仪器结构与原理 ……………………………………………………… 228
　12.3　实验内容 ……………………………………………………………… 229
　　　实验一　水及溶液电导率的测定 ………………………………… 229

实验二　盐酸和醋酸混合液的电导滴定 ·············· 231

实验三　电导滴定法测定自来水中溶解氧 ·············· 233

实验四　电导滴定法测定食醋中乙酸的含量 ·············· 234

附录22　DDSJ‐308 型电导率仪结构及使用 ·············· 236

附录23　DDS‐11A 型电导率仪 ·············· 236

第13章　设计性实验 ·············· 239

实验一　铝合金中 Mg、Be、Mn、Mo、Fe、Ti、Si 和 Zn 含量的测定 ·············· 240

实验二　仪器分析及化学分析方法测定水的硬度 ·············· 241

实验三　光度法测定双组分混合物 ·············· 242

实验四　TOC 分析仪测定水中总碳的方法 ·············· 243

实验五　GC 法测定药物中的有机溶剂残留量 ·············· 243

实验六　反相高效液相色谱仪测定水中的氟离子 ·············· 244

实验七　复方阿司匹林中有效成分的分析测定 ·············· 245

实验八　工业废水中有机污染物的分离与鉴定 ·············· 246

实验九　鲜花中挥发性成分的分析测定 ·············· 247

实验十　电位滴定仪分析混合碱的组成并确定各组分含量 ·············· 248

实验十一　绿色植物叶子中叶绿素含量测定的质量控制和统计分析 ·············· 249

附录24　自选实验题目 ·············· 252

附录25　Multi N/C2100 TOC 操作规程 ·············· 254

参考文献 ·············· 255

第1章 仪器分析实验的要求

1.1 分析实验预习

1. 预习是做好实验的前提。每次实验课结束前,实验指导教师对学生下次实验预习提出明确要求,进行必要的预习辅导。

2. 每个学生都要有一个实验记录本,实验记录本应有封面,并注明姓名、班级。每次实验前,按教师要求认真预习,做好充分准备。

3. 实验预习一般应达到下列要求。

(1) 阅读实验教材、参考资料,明确本次实验的目的及全部内容。对实验仪器要有初步了解,实验前要通过预习知道需要使用哪些仪器,并对仪器的相关知识进行初步学习(特别是仪器的操作要领、注意事项)。

(2) 掌握本次实验的主要内容,重点阅读实验中有关实验操作技术及注意事项。

(3) 按教材规定设计实验方案。回答实验教材中的思考题。

(4) 提出自己不懂的问题。自己尝试总结实验所体现的思想,并与教师上课所讲授的内容进行比较、归纳,以提高后期实验报告的质量。

(5) 绘制记录测量数据的表格,一式两份。

总之,实验前要认真阅读教材,明确实验目的和要求,理解实验原理,掌握测量方案,初步了解仪器的构造原理和使用方法,在此基础上写出预习报告。预习报告不是照抄实验教材。

4. 每次实验前指导教师都应检查学生的预习报告,采取全部检查或随机抽查、提问质疑等多种形式,对学生的预习情况给出相应的成绩,作为平时考核的依据之一。

5. 没有预习报告或预习达不到要求者,不准进行实验;拿别人预习报告冒名顶替者,该实验成绩以零分计。

1.2 实验数据的记录

对测量数据进行读数和记录时,应注意以下问题。

(1) 实验过程中的各种数据要及时、真实、准确而清楚地记录下来,并应用一定的表格形式,使数据记录得有条理且不容易遗漏。

（2）指针式显示仪表读数时，应使视线通过指针与刻度标尺盘垂直，读数指针应对准刻度值。有些仪表刻度盘附有镜面，读数时只要指针和镜面内的指针像重合就可读数。记录式显示仪表，如记录仪，记录纸上的数值可以从记录纸上印格读出，也可用尺子测量。

（3）记录测量数据时，应注意有效数字的位数。例如，用分光光度计测量溶液吸光度的时候，如吸光度在 0.8 以下，应记录 0.001 的读数；大于 0.8 而小于 1.5 时，则要求记录 0.01 的读数；如吸光度在 1.5 以上，就失去了准确读数的实际意义。其他等分刻度的量器和显示仪表，应记录所得全部有效数字，即要求记录至最小分度值的后一位。

（4）记录的原始数据不得随意涂改，如需要废弃某些数据，应划掉重记。应将所得数据交给指导教师审阅后进行计算，不允许抄袭和拼凑数据。

1.3　实验报告

1. 实验报告的一般构成

一份简明、严谨、整洁的实验报告是某一实验的记录和总结的综合反映。仪器分析实验报告一般应包括以下内容。

（1）实验名称、完成日期、实验者姓名及合作者姓名。

（2）实验目的。

（3）实验原理。

（4）主要仪器(生产厂家、型号)及试剂(浓度、配制方法)。

（5）主要实验步骤。

（6）实验数据的原始记录及数据处理。

（7）结果处理，包括图、表、计算公式及实验结果。

（8）有关实验的讨论及思考题。

2. 分析(实验)数据的处理

分析(实验)数据的处理是指对原始数据的进一步分析计算，包括绘制图形或表格、数理统计、计算分析结果等，必要时应用简要文字说明。在数据处理中，计算、作图与实验测定数据的误差必须一致，以免在数据处理中带来更大的结果误差。

有时候我们还要对实验数据进行记录、整理、计算、分析、拟合等，从中获得实验结果和寻找物理量变化规律或经验公式，这一过程就是数据处理。常用的数据处理方法有如下几种。

1) 列表法

列表法就是将一组实验数据和计算的中间数据依据一定的形式和顺序列成表格。列表法可以简单明确地表示物理量之间的对应关系，便于分析和发现资料的规律性，也有助于检查和发现实验中的问题，这就是列表法的优点。

设计记录表格时要做到以下几点：

（1）表格设计要合理，以利于记录、检查、运算和分析。

（2）表格中涉及的各物理量，其符号、单位及量值的数量级均要表示清楚，但不要把单位写在数字后。

（3）表中数据要正确反映测量结果的有效数字和不确定度，列入表中的除原始数据外，计算过程中的一些中间结果和最后结果也可以列入表中。

（4）表格要加上必要的说明，实验室所给的数据或查得的单项数据应列在表格的上部，说明写在表格的下部。

2）作图法

实验数据用图形来表示时，可以使测量数据间的相互关系表达得更加简明直观，容易显出最高点、最低点和转折点等，利用图形可直接或间接求得分析结果，便于应用。例如，分光光度法中吸光度与浓度关系的曲线、电位测定法中电位与浓度关系的标准曲线均可以直接用来测定未知含量；电位滴定法则通过画出滴定曲线，从曲线上找到拐点来确定终点；气相色谱中利用图解积分法求峰面积；标准加入法中用外推作图法间接求分析结果。因此，正确地绘制图形是实验后数据处理的重要环节，必须十分重视作图的方法和技术。

作图法的基本规则如下：

（1）根据函数关系选择适当的坐标纸（如直角坐标纸、单对数坐标纸、双对数坐标纸和极坐标纸等）和比例，画出坐标轴，标明物理量符号、单位和刻度值，并写明测试条件。

（2）坐标的原点不一定是变量的零点，可根据测试范围加以选择。在坐标系内，数据描点的原则是，有效数字的可靠要与可靠位对应；可疑数字与可疑位（或称估读位）对应；一般标准的坐标纸上最小格的交点是与倒数第二位有效数字对应的可靠位。最小格之间标可疑数。比如有效数字 13.5，就要用 13 个半小格来表示。0.5 是估读值，应在一个小格之间估计半个小格来表示。纵横坐标比例要恰当，以使图线居中。

（3）描点和连线，根据测量数据，用直尺和笔尖使其函数对应的实验点准确地落在相应的位置；一张图纸上画几条实验曲线时，每条图线应用不同的标记如"＋""×""·""△"等符号标出，以免混淆；连线时，要顾及数据点，使曲线呈光滑曲线（含直线），并使数据点均匀分布在曲线（直线）的两侧，且尽量贴近曲线；个别偏离过大的点要重新审核，属过失误差的应剔去。

（4）标明图名，即作好实验图线后，应在图纸下方或空白的明显位置写上图的名称、作者和作图日期，有时还要附上简单的说明，如实验条件等，使读者一目了然。一般将纵轴代表的物理量写在前面，横轴代表的物理量写在后面，中间用"-"连接。

（5）最后将图纸贴在实验报告的适当位置，便于教师批阅实验报告。

3）图解法

在实验图线绘出以后，可以由图线求出经验公式。图解法就是根据实验绘出图线，用解析法找出相应的函数形式。实验中经常遇到的图线是直线、抛物线、双曲线、指数曲线、对数曲线等。特别当图线是直线时，采用此方法更为方便。

（1）由实验图线建立经验公式的一般步骤

① 根据解析几何知识判断图线的类型；② 由图线的类型判断公式的可能特点；③ 利用半对数、对数或倒数坐标纸，把原曲线改画为直线；④ 确定常数，建立经验公式的形式，并用实验数据来检验所得公式的准确程度。

（2）用直线图解法求直线的方程

如果作出的实验图线是一条直线，则经验公式应为直线方程

$$y = kx + b \tag{1-1}$$

要建立此方程,必须由实验直接求出 k 和 b,其步骤如下。

在图线上选取两点 $P_1(x_1,y_1)$ 和 $P_2(x_2,y_2)$,注意不得使用原始数据点,而应从图线上直接读取,其坐标值最好是整数值。所取的两点在实验范围内应尽量彼此分开一些,以减小误差。由解析几何知,上述直线方程中,k 为直线的斜率,b 为直线的截距。k 可以根据两点的坐标求出,即

$$k=\frac{y_2-y_1}{x_2-x_1} \tag{1-2}$$

截距 b 为 $x=0$ 时的 y 值,若原实验中所绘制的图形并未给出 $x=0$ 段直线,可将直线用虚线延长交于 y 轴,则可量出截距。如果起点不为零,也可以由式

$$b=\frac{x_2y_1-x_1y_2}{x_2-x_1} \tag{1-3}$$

求出截距,将求出的斜率和截距的数值代入方程(1-1)就可以得到经验公式。

(3)曲线改直,曲线方程的建立

在许多情况下,函数关系是非线性的,但可通过适当的坐标变换化成线性关系,在作图法中用直线表示,这种方法叫作曲线改直。做这样的变换不仅是由于直线容易描绘,更重要的是直线的斜率和截距所包含的物理内涵是我们所需要的。举例如下。

① $y=ax^b$　式中 a,b 为常量,可变换成 $\lg y=b\lg x+\lg a$,$\lg y$ 为 $\lg x$ 的线性函数,斜率为 b,截距为 $\lg a$;

② $y=ab^x$　式中 a,b 为常量,可变换成 $\lg y=(\lg b)x+\lg a$,$\lg y$ 为 x 的线性函数,斜率为 $\lg b$,截距为 $\lg a$;

③ $PV=C$　式中 C 为常量,要变换成 $P=C(1/V)$,P 是 $1/V$ 的线性函数,斜率为 C;

④ $y^2=2px$　式中 p 为常量,$y=\pm\sqrt{2p}\,x^{1/2}$,y 是 $x^{1/2}$ 的线性函数,斜率为 $\pm\sqrt{2p}$;

⑤ $y=x/(a+bx)$　式中 a,b 为常量,可变换成 $1/y=a(1/x)+b$,$1/y$ 为 $1/x$ 的线性函数,斜率为 a,截距为 b;

⑥ $s=v_0t+at^2/2$　式中 v_0,a 为常量,可变换成 $s/t=(a/2)t+v_0$,s/t 为 t 的线性函数,斜率为 $a/2$,截距为 v_0。

4)逐差法

当自变量与因变量之间呈线性关系,自变量按等间隔变化,且自变量的误差远小于因变量的误差时,可使用逐差法计算因变量变化的平均值。它既能充分利用实验数据,又具有减小误差的效果,具体做法是将测量得到的偶数组数据分成前后两组,将对应项分别相减,然后再求平均值。

5)最小二乘法做直线拟合

作图法虽然在数据处理中是一个很便利的方法,但在图线的绘制上往往会引入附加误差,尤其在根据图线确定常数时,这种误差有时很明显。为了克服这一缺点,在数理统计中研究了直线拟合问题(或称一元线性回归问题),常用一种以最小二乘法为基础的实验数据处理方法。由于某些曲线的函数可以通过数学变换改写为直线,例如对函数 $y=ae^{-bx}$ 取对数得 $\ln y=\ln a-bx$,$\ln y$ 与 x 的函数关系就变成直线型了。因此这一方法也适用于某些曲线型的规律。

下面就数据处理问题中的最小二乘法原则做一简单介绍。

设某一实验中，可控制的物理量取 x_1，x_2，…，x_n 值时，对应的物理量依次取 y_1，y_2，…，y_n 值。我们假定对 x_i 值的观测误差很小，而主要误差都出现在对 y_i 的观测上。显然如果从 $(x_i，y_i)$ 中任取两组实验数据就可得出一条直线，只不过这条直线的误差有可能很大。直线拟合的任务就是用数学分析的方法从这些观测到的数据中求出一个误差最小的最佳经验公式 $y = a + bx$。按照这一最佳经验公式作出的图线虽然不一定能通过每一个实验点，但是它以最接近这些实验点的方式平滑地穿过它们。很明显，对应于每一个 x_i 值，观测值 y_i 和最佳经验式的 y 值之间存在一偏差 δ_{y_i}，我们称它为观测值 y_i 的偏差，即

$$\delta_{y_i} = y_i - y = y_i - (a + bx_i) \quad (i = 1, 2, 3, \cdots, n) \tag{1-4}$$

最小二乘法的原理就是：如各观测值 y_i 的误差互相独立且服从同一正态分布，当 y_i 的偏差的平方和为最小时，得到最佳经验公式，根据这一原则可求出常数 a 和 b。

以 S 表示 δ_{y_i} 的平方和

$$S = \sum (\delta_{y_i})^2 = \sum [y_i - (a + bx_i)]^2 \tag{1-5}$$

式中，y_i 和 x_i 是测量值，都是已知量；a 和 b 是待求值。因此，S 实际是 a 和 b 的函数，a、b 应满足使 S 为最小值。令 S 对 a 和 b 的偏导数为零，即可解出满足式(1-5)的 a、b 值。

$$\frac{\partial S}{\partial a} = -2 \sum (y_i - a - bx_i) = 0, \frac{\partial S}{\partial b} = -2 \sum (y_i - a - bx_i)x_i = 0$$

即

$$\sum y_i - na - b \sum x_i = 0, \sum x_i y_i - a \sum x_i - b \sum x_i^2 = 0$$

解得

$$a = \frac{\sum x_i y_i \sum x_i - \sum y_i \sum x_i^2}{\left(\sum x_i\right)^2 - n \sum x_i^2}, b = \frac{\sum x_i \sum y_i - n \sum x_i y_i}{\left(\sum x_i\right)^2 - n \sum x_i^2} \tag{1-6}$$

将得出的 a 和 b 代入直线方程，即得到最佳的经验公式 $y = a + bx$。

上面介绍了使用最小二乘法求经验公式中的常数 a 和 b 的方法。它是一种直线拟合法，在科学实验中的应用很广泛，特别是有了计算机后，计算速度大大提高，计算精度也能保证，因此它是很有用又很方便的方法。用这种方法计算的常数值 a 和 b 是"最佳的"，但并不是没有误差，它们的误差估算比较复杂。一般来说，一列测量值的 δ_{y_i} 大（即实验点对直线的偏离大），那么由这列数据求出的 a、b 值的误差也大，由此定出的经验公式可靠程度就低；如果一列测量值的 δ_{y_i} 小（即实验点对直线的偏离小），那么由这列数据求出的 a、b 值的误差就小，由此定出的经验公式可靠程度就高。直线拟合中的误差估计问题比较复杂，可参阅其他资料，这里不做介绍。

为了检查实验数据的函数关系与得到的拟合直线符合的程度，数学上引进了线性相关系数 r 来进行判断。r 定义为

$$r = \frac{\sum (\Delta x_i \Delta y_i)}{\sqrt{\sum (\Delta x_i)^2 \cdot \sum (\Delta y_i)^2}} \qquad (1-7)$$

式中，$\Delta x_i = x_i - \overline{x}$；$\Delta y_i = y_i - \overline{y}$。

r 的取值范围为 $-1 \leqslant r \leqslant 1$，根据相关系数 r 的大小可以判断实验数据是否符合线性关系。如果 r 很接近于 1，则各实验点均在一条直线上。普通物理实验中，r 如果达到 0.999，就表示实验数据的线性关系良好，各实验点聚集在一条直线附近。相反，相关系数 $r = 0$ 或趋近于零，说明实验数据很分散，无线性关系。因此用直线拟合法处理数据时要计算相关系数。

1.4   正交实验在仪器分析实验中的使用

在仪器分析实验过程中经常遇到这样的问题，如用原子荧光光谱仪测定水或矿物中的铅时，发现灯电流、光电倍增管、负高压、载气(氩气)流量、观测高度和温度、硼氢化钾浓度、盐酸和铁氰化钾、草酸混合溶液浓度等都对测定灵敏度有影响，因此用最简单的方法、最少的检测次数找出最佳的仪器分析条件是十分必要的。若对上述各影响水平的组合进行全面实验，则需做 $n = 4 \times 4 \times 4 \times 4 \times 4 \times 4 \times 4 \times 4 = 65\,536$ 次实验。若每天做 1 000 组实验，则需 $N = 65\,536/1\,000 \approx 66$ 天。因此，对于多因素实验，存在一个如何安排好实验的问题。正交实验设计就是通过多因素实验来寻求最优化水平组合的一种高效率实验设计方法。它利用一套现存规格化的表——正交表，来安排实验，通过少量的实验获得满意的实验结果。

1.4.1   正交实验设计的基本方法

正交实验设计包含两个内容：(1) 怎样安排实验；(2) 如何分析实验结果。

正交表是预先编制好的一种表格。例如，正交表 $L_4(2^3)$，见表 1-1，其中字母 L 表示正交，它的 3 个数字有 3 种不同的含义：

(1) $L_4(2^3)$ 表的结构：有 4 行 3 列，表中出现 2 个反映水平的数码 1，2。

(2) $L_4(2^3)$ 表的用法：做 4 次实验，最多可安排 2 水平的因素 3 个。

(3) $L_4(2^3)$ 表的效率：3 个 2 水平的因素。它的全部实验数为 $2^3 = 8$ 次，使用正交表只需从 8 次实验中选出 4 次来做实验，这样效率是高的。

表 1-1   正交表 $L_4(2^3)$

实验号	列 号		
	1	2	3
1	1	1	1
2	1	2	2
3	2	1	2
4	2	2	1

正交表的特点：

（1）表中任一列，不同数字出现的次数相同。如正交表 $L_4(2^3)$ 中，数字 1，2 在每列中均出现 2 次。

（2）表中任两列，其横向形成的有序数对出现的次数相同。如表 $L_4(2^3)$ 中任意两列，数字 1，2 间的搭配是均衡的。

1.4.2　正交实验结果直观分析

正交实验设计的直观分析就是通过计算，将各因素、水平对实验结果指标的影响大小，通过极差分析进行综合比较，以确定最优化实验方案。我们也称之为极差分析法。

下面以 $L_4(2^3)$ 正交实验结果为例介绍极差分析法（表 1-2）。极差指的是各列中各水平对应的实验指标平均值的最大值与最小值之差。用极差法分析正交实验结果可引出以下几个结论：

（1）在实验范围内，各列对实验指标的影响从大到小排队。某列的极差最大，表示该列的数值在实验范围内变化时，使实验指标数值的变化最大。因此各列对实验指标的影响从大到小排队，就是各列极差 R 的数值从大到小排队。

（2）实验指标随各因素的变化趋势。为了能更直观地看到变化趋势，常将计算结果绘制成图。

（3）使实验指标最好的适宜的操作条件（适宜的因素水平搭配）。

（4）可对所得结论和进一步的研究方向进行讨论。

表 1-2　$L_4(2^3)$ 正交实验计算

实验号 n	列　　　号			实验指标 y_i
	1	2	3	
1	1	1	1	y_1
2	1	2	2	y_2
3	2	1	2	y_3
4	2	2	1	y_4
I_j	$I_1 = y_1 + y_2$	$I_2 = y_1 + y_3$	$I_3 = y_1 + y_4$	
II_j	$II_1 = y_3 + y_4$	$II_2 = y_2 + y_4$	$II_3 = y_2 + y_3$	
k_j	$k_1 = 2$	$k_2 = 2$	$k_3 = 2$	
I_j / k_j	I_1 / k_1	I_2 / k_2	I_3 / k_3	
II_j / k_j	II_1 / k_1	II_2 / k_2	II_3 / k_3	
极差（R_j）	max{ }－min{ }	max{ }－min{ }	max{ }－min{ }	

注：I_j——第 j 列"1"水平所对应的实验指标的数值之和；

　　II_j——第 j 列"2"水平所对应的实验指标的数值之和；

　　k_j——第 j 列同一水平出现的次数，等于实验的次数（n）除以第 j 列的水平数；

　　I_j / k_j——第 j 列"1"水平所对应的实验指标的平均值；

　　II_j / k_j——第 j 列"2"水平所对应的实验指标的平均值；

　　R_j——第 j 列的极差，等于第 j 列各水平对应的实验指标平均值中的最大值减最小值，即 $R_j = \max\{ I_j / k_j, II_j / k_j \} - \min\{ I_j / k_j, II_j / k_j \}$。

1.4.3 正交实验设计及结果分析实例

【例1-1】 采用酶解辅助水蒸气蒸馏的方法提取玫瑰精油,通过对酶解条件的探索,对玫瑰精油的提取工艺进行设计和优化,找到最佳的提取条件。

解: 考虑到影响精油提取率的主要因素有酶解时间、酶解温度和酶用量,所以选取这3个因素为变量。那么如何安排实验才能获得最高的萃取率呢? 如果对每个因素每个水平进行搭配实验,必须做27次实验。进行27次实验需要耗费很多的人力、物力、财力,所以在不影响实验结果的情况下,尽量地减少实验次数是非常必要的,把代表性的搭配保留下来。具体的方法就是使用 $L_9(3^3)$ 正交表。

设计进行3因素3水平的正交实验,采用 $L_9(3^3)$ 正交表,见表1-3。实验设计及结果见表1-4。

表1-3 精油提取率的正交实验(3因素3水平)

水　平	因　素		
	酶解时间 A/h	酶解温度 B/℃	酶用量 C/g
1	2	45	0.03%
2	3	50	0.04%
3	4	55	0.05%

表1-4 玫瑰精油提取正交实验设计及结果

实验号	因　素			提取率/%
	A	B	C	
1	1	1	1	0.07
2	1	2	2	0.084
3	1	3	3	0.086
4	2	1	2	0.134
5	2	2	3	0.153
6	2	3	1	0.143
7	3	1	3	0.135
8	3	2	1	0.121
9	3	3	2	0.139
I	0.240	0.339	0.334	
II	0.430	0.358	0.357	
III	0.395	0.368	0.374	
K_1	0.080	0.113	0.111	
K_2	0.143	0.119	0.119	
K_3	0.132	0.123	0.125	
极差 R	0.063	0.01	0.014	
因素主次	A>C>B			
最优方案	$A_2C_3B_2$			

表1-4中，I 为该列中"1"水平所对应的实验指标的数值之和，如 A 列中 $I=0.07+0.084+0.086=0.240$，相应可求得 B 列和 C 列数值。

II 为该列中"2"水平所对应的实验指标的数值之和，如 A 列中 $II=0.134+0.153+0.143=0.430$，相应可求得 B 列和 C 列数值。

III 为该列中"3"水平所对应的实验指标的数值之和，如 A 列中 $III=0.135+0.121+0.139=0.395$，相应可求得 B 列和 C 列数值。

K_1 为 I/k_j（k_j 为 j 列中同一水平出现的次数），即"1"水平所对应的实验指标的平均值。如 A 列中 $K_1=0.24/3=0.080$，相应可求得 B 列和 C 列数值。

K_2 为"2"水平所对应的实验指标的平均值，如 A 列中 $K_2=0.43/3=0.144$，相应可求得 B 列和 C 列数值。

K_3 为"3"水平所对应的实验指标的平均值，如 A 列中 $K_3=0.395/3=0.132$，相应可求得 B 列和 C 列数值。

极差 R 表示该因素在其取值范围内实验指标变化的幅度，$R=\max(K_i)-\min(K_i)$。如 A 列中 $R=0.143-0.08=0.063$，相应可求得 B 列和 C 列数值。

极差 R 越大，说明这个因素的水平改变时对实验指标的影响越大。根据权重的大小判断，在选取的 3 个因素中，对玫瑰精油的提取率影响的顺序为：酶解时间＞酶用量＞酶解温度，因素 $A_2C_3B_2$ 的权重最大，正交实验的最优组合为 $A_2C_3B_2$，即酶解时间 3 h，酶用量 0.05％，酶解温度 50℃。在得到的最优提取条件下，玫瑰精油的提取率为 0.153％。

1.5　Origin 软件在仪器分析实验数据处理中的应用

Origin 软件在仪器分析实验数据处理中的应用主要包括两部分：图表绘制和标准曲线绘制。

1.5.1　图表绘制

利用 Origin 软件处理仪器分析实验数据，进行图表的绘制，主要包括光谱图、色谱图和电化学曲线，如紫外-可见吸收曲线、荧光激发光谱和发射光谱、红外吸收光谱、气相色谱图、高效液相色谱图和循环伏安曲线图等。本书基于 Origin 8.5，以紫外可见吸收曲线的绘制为例进行说明。工作界面如图 1-1 所示，A 是整个工程；B 是窗口的列表，所有的数据、图标窗口均显示于此；C 是窗口。

1. 数据的输入

打开 Origin 8.5 软件，出现"A(X)和B(Y)"两空白列，可以在工作表单元格中直接输入数据。如果实验数据多于两列，则把鼠标移动到"Column"处单击，在其下拉菜单中选择"Add New Columns"项，弹出如图 1-2 所示对话框，输入要添加的数据列数，单击"OK"，然后将需要的实验数据输到表格中。将从紫外可见分光光度计上所有全波长扫描实验数据粘贴到 Origin 作图软件中，此时，波长处于"A(X)"列，而吸光度处于"C(Y)"列。每列的"Long Name"（名称）、"Units"（单位）、"Comments"（注释）可以修改。将鼠标移至相应的空栏中单击，输入想要输入的文字，即可对数据列进行命名、标注单位和其他相关注释，见图 1-1。

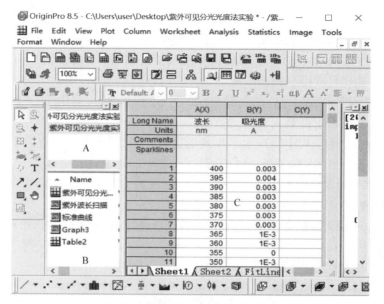

图 1-1　工作界面

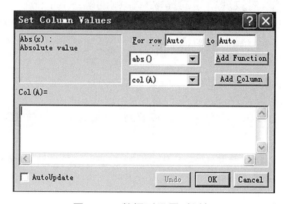

图 1-2　数据列设置对话框

如果需要对数据进行计算,可以新添加一列。添加新的数据列:单击工具栏上的图标 ，即可新添加一列。数据分析包括简单的数学运算、统计、快速傅立叶变换、平滑和滤波、基线和峰值分析几个部分。以下主要介绍一些简单的数学运算。

将鼠标移至列首[例:C(Y)处],单击右键,选择"Set Column Values",单击。在弹出窗口中单击窗口左上角的"Add Function""Add Column"两个按钮来进行比较简单的数据计算。此次紫外可见分光光度实验无须计算。

2. 画图表

选中任意一列或几列数据,单击绘图区下部工具栏(图 1-3)中的任意一个图标,即可作出不同类型的图。用此方法画出的图默认以第一列数据为 X 轴。

图 1-3　绘图工具栏(部分)

在仪器分析实验数据处理时,常常将多条实验曲线画在一起,我们可以通过刚才的方法绘制曲线,也可以在原来画的一条曲线的基础上,点击"Graph",在其下拉菜单中选择"Add Plot to Layer",再在展开的菜单中选择需要的图形,然后在弹出的对话框中选择需要添加曲线的 X 轴和 Y 轴,点击"Add",再点击"OK",就可以添加曲线了。多个曲线在同一个图中,有利于实验数据的分析和研究。

若想自己随意设置 X 轴和 Y 轴,则先不选数据列,先点击图 1-3 中的任意图标,在弹出的窗口中就可以设置任意数据列为 X 轴或 Y 轴(图 1-4)。

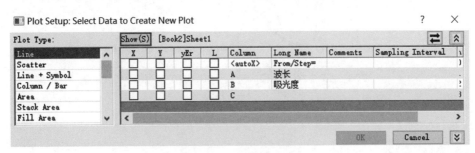

图 1-4　绘图设计界面

(1)设置坐标轴样式

用鼠标双击坐标轴,即可在弹出的对话框中选择不同的标签,改变坐标轴的样式,如图 1-5 所示。常用的是改变数据范围、设定数值间隔。

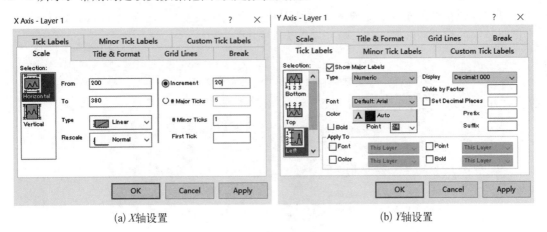

(a) X 轴设置　　　　　　　　　　　　(b) Y 轴设置

图 1-5　坐标轴样式修改界面

(2)设置数据点、线的样式

同样用鼠标双击数据点,在弹出的对话窗口中也可以选择不同的标签分别对数据点的样式、颜色和线的颜色进行设置等。

(3)设置图表的细节

在左边一列的工具栏中,单击 ✛ 或 ⊞ 后,将光标移到曲线上,对准数据点击鼠标左键,即可在右下角的黑底绿字的小屏幕上看到所索取数据点的坐标。

通过使用 Origin 软件绘制紫外波长扫描图(图 1-6),我们可分析得最大吸收波长为 $270\ \mathrm{cm^{-1}}$,为进一步定量分析找到了测量参数。

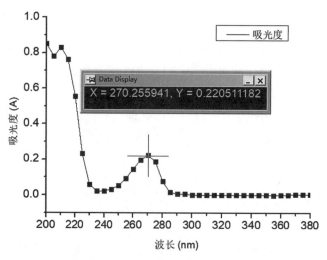

图 1‐6　Origin 绘制得到紫外波长扫描图

1.5.2　标准曲线绘制

1. 数据的输入

方法与 1.5.1 节中类似。打开 Origin 8.5 软件,出现"A(X)"和"B(Y)"两空白列,在两列中分别输入或粘贴苯酚标准溶液的浓度和对应的吸光度强度,这意味着标准溶液的浓度作为即将绘制的标准曲线的 X 轴,吸光度作为 Y 轴(图 1‐7)。

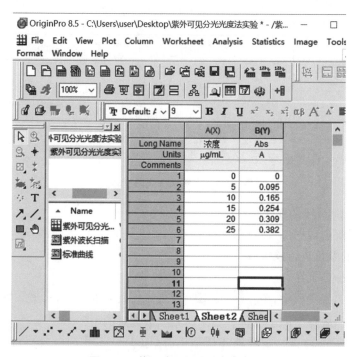

图 1‐7　苯酚浓度吸光度数据输入

2. 线性拟合

把两列数据全部选中后,单击绘图区下部工具栏中的第二个图标,出现如图 1-8 所示散点图。

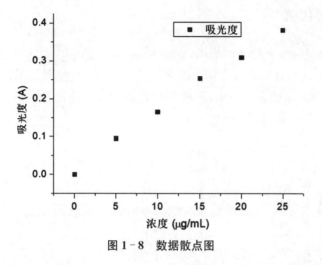

图 1-8 数据散点图

对于离散的数据点,可以采用参数回归的方式得到光滑的曲线。把鼠标移至菜单栏中的"Analysis",单击,在下拉菜单中选择"Fit linear"(线性拟合),用鼠标左键单击即可。拟合直线为红色,拟合的方程、标准误差等一般都可以在新窗口中看到。拟合结果如图 1-9 所示。

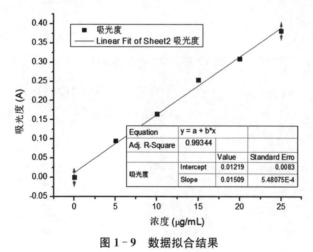

图 1-9 数据拟合结果

因此,该拟合得到直线方程为:$y = 0.015\,09x + 0.012\,19$。根据此标准曲线的线性方程和未知样品的吸光度即可求算出未知样品的浓度。

1.6 Microsoft Excel 软件在实验数据处理中的应用

Excel 是微软公司 Office 办公软件中的一个组件,可以用来制作电子表格、完成许多复杂的数据运算,能够进行数据的分析,具有强大的制作图表的功能。

Excel 中最常用的三种用于仪器分析实验的图表类型为柱形图、条形图和折线图。

1.6.1　图表绘制

同样以紫外可见分光光度实验为例,介绍 Excel 在仪器分析实验中的应用。

在工作表中 A 列和 B 列中输入相应的 X 与 Y 的数值,选择要用图表表示的范围。单击工具栏的"插入"按钮,在图表类型中,选择要创建的图表类型的种类,并可看到图表类型的实际效果如图 1－10 所示,点击"确定"。

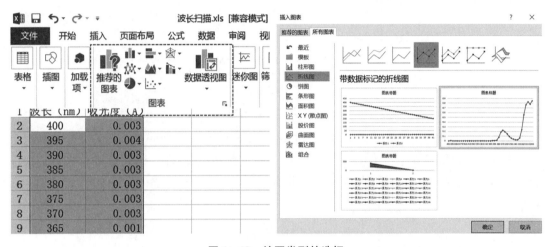

图 1－10　绘图类型的选择

在出现的简图上单击鼠标右键,在出现的选项中选择"设置图标区格式"后出现如图 1－11 右侧所示界面,可在此处对数据轴、轴标题和图表标题等进行设置,最终得到苯酚紫外波长扫描下吸光度变化趋势图。

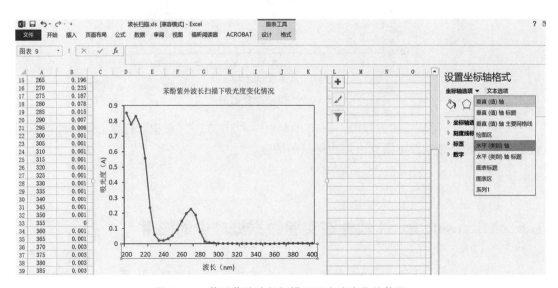

图 1－11　苯酚紫外波长扫描下吸光度变化趋势图

1.6.2　标准曲线绘制

1. 绘制散点图

方法与 1.6.1 节中类似。在工作表中 A 列和 B 列中输入相应的苯酚标准溶液的浓度和对应的吸光度强度。同样单击工具栏上的"插入"按钮，在图表类型中，选择要创建的图表类型，此处选择"散点图"，点击"确定"，在简图基础上进行美化，最终获得标准曲线散点图，如图 1‐12 所示。

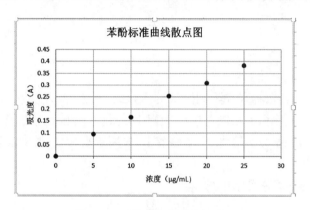

图 1‐12　苯酚标准曲线散点图

2. 线性拟合

鼠标右键点击数据点，在出现的选项中选择"添加趋势线"，在出现右侧所示界面中选择线性，并同时选中"显示公式"和"显示 R 平方值"。拟合结果如图 1‐13 所示。

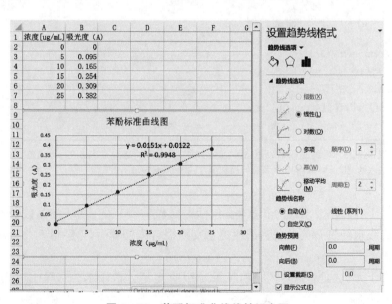

图 1‐13　苯酚标准曲线线性拟合图

我们可以发现，拟合得到的直线方程为：$y = 0.015\,1x + 0.012\,2$，和 Origin 软件得到的数据非常相近。

第2章 实验室一般知识

2.1 分析实验室用水

分析实验室用于溶解、稀释和配制溶液的水,都必须先经过纯化。分析要求不同,水质纯度的要求也不同。故应根据不同要求,采用不同纯化方法制备纯水。

一般实验室用的纯水有蒸馏水、二次蒸馏水、去离子水、无二氧化碳蒸馏水、无氨水等。

2.1.1 分析实验室用水的规格

根据 GB/T 6682—2008《分析实验室用水规格和试验方法》的规定,分析实验室用水为三个级别:一级水、二级水和三级水。分析实验室用水应符合表 2-1 所列的规格。

表 2-1 分析实验室用水的级别及主要技术指标

指 标 名 称	一 级	二 级	三 级
pH 范围(25℃)	—	—	5.0～7.5
电导率(25℃)/(mS・m^{-1})	≤0.01	≤0.1	≤0.5
可氧化物(以 O 计)含量/(mg・L^{-1})	—	≤0.08	≤0.40
吸光度(254 nm,1 cm 光程)	≤0.001	≤0.01	—
可溶性硅(以 SiO$_2$ 计)含量/(mg・L^{-1})	<0.01	<0.02	—
蒸发残渣(105℃±2℃)含量/(mg・L^{-1})	—	≤1.0	≤2.0

注:1. 由于在一级水、二级水的纯度下,难以测定真实的 pH 值,因此,对一级水、二级水的 pH 值范围不做规定。

2. 由于在一级水的纯度下,难以测定可氧化物质和蒸发残渣,对其限量不做规定,可用其他条件和制备方法来保证一级水的质量。

一级水用于有严格要求的分析实验,包括对微粒有要求的实验,如高效液相色谱用水。一级水可用二级水经过石英设备蒸馏或离子交换混合床处理后,再经过 0.2 μm 微孔滤膜过滤来制取。

二级水用于无机痕量分析等实验,如原子吸收光谱分析用水。二级水可用多次蒸馏或离子交换等方法制取。

三级水用于一般的化学分析实验。三级水可用蒸馏或离子交换等方法制取。

实验室使用的蒸馏水,为了保持纯净,要随时加塞,专用虹吸管内外均应保持干净。蒸馏水瓶附近不要存放浓 HCl、NH$_3$・H$_2$O 等易挥发试剂,以防污染。通常用洗瓶取蒸馏水,用洗瓶取水时,不要取出塞子和玻管,也不要把蒸馏水瓶上的虹吸管插入洗瓶内。

通常,普通蒸馏水保存在玻璃容器中,去离子水保存在聚乙烯塑料容器中。用于痕量分析的高纯水,如二次亚沸石英蒸馏水,则需要保存在石英或聚乙烯塑料容器中。

2.1.2 水纯度的检查

按照 GB/T 6682—2008 所规定的方法检查蒸馏水的纯度是法定的水质检查方法。根据各实验室分析任务的要求和特点,对实验用水也经常采用如下方法进行一些项目的检查。

(1) 酸度:要求水的 pH 为 6～7。检查方法是在两支试管中各加 10 mL 待测的水,一管中加 2 滴 0.1%甲基红指示剂,不显红色;另一管中加 5 滴 0.1%溴百里酚蓝指示剂,不显蓝色,即为合格。

(2) 硫酸根:取待测水 2～3 mL 放入试管中,加 2～3 滴 2 mol/L 盐酸酸化,再加 1 滴 0.1%氯化钡溶液,放置 1.5 h,不应有沉淀析出。

(3) 氯离子:取 2～3 mL 待测水,加 1 滴 6 mol/L 硝酸酸化,再加 1 滴 0.1%硝酸银溶液,不应产生浑浊。

(4) 钙离子:取 2～3 mL 待测水,加数滴 6 mol/L 氨水使呈碱性,再加饱和草酸铵溶液 2 滴,放置 12 h 后,无沉淀析出。

(5) 镁离子:取 2～3 mL 待测水,加 1 滴 0.1%镁试剂 I(对硝基苯偶氮间苯二酚)及数滴 6 mol/L 氢氧化钠溶液,如有淡红色出现,即有镁离子,如呈橙色则合格。

(6) 铵离子:取 2～3 mL 待测水,加 1～2 滴奈氏试剂,如呈黄色则有铵离子。

(7) 游离二氧化碳:取 1 000 mL 待测水注入锥形瓶中,加 3～4 滴 0.1%酚酞溶液,如呈淡红色,表示无游离二氧化碳;如无色,则加 0.1 mol/L 氢氧化钠溶液至淡红色,1 min 内不消失,即为终点,算出游离二氧化碳的量。(注:氢氧化钠溶液用量不能超过 0.1 mL。)

2.1.3 水纯度分析结果的表示

水纯度分析结果通常用以下几种方法表示。

(1) 毫克/升(mg/L),表示每升水中含有某物质的毫克数。

(2) 微克/升(μg/L),表示每升水中含有某物质的微克数。

(3) 硬度,我国采用 1 L 水中含有 10 mg 氧化钙作为硬度的 1 度,这和德国标准一致,所以有时也称为 1 德国度。

2.1.4 各种纯水的制备

1. 蒸馏水

将自来水在蒸馏装置中加热汽化,然后将蒸汽冷凝即可得到蒸馏水。由于杂质离子一般不挥发,所以蒸馏水中所含杂质比自来水少得多,比较纯净,但还有少量杂质。

(1) 二氧化碳溶于水中生成碳酸,使蒸馏水显弱酸性。

（2）冷凝管和接收器等装置所用的材料一般是不锈钢、纯铝或玻璃等，所以可能带入金属离子。

（3）蒸馏时，少量液体呈雾状飞出而进入蒸馏水。

为了获得比较纯净的蒸馏水，可以进行重蒸馏，并在准备重蒸的蒸馏水中加入适当的试剂以抑制某些杂质的挥发。例如，加入甘露醇能抑制硼的挥发，加入碱性高锰酸钾可破坏有机物并防止二氧化碳蒸出。如要使用更纯净的蒸馏水，可进行第三次蒸馏或用石英蒸馏器进行再蒸馏。

2. 去离子水

去离子水是使自来水或普通蒸馏水通过离子树脂交换后所得的水。制备时一般将水依次通过阳离子树脂交换柱、阴离子树脂交换柱、阴阳离子树脂混合交换柱。这样得到的水纯度比蒸馏水的纯度高，质量可达到二级或一级水指标，但对非电解质及胶体物质无效，同时会有微量的有机物从树脂中溶出。因此，根据需要可将去离子水进行重蒸馏以得到高纯水。

3. 电导水

在第一套硬质玻璃（最好是石英）蒸馏器中装入蒸馏水，加入少量 $KMnO_4$ 晶体，经蒸馏除去水中有机物质，即得重蒸水。再将重蒸水注入第二套硬质玻璃（最好也是石英）蒸馏器中，加入少许 $BaSO_4$ 和 $KHSO_4$ 固体进行蒸馏，弃去馏头、馏后各 10 mL，取中间馏分。用这种方法制得的电导水，应收集在连接碱石灰吸收管的接收器内，以防止空气中的二氧化碳溶入水中。电导水应保存在带有碱石灰吸收管的硬质玻璃瓶内，时间不能太长，一般在两周以内。

4. 高纯水

高纯水系指以纯水为水源，经离子交换、膜分离（反渗透、超滤、膜过滤、电渗析）除去盐及非电解质，使纯水中的电解质几乎完全除去，又将不溶解胶体物质、有机物、细菌、SiO_2 等去除到最低限度。

美国进口实验室制备高纯水 Milli-Q 系统的进水必须是经过电击电离作用（反渗透）蒸馏或者双蒸馏等技术取得的蒸馏水。

Milli-Q 系统制备的水为一级纯水，其水质优于 ASTM、CAP 以及 NCCLS 一级水的标准。

高纯水的制备步骤如下。

（1）经预处理（电击电离作用、膜电离、二次蒸馏）的水进入系统，由泵进入 Q-Gard 滤柱作为最初的纯化步骤。

（2）经过预滤柱的水用波长为 185～254 nm 的紫外灯处理，这样可以分解有机化合物和杀灭细菌。

（3）再经过充分的过滤以除掉痕量离子和紫外灯作用下产生的氧化产物，由紫外灯处理过的水经过超滤柱，滤除胶体粒子和相对分子质量大于 5 000 的有机物分子。超滤柱的滤除物会堵塞通道，需定期清洗并由管道排出。

（4）经以上 3 个步骤处理的水进入最后的过滤柱。过滤柱是由 $0.22~\mu m$ 的膜（MilliPak-40）组成的，用于除掉粒径大于 $0.22~\mu m$ 的微粒及细菌。

（5）A10 TOC 检测器取纯水样品检测痕量有机物的含量，样品在 Product 模式中定期获得。

5. 特殊用水的制备

1）无氨水

（1）每升蒸馏水中加 25 mL 5％的 NaOH 溶液,煮沸 1 h,然后用前述方法检查铵离子。

（2）每升蒸馏水加 2 mL 浓硫酸,再重蒸馏,即得无氨蒸馏水。

2）无二氧化碳蒸馏水

煮沸蒸馏水,直至煮去原体积的 1/4 或 1/5,隔离空气冷却即得。此水应贮存于连接碱石灰吸收管的瓶中,其 pH 应为 7。

3）无氯蒸馏水

将蒸馏水在硬质玻璃蒸馏器中先煮沸,再进行蒸馏,收集中间馏出部分,即得无氯蒸馏水。

4）pH $\approx$ 7 的高纯水

在第一次蒸馏时,加入 NaOH 和 $KMnO_4$,第二次加入磷酸（除去 NH_3）,第三次用石英蒸馏器蒸馏（除去痕量碱金属杂质）。在整个蒸馏过程中,要避免水与大气直接接触。

5）不含金属离子的纯水

在 1 L 蒸馏水中加 2 mL 浓硫酸,然后在硬质玻璃蒸馏器中蒸馏。为消除"暴沸"现象,在蒸馏瓶中放入几粒玻璃珠或几根毛细管。这样制得的纯水含有少量硫酸,可用于金属离子的测定。但对于痕量分析,这种水仍不能满足要求,需用亚沸蒸馏水。

6）不含有机物的纯水

在普通蒸馏水中加入少量碱性高锰酸钾或奈氏试剂,在硬质玻璃蒸馏器中蒸馏。电导率为 $0.8 \sim 1.0 \ \mu S/cm$。

7）不含氧的纯水

将蒸馏水在平底烧瓶中煮沸 12 h,随即通过玻璃磨口导管与盛有焦性没食子酸的碱性溶液吸收瓶连接起来,冷却后使用。

8）不含酚、亚硝酸和碘的水

在蒸馏水中加入氢氧化钠,使呈碱性,再用硬质玻璃蒸馏器蒸馏,也可用活性炭制备不含酚的水。在 1 L 水中加入 10~20 mg 活性炭,充分振荡后,用二层定性滤纸过滤两次,除去活性炭。

2.1.5 蒸馏法制纯水与离子交换法制纯水的比较

1. 蒸馏法

由于纯水中大部分无机盐不挥发,因此蒸馏法制得的纯水较纯净,适合一般化验室使用。当用硬质玻璃或石英蒸馏器制取重蒸水时,加入少量 $KMnO_4$ 碱性溶液破坏有机物,可得到电导率低于 $1.0 \ \mu S/cm$ 的纯水,适用于有机物分析。

2. 离子交换法

用离子交换法制取的纯水叫"去离子水"或"无离子水",其纯度高。离子交换法制纯水的成本比蒸馏法低,产量大,为目前各种规模化验室所采用,适用于一般分析及无机物分析。

表 2-2 列出了各类方法制备纯水杂质的含量。

表 2-2　各类方法制备纯水杂质的含量　　　　　　　　单位：$\mu g \cdot g^{-1}$

杂质元素	自来水	二次蒸馏水	混床离子交换水	石英亚沸蒸馏水
Ag	<1	1.0	0.01	0.002
Ca	>10 000	50.0	1.0	0.08
Cd	—	—	<1.0	0.005
Cr	40	—	<0.1	—
Cu	30	50.0	0.2	—0.02
Fe	200	0.1	0.2	0.01
Mg	8 000	8.0	0.3	0.05
Na	10 000	1.0	1.0	0.09
Ni	<10	1.0	<0.1	0.06
Pb	<10	50.0	0.1	0.003
Sn	<10	5.0	<0.1	0.02
Ti	10	—	<0.1	0.01
Zn	100	10.0	<0.1	0.04

2.2　玻璃器皿的洗涤

分析化学实验中使用的器皿应洁净，其内外壁应能被水均匀地润湿，且不挂水珠。在分析工作中，洗净玻璃仪器不仅是一项必须做的实验前的准备工作，也是一项技术性的工作。仪器洗涤是否符合要求，对实验的准确度和精密度均有影响。不同分析工作(如工业分析、一般化学分析、微量分析等)有不同的仪器洗净要求。

分析实验中常用的烧杯、锥形瓶、量筒、量杯等一般的玻璃器皿，可用毛刷蘸去污粉或合成洗涤剂刷洗，再用自来水冲洗干净，然后用蒸馏水或去离子水润洗3次。

滴定管、移液管、吸量管、容量瓶等具有精确刻度的仪器，可采用合成洗涤剂洗涤。其洗涤方法是：将浓度为0.1%～0.5%的洗涤液倒入容器中，浸润、摇动几分钟，用自来水冲洗干净后，再用蒸馏水或去离子水润洗3次；如果未洗干净，可用铬酸洗液洗涤。

分光光度法用的比色皿是用光学玻璃制成的，不能用毛刷洗涤，应根据不同情况采用不同的洗涤方法。经常采用的洗涤方法是将比色皿浸泡于热的洗涤液中一段时间后冲洗干净即可。

2.2.1　洗涤方法

仪器的洗涤方法很多，应根据实验要求、污物性质、玷污的程度来选用。一般来说，附着在仪器上的污物有尘土和其他不溶性杂质、可溶性杂质、有机物和油污，针对这些情况可以分别用下列方法洗涤。

1. 刷洗

用水和毛刷刷洗，除去仪器上的尘土及其他物质。注意毛刷的大小、形状要适合，如洗圆底烧瓶时,毛刷要做适当弯曲才能接触到全部内表面。脏、旧、秃头毛刷需及时更换,以免戳破、划破或玷污仪器。

2. 用合成洗涤剂洗涤

洗涤时先将器皿用水润湿,再用毛刷蘸少许去污粉或洗涤剂,将仪器内外洗刷后用水边冲边刷洗,直至干净为止。

3. 用铬酸洗液洗涤

被洗涤器皿尽量保持干燥,将少许洗液倒入器皿内,转动器皿使其内壁被洗液浸润(必要时可用洗液浸泡),然后将洗液倒回原装瓶内以备再用。再用水冲洗器皿内残存的洗液,直至干净为止。如用热的洗液洗涤,则去污能力更强。

洗液主要用于洗涤被无机物玷污的器皿,它对有机物和油污的去污能力也较强,常用来洗涤一些口小、管细等形状特殊的器皿,如吸管、容量瓶等。

洗液具有强酸性、强氧化性和强腐蚀性,使用时要注意以下几点。

(1) 被洗涤的仪器不宜有水,以免洗液被稀释而失效。

(2) 洗液可以反复使用,用后可倒回原瓶。

(3) 洗液的瓶塞要塞紧,以防吸水失效。

(4) 洗液不可溅在衣服、皮肤上。

(5) 洗液的颜色由原来的深棕色变为绿色,即表示 $K_2Cr_2O_7$ 已还原为 $Cr_2(SO_4)_3$,失去氧化性,由此洗液失效而不能再用。

4. 用酸性洗液洗涤

1) 粗盐酸

粗盐酸可以洗去附在仪器壁上的氧化剂(如 MnO_2)等大多数不溶于水的无机物。因此,在刷子刷洗不到或洗涤不宜用刷子刷洗的仪器(如吸管和容量瓶等)的情况下,可以用粗盐酸洗涤。灼烧过沉淀物的瓷坩埚可用盐酸(1∶1)洗涤。洗涤过的粗盐酸能回收继续使用。

2) 盐酸-过氧化氢洗液

盐酸-过氧化氢洗液适用于洗去残留在容器上的 MnO_2。例如,可以用此洗涤剂洗过滤 $KMnO_4$ 用的砂芯漏斗。

3) 盐酸-酒精洗液

盐酸-酒精洗液适用于洗涤被有机染料染色的器皿。

4) 硝酸-氢氟酸洗液

硝酸-氢氟酸洗液是洗涤玻璃器皿和石英器皿的优良洗涤剂,可以避免杂质金属离子的黏附。常温下贮存于塑料瓶中,洗涤效率高,清洗速度快,但对油脂及有机物的清除效力差。对皮肤有强腐蚀性,操作时需加倍小心。该洗液对玻璃和石英器皿有腐蚀作用,因此,精密玻璃量器、标准磨口仪器、活塞、砂芯漏斗、光学玻璃、精密石英部件、比色皿等不宜用这种洗液。

5. 用碱性洗液洗涤

碱性洗液适用于洗涤油脂和有机物。因它的作用较慢,一般要浸泡 24 h 或用浸煮的方法。

1) 氢氧化钠-高锰酸钾洗液

用氢氧化钠-高锰酸钾洗液洗过后,在器皿上会留下二氧化锰,可再用盐酸洗液清洗。

2) 氢氧化钠(钾)-乙醇洗液

洗涤油脂的效率比有机溶剂的高,但不能与玻璃器皿长时间接触,使用碱性洗液时要特别注意,碱有腐蚀性,不能溅到眼睛上。

6. 有机溶剂洗液

有机溶剂洗液用于洗涤油脂类、单体原液、聚合体等有机物。应根据污物性质选择适当的有机溶剂。常用的有三氯乙烯、二氯乙烯、苯、二甲苯、丙酮、乙醇、乙醚、三氯甲烷、四氯化碳、汽油、醇醚混合液等。一般先用有机溶剂洗两次,然后用水冲洗,接着用浓酸或浓碱洗液洗,再用水冲洗。如洗不干净,可先用有机溶剂浸泡一定时间,然后再如上依次处理。

除以上洗涤方法外,还可以根据污物性质对症下药。如要洗去氯化银沉淀物,可用氨水;要除去硫化物沉淀,可用盐酸和硝酸;衣服上的碘斑可用 10％硫代硫酸钠溶液清洗;高锰酸钾溶液残留在器壁上的棕色污斑,可用硫酸亚铁的酸性溶液清洗。

2.2.2 常用洗液的配制

常用的 6 种洗液的配制方法如下。

(1) 铬酸洗液 将 5 g 重铬酸钾用少量水润湿,慢慢加入 80 mL 粗浓硫酸,搅拌以加速溶解,冷却后贮存在磨口试剂瓶中,防止吸水而失效。

(2) 硝酸-氢氟酸洗液 含氢氟酸约 5％、硝酸 20％～35％,由 100～120 mL 40％氢氟酸、150～250 mL 浓硝酸和 650～750 mL 蒸馏水配制而成。洗液出现浑浊时,可用塑料漏斗和滤纸过滤;洗涤能力降低时,可适当补充一些氢氟酸。

(3) 氢氧化钠-高锰酸钾洗液 4 g 高锰酸钾溶于少量水中,加入 100 mL 10％氢氧化钠溶液。

(4) 氢氧化钠-乙醇洗液 120 g 氢氧化钠溶解在 120 mL 水中,再用 95％的乙醇稀释至 1 L。

(5) 硫酸亚铁酸性洗液 含少量硫酸亚铁的稀硫酸溶液,此液不能久存,放置后会因 Fe^{2+} 氧化而失效。

(6) 醇醚混合物洗液 1 份乙醇和 1 份乙醚混合。

2.2.3 玻璃仪器的干燥

实验经常要用到的仪器应在每次实验完毕后洗净干燥备用。由于不同实验对干燥有不同的要求,一般定量分析用的烧杯、锥形瓶等仪器洗净即可使用,而用于食品分析的仪器很多要求是干燥的,有的要求无水痕,有的要求无水。应根据不同要求进行仪器干燥。

1. 晾干

不急等用的仪器,可在蒸馏水冲洗后在无尘处倒置控去水分,然后自然干燥。可用安有木钉的架子或带有透气孔的玻璃柜放置仪器。

2. 烘干

洗净的仪器控去水分,放在烘箱内烘干,烘箱温度为 105～110℃,烘 1 h 左右;也可放在红外线干燥箱中烘干。此法适用于一般仪器。称量瓶等在烘干后要放在干燥器中冷却和保存。带实心玻璃塞的及厚壁仪器烘干时，要注意缓慢升温并且温度不可过高，以免破裂。量器不可放于烘箱中烘干。

硬质试管可用酒精灯加热烘干，要从底部烤起，把管口向下，以免水珠倒流把试管炸裂，烘到无水珠后把试管口向上赶净水气。

3. 热(冷)风吹干

急于干燥的仪器或不适于放入烘箱的较大的仪器，可采用吹干的办法。通常用少量乙醇、丙酮(或最后再用乙醚)倒入已控去水分的仪器中摇洗，然后用电吹风机吹，开始用冷风吹 1~2 min，当大部分溶剂挥发后吹入热风至完全干燥，再用冷风吹去残余蒸气，避免其又重新冷凝在容器内。

2.3 化学试剂

化学试剂是化学分析和仪器分析的定性定量基础之一。整个分析操作过程，例如取样、样品处理、分离富集、测定方法等都要借助于化学试剂来进行。用于分析化学的化学试剂，常称为分析试剂。随着科学技术的不断发展，分析测试技术不断提高，对分析试剂的纯度和标准提出了更高的要求，化学试剂在分析化学中的地位和作用更加显著。首先，化学试剂在分析测定中要配制成标准试剂，通过标准来计算样品的含量；第二，化学试剂作为反应的试剂，与被测组分发生化学反应，如质量分析的沉淀剂、滴定分析的滴定剂和吸光光度分析的显色剂等；第三，化学试剂用于取样和样品处理，如掩蔽剂和萃取剂等。配制标准用的试剂纯度不够高，就可能造成分析结果偏大。处理样品时所用试剂中的某些杂质含量过高，也会增加试剂空白，使测定结果偏大。因此，正确选择化学试剂是很重要的。同时还要明确对所用试剂的要求、查阅证书(或标签)上给出的主体含量和有关杂质的含量是否满足需要，而不能简单地以纯度的等级作为选择的依据。倘若试剂中主体含量或某一杂质含量可能对分析结果带来较大影响时，最好用可靠的方法检验那些关键的数据，对于不符合特定要求的试剂，则需要对其进行纯化。

2.3.1 化学试剂的等级

化学试剂数量繁多，种类复杂。目前化学试剂的等级划分及其有关的名词术语在国内外尚未统一。我国化学试剂通常根据用途分为一般试剂、基准试剂、高纯试剂、色谱试剂、生化试剂、生物染色剂、光学纯试剂、标记化合物、指示剂、闪烁纯试剂等种类。常用于分析化学方面的试剂主要有一般试剂、基准试剂、高纯试剂等。

1. 一般试剂

一般试剂通常分为三级：优级纯、分析纯、化学纯(表 2-3)。此外，试剂还有四级品，称为实验试剂，其杂质含量较多，纯度较低，在分析工作中作辅助试剂。

2. 基准试剂

基准试剂可细分为微量分析试剂、有机分析标准试剂、pH 基准试剂等种类。

表 2-3　化学试剂等级对照表

质量次序		1	2	3	4	5
我国化学试剂等级标志	级　别	一级品	二级品	三级品	四级品	五级品
	中文标志	保证试剂	分析试剂	化学纯	化学用	生物试剂
		优级纯	分析纯	化学纯	实验试剂	
	符　号	G.R.	A.R.	C.P.	L.R.	B.R.
	瓶签颜色	绿	红	蓝	棕	黄
德、美、英等国通用等级和符号		G.R.	A.R.	C.P.		

3. 高纯试剂

高纯试剂不是指试剂的主体含量,而是指试剂中某些杂质的含量。高纯试剂要严格控制其杂质含量。高纯试剂等级表达方式有数种,其中之一是以"9"的个数表示,如用 99.99%,99.999% 表示,"9"的数目越多表示纯度越高,这种纯度的得来是由 100% 减去杂质的百分含量计算出来的。一般只计试剂中存在的阳离子百分含量和某些非金属离子如硫、磷、硅等阴离子或气体的百分含量,也可根据不同的试样要求和测试手段而定。

高纯试剂种类繁多,按纯度分类,可分为高纯、超纯、特纯、光谱纯等。

光谱纯试剂的杂质含量用光谱分析法已测不出或低于某一限度,此种试剂主要作为光谱分析中的标准物质或作为配制标样的基体。光谱纯试剂要求在一定波长范围内没有或很少有干扰物质。

在实际分析工作中应根据不同的分析要求选用不同等级的试剂。如痕量分析要选用高纯或一级品试剂,以降低空白和避免杂质干扰;仲裁分析可选用一、二级品试剂;一般控制分析可选用二、三级品试剂。

在超纯分析中对试剂纯度的要求很高,一般试剂往往难以满足要求,常需自行提纯试剂。常用的提纯方法有蒸馏法(液体试剂)和重结晶法(固体试剂)。

2.3.2　试剂的保管与取用

1. 试剂的保管

实验室中常用的各种试剂种类繁多,性质各异,应分不同情况处置。

通常,固体试剂装在广口瓶内,液体试剂和溶液装在细口瓶内。一些用量小而使用频繁的试液(如定性分析试液、指示剂等)可用滴瓶盛装,见光易分解的试剂(如硝酸银等)应装在棕色瓶内。盛碱或碱液的试剂瓶要用橡皮塞。

易氧化的试剂(如氯化亚锡、低价铁盐等)和易风化或潮解的试剂(如氯化铝、无水碳酸钠、苛性钠等)应放在密闭容器内,必要时应用石蜡封口。用氯化亚锡、低价铁盐这类性质不稳定的试剂配制的溶液不能久存,应现用现配。

易腐蚀玻璃的试剂(如氢氟酸等)应保存在塑料容器内。

易燃、易爆和剧毒药品,特别是许多低沸点的有机溶剂(如乙醚、甲醇、汽油等)的保管应特别注意,通常需单独存放。易燃药品要远离明火。南方夏季高温干燥,稍有不慎,极易引起火灾。剧毒药品(如氰化物、高汞盐等)要有专人保管、记录使用,以明确责任,杜绝中毒事故的发生,有条件的应锁在保险柜内。

各种试剂均应保存在阴凉、通风、干燥处,避免阳光直接曝晒,并远离热源。

各种试剂应分类放置,以便于取用。

盛装试剂的试剂瓶都应贴上标签,写明试剂的名称、化学式、规格、厂牌、出厂日期等。溶液的标签除了书写名称、化学式之外,还应写明浓度、配制日期等。切不可在试剂瓶中装入与标签不符的试剂。脱落标签的试剂在未查明以前不可使用。标签应用碳素墨水书写,以保持字迹长久。标签四面剪齐,贴在试剂瓶高度的 2/3 处,以便整齐美观。为使标签耐久,一般应涂一层石蜡保护。

定期检查试剂和溶液。发现标签脱落不要"凑合"使用,否则会造成更大的浪费。

2. 试剂的取用

取用试剂前,要认明标签,确认无误后方能取用。瓶盖取下不要随意乱放。取用液体试剂时,手握试剂瓶,标签朝上,沿器壁(或沿玻棒)缓缓倾出溶液。不要将溶液洒在瓶外,特别注意处理好"最后一滴溶液",尽量使其接入容器中。不慎流出的溶液要及时清理。取完试剂后,随手盖好瓶盖。切不可"张冠李戴",造成交叉污染。

取用试剂要本着节约的原则,用多少取多少。多余的试剂,不要倒回原瓶内。

取用易挥发的试剂(如浓盐酸、浓硝酸、溴等),应在通风橱中进行,以保持室内空气清新。使用剧毒药品要特别注意安全,遵守有关安全规定。

2.3.3 分析试剂的提纯方法

不同的分析测试内容,常需要不同纯度的分析试剂。在常量分析中,直接使用市售的一般试剂即可满足要求。某些特殊要求的元素分析,需要使用某些特殊试剂。例如高纯物质的痕量分析,使用一般试剂不能满足要求,而需要使用高纯试剂。倘若没有市售高纯试剂,就必须进行提纯,以除去某些杂质。半导体材料中的痕量元素分析,由于被测元素含量极微,需要严格地控制分析中使用的纯水、酸、碱、溶剂、缓冲剂等化学试剂中的杂质元素的含量。一般来说,这些试剂中杂质元素含量应控制在 10 ng/g 以下。下面简要介绍实验室制备或提纯高纯试剂的方法。

1. 蒸馏法

(1)普通蒸馏法 它是利用物质的挥发性和沸点的差异来进行分离的方法,是最常用的制备和提纯高纯试剂的方法。因为试剂和杂质的挥发性不同,容易挥发的可以先蒸馏出来而除去,不易挥发的则残留在底液中。如果在蒸馏设备上增加一个分馏柱,液体可以在柱上多次地挥发和冷凝,这样分离的效果就会更好。

(2)亚沸蒸馏法 在液体表面加热,液体表面蒸发,本身不沸腾,热源在液面的上方,由于不产生液体的雾粒而大大地提高了产品的质量。

(3)等温蒸馏法 又称为等压蒸馏法,挥发和冷凝吸收是在相同温度和压力下进行的。

2. 结晶法

结晶法是最普通的提纯方法之一,常用于固体的纯化,特别是除去不溶性的颗粒。首先把固体溶于适当的溶剂里,将其沸腾的饱和溶液减压过滤,然后让滤液冷却至室温或室温以下,让溶解的物质结晶出来,再把晶体和滤液分开,有些杂质就留在母液中。这样的过程有时可进行多次,又称为重结晶法。

3. 分级凝固法

分级凝固法是根据固体在熔融时不会分解的性质,通过固-液界面上的杂质的分布不同来加以纯化的方法。因为许多化学试剂在凝固成固体时,大部分杂质留在熔体中。分级凝固法亦称为逐步凝固法或定向凝固法。对于液体试剂来说,可以用冷却装置使其逐步冷冻而凝固,所以又称为逐步冷冻法。区域熔融法实际上是分级凝固法的一种,它是反复通过熔体连续凝固而达到提纯目的的。这种方法是可以完全自动化的。

分级凝固法只能批量生产,但它仍是一种快而省的提纯方法。许多试剂如环己烷、乙酸、环己酮、二狱烷、苯胺、四氯化碳、对二甲苯等都可用此法提纯。区域熔融法既适用于提纯熔点为−10～300℃的有机物,又适用于精炼无机物、盐类及金属。

4. 色谱法

色谱法的种类很多,叫法也不统一,下面介绍两种常用的分析和提纯试剂的方法。

(1)液相色谱法　又称为层析分离法,其中以离子交换色谱应用最普遍,它是利用离子交换剂与溶液中的离子之间所发生的交换反应来进行分离的方法。将几种不同的离子交换到树脂柱上,根据树脂对它们的亲和力的不同,选用适当的洗脱剂,可将它们逐个洗出而互相分离。这种方法不仅可用于带相反电荷的离子之间的分离,也可用于带相同电荷或性质相近的离子之间的分离。因此,利用不同性质的树脂,能广泛地应用于微量组分的富集和高纯物质的制备。

除离子交换色谱法外,还有吸附色谱分离法。它是在用氧化铝或二氧化硅、纤维素等作为载体的柱上进行的。有时就利用这些活性吸附剂的单一过滤作用。用此法纯化的有机溶剂,足以符合吸光光度法的应用要求。这种方法也称为柱上色谱分离法或吸附过滤法。

(2)液-液萃取分离法　又称为溶剂萃取分离法,这种方法是利用与水不相溶的有机相和试剂一起振荡,由于组分在两相间的分配系数不同,一些组分进入有机相,另一些组分仍留在水相中,这样就能利用一些有机试剂形成的配合物,从各种基体中有效地去除痕量金属元素,从而达到提纯试剂的目的。

5. 其他方法

(1)过滤　过滤常作为一种预纯化手段。例如,选择适当的过滤条件,能从碱性溶液中有效地将有害的、不溶的金属碳酸盐除去。过滤可以使用各种型号的滤纸,也可以通过 $0.2\ \mu m$ 乙酸纤维加压过滤。还有一种涂有无机合成组分的多孔碳管,它可以分离直径为 $0.001～0.005\ \mu m$ 的颗粒。所以说,采用简单的加压过滤对水溶盐类进行预纯化,是很有价值的方法。

(2)沉淀　共沉淀也是一种很好的预纯化方法。利用痕量元素在"载体"沉淀剂上共沉淀的性质,除碱金属和碱土金属阳离子以外,至少有 50 种元素都能以氧化物或氢氧化物的形式从钾、钙、镁和钡盐中共沉淀出来。载体可用铁、铝、钛和镧等。

(3)升华　升华对某些试剂的纯化是有效的,但实验室的升华装置仅适合提纯少量试剂。

(4)电解　电解法用于从溶液中去除痕量金属元素。汞阴极控制电位电解法既是一种有效而简便的快速方法,又是一种将初步纯化后的物质继续进行最后的精细纯化的方法,它是提纯超纯试剂的极好手段。为了保证产品的纯净,电解应在层流通风柜内进行,同时应选用聚乙烯、聚丙烯或聚四氟乙烯制造的设备。电解后将已纯化的溶液虹吸到聚四氟乙烯容器里,加压过滤时用 0.2 μm 乙酸纤维滤片,滤片要放在聚乙烯的芯板上。只有这样严格地控制各个阶段的操作,才能保证提纯试剂不被玷污。

试剂提纯并不是要除去所有杂质。这既不可能,又无必要。只需要针对分析的某种特殊要求,除去其中的某些杂质即可。例如,光谱分析中所使用的“光谱纯”试剂,仅要求所含杂质低于光谱分析法的检测限。因此,对于某种用途已适宜的试剂,也许完全不适用另一些用途。

几种常用的溶剂或熔剂的提纯方法如下。

① 盐酸。盐酸用蒸馏法或等温扩散法提纯。盐酸能形成恒沸化合物,恒沸点为110℃,因此借助于蒸馏便能够获得恒沸组成的纯酸。蒸馏器需要石英蒸馏器,取中段馏出液。等温扩散法提纯盐酸的步骤是:在直径为 30 cm 的干燥器中(若是玻璃的,可在内壁涂一层白蜡防止玷污),加入 3 kg 盐酸(优级纯),在瓷托板上放盛有 300 mL 高纯水的聚乙烯或石英容器。盖好干燥器盖,在室温下放置 7～10 d,取出后即可使用,盐酸浓度为 9～10 mol/L,铁、铝、钙、镁、铜、铅、锌、钴、锑、锰、铬、锡的含量为 2×10^{-9}。

氨水也可以用等温扩散法提纯。

② 硝酸。硝酸能形成恒沸化合物,恒沸点为 120.5℃,因此,硝酸能够用蒸馏法提纯。提纯步骤:在 2 L 硬质玻璃蒸馏器中,放入 1.5 L 硝酸(优级纯),在石墨电炉上用可调变压器调节电炉温度进行蒸馏,馏速为 200～400 mL/h;弃去初馏分 150 mL,收集中间馏分 1 L,将得到的中间馏分放入 3 L 石英蒸馏器中;最后将石英蒸馏器固定在石蜡浴中进行蒸馏,借可调变压器控制馏速为 100 mL/h,弃去初馏分 150 mL,收集中间馏分 800 mL。铁、铝、钙、镁、铜、锌、铅、钴、镍、锰、铬、锡的含量在 2×10^{-9} 以下。

③ 氢氟酸。氢氟酸形成恒沸化合物的沸点为 120℃,蒸馏提纯步骤:在铂或聚四氟乙烯蒸馏器中,加入 2 L 氢氟酸(优级纯)以甘油浴加热,用可调变压器调节控制加热器温度,控制馏速为 100 mL/h,弃去初馏分 200 mL,用聚乙烯瓶收集中间馏分 1 600 mL;将此中段馏出液 1 600 mL 按上述手续再蒸馏一次,弃去前段馏出液 150 mL,收集中段馏出液 1 250 mL,保存在聚乙烯瓶中。铁、铝、钙、镁、铜、铅、锌、钴、镍、锰、铬、锡的含量在 2×10^{-9} 以下。蒸馏时,加入氟化钠或甘露醇,即可得到除去硅或硼的氢氟酸。

④ 高氯酸。高氯酸形成的恒沸化合物沸点是 203℃,需用减压蒸馏法提纯。提纯步骤:在 500 mL 硬质玻璃蒸馏瓶或石英蒸馏器中,加入 300～350 mL 高氯酸(体积分数 60%～65%,分析纯),用可调变压器控制加热,温度为 140～150℃,减压至压力为 2.67～3.33 kPa。馏速为 40～50 mL/h,弃去初馏分 50 mL,收集中间馏分 200 mL,保存在石英试剂瓶中备用。

⑤ 碳酸钠。将 30 g 分析纯碳酸钠溶于 150 mL 高纯水中,待全部溶解后,在溶液中慢慢滴加 2～3 mL 浓度为 1 mg/mL 的铁标准溶液,在滴加铁标准溶液过程中要不断搅拌,使杂质与氢氧化铁共沉淀。在水浴中加热并放置 1 h 使沉淀凝聚,过滤除去胶体沉淀物。加热浓缩滤液至出现结晶膜时,取下冷却,待结晶完全析出后用布氏漏斗抽滤,并用纯制酒精洗涤 2～3 次,每次 20 mL。在真空干燥箱中减压干燥,温度为 100～105℃,压力为 2.67～6.67 kPa,烘至无结晶水。为了加速脱水,也可在 270～300℃ 灼烧之。

⑥ 焦硫酸钾。称取 87 g 纯制硫酸钾置于铂皿中,加入 26.6 mL 纯浓硫酸,将铂皿放到石墨电炉上加热至皿内物质开始冒少量烟,而且皿内熔物成为透明熔体不再冒气泡为止,取下铂皿,冷却至 50~60℃,趁热将凝固的焦硫酸钾用玛瑙研钵捣碎并将产品放至带磨口的试剂瓶中保存。

2.4 分析试样

2.4.1 分析试样的准备

送到实验室分析的试样,对一整批物料应具有代表性。在制备分析试样的过程中,不使其失去足够的代表性,与分析结果的准确性同等重要。下面介绍各种类型试样的采取方法。

1. 气体试样的采取

(1) 常压下取样用一般吸气装置,如吸筒、抽气泵,使盛气瓶产生真空,自由吸入气体试样。

(2) 气体压力高于常压取样可用球胆、盛气瓶直接盛取试样。

(3) 气体压力低于常压取样先将取样器抽成真空,再用取样管接通进行取样。

2. 液体试样的采取

(1) 装在大容器中的液体试样的采取,采用搅拌器搅拌或用无油污、水等杂质的空气,深入容器底部充分搅拌,然后用内径约 1 cm、长 80~100 cm 的玻璃管,在容器的各个不同深度和不同部位取样,经混匀后供分析。

(2) 密封式容器的采样先放出前面一部分弃去,再接取供分析的试样。

(3) 一批中分几个小容器分装的液体试样的采取,先分别将各容器中试样混匀,然后按该产品规定取样量,从各容器中取近等量试样于一个试样瓶中,混匀供分析。

(4) 炉水按密封式取样。

(5) 管中样品的采取应先放去管内静水,取一根橡皮管,其一端套在水管上,另一端伸入取样瓶底部,在瓶中装满水后,让其溢出瓶口少许即可。

(6) 河、池等水源中采样在尽可能背阴的地方,离水面以下 0.5 m 深度,离岸 1~2 m 采取。

3. 固体试样的采取

(1) 粉状或松散样品的采取(如精矿、石英砂等),其组成较均匀,可用探料钻插入包内钻取。

(2) 金属锭块或制件样品的采取,一般可用钻、刨、切削、击碎等方法,按锭块或制件的采样规定采取试样。如无明确规定,则从锭块或制件的纵横各部位采取。如送检单位有特殊要求,可协商采取之。

(3) 大块物料试样的采取(如矿石、焦炭、块煤等),不但组分不均匀,而且其大小相差很大。所以,采样时应以适当的间距,从各个不同部分采取小样,原始试样一般按全部物料的万分之三至千分之一采集小样。对极不均匀的物料,有时取五百分之一,取样深度在 0.3~0.5 m 处。固体样品加工的一般程序如图 2-1 所示。

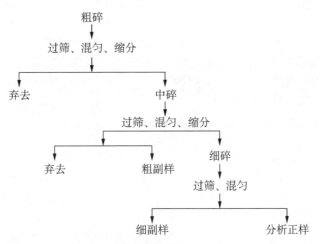

图 2 - 1　固体试样加工程序

实际上不可能把全部试样都加工成为分析试样,因此在处理过程中要不断进行缩分。具有足够代表性的试样的最低可靠质量,按照切乔特公式进行计算

$$Q = kd^2 \qquad\qquad (2-1)$$

式中,Q 为试样的最低可靠质量,kg;k 为根据物料特性确定的缩分系数;d 为试样中最大颗粒的直径,mm。

试样的最大颗粒直径(d),以粉碎后试样能全部通过的孔径最小的筛号孔径为准。

根据试样的颗粒大小和缩分系数,可以从手册上查到试样最低可靠质量的 Q 值。最后将试样研细到符合分析试样的要求。

缩分采用四分法,即将试样混匀后堆成锥状,然后略微压平,通过中心分成四等份,弃去任意对角的两份。由于试样不同粒度、不同密度的颗粒大体上分布均匀,留下试样的量是原样的一半,仍然代表原样的成分。

缩分的次数不是任意的。每次缩分时,试样的粒度与保留试样之间,都应符合切乔特公式;否则就应进一步破碎,才能缩分。如此反复经过多次破碎缩分,直到试样的质量减至供分析用的数量为止。然后放入玛瑙研钵中磨到规定的细度。根据试样的分解难易,一般要求试样通过 100～200 号筛,这在生产单位均有具体规定。

我国现用分样筛的筛号和孔径大小如表 2 - 4 所示。

表 2 - 4　分样筛的筛号(目[①]数)和孔径

筛　号	3	5	10	20	40	60	80	100	120	200
孔径/nm	5.72	4.00	2.00	0.84	0.42	0.25	0.177	0.149	0.125	0.074

4. 特殊试样的处理方法

有些试样,由于本身性质不够稳定或受环境的影响而使其组成容易发生变化。这类特殊试样,在采样后需进行一定的后处理,以保持待测组分含量不变。

---

① 目:每平方英寸中的孔数(1 英寸=0.025 4 米),为方便计,下文中出现的目不加注释。

（1）水样

对于一般水样,其采样和分析的时间间隔越短,分析结果越可靠。某些物理性质和组分的测定,应以进行现场分析为宜,因为在放置期间内可能发生变化。

一般认为,各种水样允许的放置时间为:

清洁水　　　　　　　　72 h

轻度污染水　　　　　　48 h

严重污染水　　　　　　12 h

水样如不能及时分析,则针对不同的被测组分,应加入不同的保护剂或建立不同的保存条件进行保存,以防止在保存时间内,组分由于挥发、吸附、细菌分解等因素而发生变化。例如在测定水样中的金属含量时,加入适量的硝酸可防止金属离子沉淀或被容器壁所吸附;测定水样中的油脂、化学耗氧量(COD)时,加入硫酸可抑制细菌的分解作用;在测定水样中氰化物、硫化物时,氢氧化钠的加入可阻止这类物质的挥发损失或细菌的分解作用,对于有机物、生化需氧量(BOD)、色度等项目测定,冷藏保存(4℃)可减慢反应速度,有利于待测物质的保存,有时还可采用加配合剂、防腐剂以及暗处贮藏等手段来保存水样。

（2）气样

气样采集后,一般要求立即分析,但有些项目,由于受条件的限制,不能立即进行,可以放入冰箱(4℃下)中保存。

近年来,用固体吸附剂富集采样的方法逐渐增加。把大气中的被测组分吸附富集在采样管中,密封管口,则可在相当长的时间内,使有关成分保持不变。例如,用活性炭管采集空气中的苯蒸气,采样后的富集管密封放置两个多月,其含量稳定不变。

（3）土样、生物样

土样和生物样品在放置过程中,往往会发生氧化、生菌、霉变等作用。通常需要根据它们的作用不同,备选一种或几种方法进行保护。例如,需测定土壤中金属元素的不同形态和价态时,必须控制其氧化作用。一般可采用低温(4℃)或在氮气气氛中保存的方法;又如为了防止细菌的侵蚀,土样可用紫外线或 γ 射线灭菌,生物样可加入防腐剂(苯甲酸钠、氯化汞等);由于酶的作用可使生物样品中的金属形态发生变化或使有机物和农药发生降解,采用冷冻干燥的方式可抑制酶的作用。

5. 试样的保存

采集的样品保存时间越短,分析结果越可靠。能够在现场进行测定的项目,应在现场完成分析,以免在样品的运送过程中,待测组分由于挥发、分解和被污染等原因造成损失。若样品必须保存,则应根据样品的物理性质、化学性质和分析要求,采取合适的方法保存样品。采用低温,冷冻,真空,冷冻真空干燥,加稳定剂、防腐剂或保存剂,通过化学反应使不稳定成分转化为稳定成分等措施,可延长保存期。普通玻璃瓶,棕色玻璃瓶,石英试剂瓶,聚乙烯瓶、袋或桶等常用于保存样品。

2.4.2　试样的分解

分解试样的目的是把固体试样转变成溶液,或将组成复杂的试样处理成为组成简单的、便于分离和测定的形式。因此,选择合适的分解方法,对于拟定准确而又快速的分析方法就显得十分重要了。

衡量一个分解方法是否合适,可从以下几方面加以考虑。

(1) 所选用的试剂和分解条件,应使试样中的被测组分全部进入溶液。

(2) 所选用的试剂应不干扰以后的测定步骤,也不可引入待测组分。

(3) 不能使待测组分在分解过程中有所损失。如在测定钢铁中的磷时,不能单独用盐酸或硫酸分解试样,而应当用盐酸+硫酸或硫酸+硝酸的混合酸,避免部分磷生成挥发性的磷化氢(PH_3)而损失。测定硅酸盐中硅(Si)的含量时,不能用氢氟酸溶样,以免生成挥发性的四氟化硅(SiF_4)而影响测定。

(4) 如有可能,试样的分解过程最好能与干扰组分的分离结合起来,以便简化分析步骤。例如在测定矿石中铬的含量时,用 Na_2O_2 熔融,熔块用水浸出,这时铬被氧化成铬酸根离子进入溶液,而试样中铁、锰等元素则形成氢氧化物沉淀,从而达到分离的目的。

常用的分解方法有溶解法、熔融法和半熔法(又称烧结法)等。

1. 溶解法

溶解法溶解过程比较简单、快速,因此分解试样尽量采用此法。常用的方法有如下几种。

(1) 酸溶解法

用酸作为溶解试剂,除利用酸的氢离子效应外,不同酸还具有不同的作用,如氧化还原作用、配合作用等。

由于酸易于提纯,过量的酸(磷酸、硫酸除外)又易于去除;溶解过程操作简单,且不会引入除氢离子以外的阳离子,故在分解试样时尽可能用酸溶解。该法的不足之处是对有些矿物的分解能力较差,对某些元素可能会引起挥发损失。常用的酸溶剂有下列几种。

盐酸:最高沸点 108℃,强酸性,比氢活泼的金属,如铁、铝、镍、锌等,普通钢,高铬钢,多数金属氧化物等均易溶于盐酸,且大多数金属的氯化物(银、铅、亚汞除外)易溶于水。

盐酸具有弱还原性,故为软锰矿(MnO_2)、赤铁矿(Fe_2O_3)的良好溶剂。为了提高盐酸的溶解能力,有时采用盐酸与其他酸或氧化剂、还原剂的混合溶剂。

高温下许多氯化物具有挥发性,如铋、硼、碲、铬、砷、锡等。分解时应注意这一点。

硝酸:最高沸点 121℃,强酸性,浓酸又有强氧化性,能使铁、铝、铬、钛等金属表面钝化而不被溶解。几乎所有的硝酸均易溶于水。硫化物(除锑、锡、钨外)均溶于硝酸。如果试样中的有机物质干扰测定,加入浓硝酸并加热可使之氧化去除。但是用硝酸溶解试样后,生成的氮氧化物往往会干扰后面的测定,需煮沸溶液把它们去除。

硫酸:最高沸点 338℃,强酸性,热的浓硫酸是强氧化剂,并有强脱水能力。硫酸可溶解铁、钴、镍、钾等金属及其合金和铝、锰、铀矿石。加热至冒 SO_3 白烟,可除去除磷酸外的其他低沸点酸和挥发性组分。

磷酸:最高沸点 213℃,强酸性,并有一定的配合能力,热的浓磷酸能分解很难溶的铬铁矿、金红石、钛铁矿等,尤其适用于钢铁试样的分解。

高氯酸:最高沸点 203℃(含 $HClO_4$ 72%),为已知酸中最强的酸。热的浓高氯酸是最强的氧化剂和脱水剂,能将组分氧化成高价态,如能把铬氧化成 CrO_4^{2-},钒氧化成 VO_3^-,硫氧化成 SO_4^{2-} 等。几乎所有的高氯酸盐都溶于水。

浓、热的高氯酸与有机物反应容易发生爆炸,所以当试样含有机物时,应先用高温灼烧或加浓硝酸破坏有机物后,再用高氯酸溶解。高氯酸的蒸气会在通风橱和烟道中凝聚,故需定期用水冲洗通风橱和烟道。

氢氟酸:最高沸点120℃,对硅、铝、铁具有很强的配合能力,主要用于分解硅酸盐,分解时生成挥发性 SiF_4,如

$$SiO_2 + 4HF \longrightarrow SiF_4\uparrow + 2H_2O$$

在分解硅酸盐及含硅化合物时,它常与硫酸混合使用。分解应在铂皿或聚四氟乙烯器皿中进行(<250℃),也可在高压聚乙烯、聚丙烯器皿中进行(<135℃)。

氢氟酸对人体有毒性,对皮肤有腐蚀性,使用时应注意勿与皮肤接触,以免灼伤。

混合溶剂:在实际工作中常使用混合溶剂。混合溶剂具有新的、更强的溶解能力。常用的混合溶剂有混合酸(王水、硫酸+磷酸、硫酸+氢氟酸),酸+氧化剂(浓硝酸+过氧化氢、浓盐酸+氯酸钾、浓硫酸+高氯酸等)和酸+还原剂(浓盐酸+氯化亚锡),等等。

(2) 碱溶解法

碱溶解法的实例有:20%～30%氢氧化钠溶液用于分解铝及铝合金、锌及锌合金,某些金属氧化物(如三氧化钨、三氧化钼)等;用氨水溶解三氧化钨、三氧化钼、氧化银等;在测定土样中有效氮、磷、钾时,可用稀的碳酸氢钠溶液溶解试样。

溶解法中所用的溶剂以及适用的对象,可参阅表2-5。

表2-5 溶解法分解试样

溶 剂		适 用 对 象	附 注
一、单一溶剂	水	碱金属盐类,铵盐,无机硝酸盐及大多数碱土金属盐,无机卤化物等	溶液若浑浊时加少量酸
	稀盐酸	铍、钴、镍、铬、铁等金属,铝合金,铍合金,硅铁,含钴、镍的钢,含硼试样,碱金属为主成分的矿物,碱土金属为主成分的矿物(菱苦土矿、白云石),菱铁矿	还原性溶解,天然氧化物不溶,试样中挥发性物质需注意
	浓盐酸	二氧化锰、二氧化铅、锑合金、锡合金、橄榄石、含锑铅矿、沸石、低硅含量硅酸盐及碱性炉渣	
	稀硝酸	金属铀、银合金、镉合金、铅合金、汞齐、铜合金、含铅矿石	
	浓硝酸	汞、硒、硫化物、砷化物、碲化物、铋合金、钴合金、镍合金、钒合金、锌合金、银合金,铋、镉、铜、铅、锡、镍、钼等硫化物矿物	氧化性溶解,注意发生钝态
	发烟硝酸	砷化物,硫化物矿物	
	稀硫酸	铍及其氧化物,铬及铬钢,镍铁,铝、镁、锌等非铁合金	
	浓硫酸	砷、钼铂铼锑等金属,砷合金,锑合金,含稀土元素的矿物	
	磷酸	锰铁、铬铁、高钨、高铬合金钢,锰矿、独居石、钛铁矿	
	氢氟酸	铌、钽、钛、锆金属,氧化铌,锆合金,硅铁,石英岩,硅酸盐	需用铂皿或聚四氟乙烯器皿

溶　剂	适 用 对 象	附　注
一、单一溶剂		
氢碘酸	汞的硫化物,钡、钙、铬、铅、锶等硫酸盐,锡石	
高氯酸	镍铬合金,高铬合金钢,不锈钢,汞的硫化物,铬矿石,氟矿石	
氢氧化钠或氢氧化钾溶液	钼、钨的无水氧化物,铝、锌等两性金属及合金	
氨水	钼、钨的无水氧化物,氯化银、溴化银	
乙酸铵溶液	硫酸铅等难溶硫酸盐	
氰化钾溶液	氧化银,溴化银	
二、混合溶剂	**(一) 混合酸**	
王水	金、钼、钯、铂、钨等金属,铋、铜、镓、铟、镍、铅、铀、钒等合金,铁、钴、镍、钼、铜、铋、铅、锑、汞、砷等硫化物矿物,砷、碲矿物	王水 HNO_3 : $HCl=1:3$（体积比）,用于分解金、铂、钯时,HNO_3 : HCl : $H_2O=1:3:4$（体积比）
浓硫酸+浓硝酸+浓盐酸（硫王水）	含硅多的铝合金及矿物	用于硅的定量分析
硫酸+磷酸	高合金钢,普通低合金钢,铁矿,锰矿,铬铁矿,钒钛矿及含铌、钽、钨、钼的矿物	
氢氟酸+硫酸	碱金属盐类,硅酸盐、钛矿石、高温处理过的氧化铍	使用铂皿或聚四氟乙烯器皿
氢氟酸+硝酸	铪、钼、铌、钽、钍、钛、钨、锆等金属,氧化物,氮化物,硼化物,钨、铁、锰合金,铀合金,含硅合金及矿物	使用铂皿或聚四氟乙烯器皿
	(二) 酸+氧化剂	
浓硝酸+溴	砷化物,硫化物矿物	
浓硝酸+过氧化氢	金属汞	
浓盐酸+氯酸钾	含砷、硒、碲矿物,硫化物矿物	
浓硝酸+氯酸钾	砷化物矿物、硫化物矿物	
浓硫酸+高氯酸	镓金属、铬矿石	
磷酸+高氯酸	金属钨粉末、铬铁、铬钢	
	(三) 酸+还原剂	
浓盐酸+氯化亚锡	磁铁矿、赤铁矿、褐铁矿等氧化物矿物	以铁为测定对象
三、其他		
三氯化铝溶液（或二氯化铵溶液）	氟化钙	形成配合物
酒石酸+无机酸	锑合金	形成配合物
草酸	铌、钽氧化物	形成配合物
EDTA 二钠盐溶液	硫酸钡、硫酸铅	形成配合物

（3）加压溶解法

在密闭容器中，用酸加热分解试样，由于压力增加，提高了酸的沸点，从而使那些原先较难溶解的试样获得良好的分解，这样就扩大了酸溶解法的应用范围。

另外，加压溶解法无挥发损失的危险存在，这对于测定试样中所有的组分，以及在测定试样中痕量组分时特别有意义。

加压溶解法可以在封闭玻璃管中或在金属弹中进行，后者由于操作方便、安全性大而得到广泛的应用（表2-6）。加压溶解用的金属弹，其外套由钢制成，内衬由聚四氟乙烯或铂制成。聚四氟乙烯内衬使用温度小于250℃；铂内衬使用温度（<400℃）可提高。加压溶解的效果取决于温度、溶解时间、酸的种类和浓度以及试样的细度等因素。

表2-6　加压溶解法分解试样

溶　剂	使　用　对　象	容器及温度
氢氟酸	绿柱石、铍硅石、锆石、辉石、微斜长石、金绿宝石、蓝晶石、假蓝宝石、花岗岩	白金管，400℃
盐酸	镍铁、氧化铈、$BaTiO_3$、$SrTiO_3$氧化铝	聚四氟乙烯管，240℃以下
硝酸	氧化铈	聚四氟乙烯管，240℃以下
硫酸	金红石（合成）、磁铁矿、黄铁矿、尖晶石（合成钛铁矿、氮化硼、磷云母、锐钛矿）	聚四氟乙烯管，240℃以下
盐酸＋硝酸（或过氧化氢）	铂族金属	玻璃管，140℃
盐酸＋高氯酸（1:1）	金属铑粉	聚四氟乙烯管，240℃以下
硫酸＋氢氟酸（1:1）	电气石、氧化锆、相石、铬矿、铬铁矿	聚四氟乙烯管，240℃以下
磷酸＋氢氟酸	十字石、红柱石、绿柱石	聚四氟乙烯管，240℃以下

2. 熔融法

对于一些用酸或其他溶剂不能完全溶解的试样，可用熔融法加以分解。熔融法是将熔剂与试样相混后，在高温下熔融，利用酸性或碱性熔剂与试样在高温下的复分解反应，使试样转变成易溶于水或酸的化合物。由于熔融时，反应物的浓度和温度都比溶解法高得多，故分解能力大大提高。各种熔剂的操作条件和适用对象可参阅表2-7。

表2-7　熔融法分解试样

熔　剂		熔剂配法及操作时间	温度/℃	使用坩埚	适　用　对　象
一、碱性熔剂	碳酸钠（或碳酸钾）	试样的6～8倍用量徐徐升温（40～50 min）	900～1 200	铁、镍、铂	铌、钽、钛、锆等氧化物，酸不溶性残渣，硅酸盐，不溶性硫酸盐，铍、铁、镁、锰等矿物
	碳酸钠＋碳酸钾（2:1）	试样的5～8倍用量		铂	钒合金，铝及含碱土金属的矿物，氟化物矿物
	氢氧化钠	试样的10～20倍用量（30 min）	<500	铁、镍、银	锑、铬、锡、锌、锆等矿物，两性元素氧化物、硫化物（测硫）
	碳酸钙＋氯化铵	与试样等量氯化铵与8倍用量碳酸钙混合	900	镍、铂	硅酸盐，岩石中碱金属定量测定，含硫多的试样氯化铵可用氯化钡代替

熔　剂		熔剂配法及操作时间	温度/℃	使用坩埚	适　用　对　象
二、酸性熔剂	硫酸氢钾（或焦硫酸钾）	试样的 6～8 倍用量徐徐升温，形成焦硫酸盐（40～60 min）	300	铂、石英、瓷	铝、铍、铁、钽、钛、锆等氧化物，硅酸盐、铬铁矿、冶炼炉渣，稀土元素含量多的矿物
	氧化硼（熔融后研细备用）	试样的 5～8 倍用量	580	铂	硅酸盐，许多金属氧化物
	铵盐溶剂（可用氟化铵、硝酸铵、硫酸铵以及它们的混合物）	试样的 10～20 倍用量	110～350	瓷	铜、铅、锌的硫化物矿物，铁矿、镍矿、锰矿、硅酸盐
三、还原性熔剂	氢氧化钠＋氰化钾（3：0.1）碳酸钠＋硫（0.1：0.4）	试样的 8～12 倍用量	400 / 300	铁、镍、银 / 瓷	锡石 / 砷、汞、锑、锡的硫化物
四、氧化性熔剂	过氧化钠	试样的 10 倍用量（先在坩埚内壁沾上一层碳酸钠可防止腐蚀（15 min）	600～700	铁、镍、银	铬合金、铬矿、铬铁矿、钼、镍、锑、锡、钒、铀等矿石，硅铁，硫化物矿物、砷化物，矿、铱、铑等金属
	氢氧化钠＋过氧化钠	试样：氢氧化钠：过氧化钠＝1：2：5	＞600	铁、镍、银	铂族合金、钒合金、铬矿、钼矿、闪锌矿
	碳酸钠＋过氧化钠	试样的 10 倍用量	500	铁、镍、银	砷矿物、铬矿物、硫化物矿物，硅铁
	碳酸钠＋硝酸钾（4：1）	试样的 10 倍用量（以过氧化钠为准）	700	铁、镍、银	钒合金、铬矿、铬铁矿、铝矿、闪锌矿、含砷、碲矿物

3. 半熔法（烧结法）

半熔法处在低于熔剂熔点的温度下，使试样与最低量固体熔剂进行反应，由于所用的温度较低，熔剂用量又限于低水平，因此可以减轻熔融物对坩埚的侵蚀作用。例如在测定矿石或煤中的硫含量时，用碳酸钠＋氧化锌作熔剂在 800℃加热，这时碳酸钠起熔剂作用，锌起疏松通气作用，使硫化物氧化成 SO_4^{2-}，并将硅酸盐转化成 $ZnSiO_3$ 沉淀。

用作半熔法的溶剂还有碳酸钙＋氯化铵、碳酸钠＋氧化镁等。

4. 有机试样的分解

少数有机试样可用水溶解，如低级醇、多元酸、氨基酸、尿素以及有机酸的碱金属盐等。多数有机试样不溶于水，但易溶于有机溶剂，可根据相似相溶原理，选用合适的有机溶剂溶解。例如极性有机物易溶于甲醇等极性溶剂，非极性有机物易溶于氯仿、四氯化碳、苯、甲苯等溶剂。另外，有机酸易溶于乙二胺、丁胺等碱性有机溶剂；有机碱易溶于冰醋酸、甲酸等酸性有机溶剂。

在选择有机溶剂时,还需注意不能干扰以后的测定步骤。例如,若用紫外光度法测定试样中的组分时,所选的溶剂应在测定的波长范围内无吸收。当试样中含有机物或测定试样中的无机组分时,有时有机物的存在对测定步骤有干扰,需在测定之前进行预处理,目的是除去干扰的有机物而被测组分又不致受损失,还具有富集被测组分的作用。处理的方法有干法分解和湿法分解两类(表2-8)。

表 2-8 有机试样分解方法

分类	方法或溶剂	适 用 对 象	容器与操作	附 注
干法分解	坩埚灰化法	铝、铬、铜、铁、硅、锡	铂坩埚,500～550℃变为氧化物后溶解	
		银、金、铂	瓷坩埚,变成金属后用硝酸或王水溶解	
		钡、钙、镉、锂、镁、锰、钠、铅、锶	铂坩埚,变成硫酸盐	铅存在时,为防止其还原加硝酸
	氧瓶燃烧法	卤素,硫,微量金属	试样在置有吸收液和氧气的三角烧瓶中燃烧	Schoniger 法
	燃烧法	卤素,硫	燃烧管,氧化流中 20～30 min, Na_2SO_3 - Na_2CO_3 吸收液吸收	Pregl 法
	低温灰化法	银、砷、金、镉、钴、铜、铁、汞、钯、碘、钼、锰、钠、镍、铅、锑、硒、铂族(食品、石墨、滤纸、离子交换树脂)	低温炭化装置,<100℃	借高频激发的氧气进行氧化分解
湿法分解	单一酸:浓硫酸 浓硝酸	用浓硝酸有不溶性氧化物生成时等	硬质玻璃容器	不是强力分解剂,良好的氧化剂
	混合酸:浓硫酸＋浓硝酸 硝酸＋高氯酸	砷、铋、钴、铜、锑等 汞除外其他金属元素、砷、磷、硫等(蛋白质、赛露璐、高分子聚合物、煤、燃料油、橡胶)	凯氏烧瓶 凯氏烧瓶,67% HNO_3:76% $HClO_4$＝1:1,由室温徐徐升温	钒、铬作为催化剂
	酸＋氧化剂:浓硫酸＋过氧化氢 浓硫酸＋重铬酸钾 硝酸＋高锰酸钾	含银、金、砷、铑、汞、锑等金属有机化合物 含有机色素的物质(合成橡胶等) 卤素 、汞(食品)	试样中先加硫酸后加 30%过氧化氢 硫酸＋硝酸加热,冷却后滴加过氧化氢(2～3 滴) 凯氏烧瓶	过氧化氢沿壁加下去 冷却管并用 使用回流冷却器
	发烟硝酸	镍、铬、硫等挥发性有机金属化合物	发烟硝酸与硝酸银在试管中加热(259～300℃, 5～6 h)	碘不适用 Cariusi 法
	过氧化氢、硫酸亚铁	一般有机物(油脂、塑料除外)	试样碎片,30% H_2O_2,稀 HNO_3 调节 pH, $FeSO_4$ 约 0.001 mol/L,90～95℃加热 2 h	Sansoni 法

5. 微波溶样

该技术是 20 世纪 70 年代中期产生的一种有前途的分析技术。微波是指电磁波中位于远红外线与无线电之间的电磁辐射,具有较强的穿透能力,是一种特殊的能源。使用煤气灯、电热板、马弗炉等传统的加热技术是"由表及里"的"外加热"。微波加热是一种"内加热",即样品与酸的混合物在微波产生的交变磁场作用下,发生介质分子极化,极性分子随高频磁场交替排列,导致分子高速振荡,使加热物内部分子间产生剧烈的振动和碰撞,致使被加热物质内部的温度迅速升高。分子间的剧烈碰撞搅动并清除已溶解的试样表面,促进酸与试样更有效地接触,从而使样品迅速地被分解。微波溶样设备有实验室专用的微波炉和微波马弗炉等。常压和高压微波溶样是两种常用的方法。微波溶样的条件应根据微波功率、分解时间、温度、压力和样品量之间的关系来选择。

微波溶样具有以下优点。

(1) 被加热物质里外一起加热,瞬间可达高温,热能损耗少,利用率高。

(2) 微波穿透深度强,加热均匀,对某些难溶样品的分解尤为有效。例如,用目前最有效的高压消解法分解锆英石,即使对不稳定的锆英石,在 2 000℃也需要加热 2 d,而用微波加热在 2 h 之内即可完成分解。

(3) 传统加热都需要相当长的预热时间才能达到加热必需的温度,微波加热在微波管启动 10～15 s 便可奏效,溶样时间大为缩短。

(4) 封闭容器微波溶样所用试剂量少,空白值显著降低,且避免了痕量元素的挥发损失及样品的污染,提高了分析的准确性。

(5) 微波溶样最彻底的变革之一是易实现分析自动化。因此,它已广泛地应用于环境、生物、地质、冶金和其他物料的分析。

2.5 特殊器皿的使用

在化学实验中,根据各种化学试剂的性质、实验要求及实验方法的不同,会用到各种不同材料制成的器皿。不同器皿有不同的使用和维护方法,尤其是对用铂、银、玛瑙、石英等制成的贵重器皿,要按照它们不同的要求进行正确操作。

2.5.1 铂质器皿

铂是一种不活泼金属,不溶于一般的强酸中,但能溶于王水,也能与强碱共熔起反应。在室温时,不和氧、硫、氟、氯起反应,但在 250℃以上能与氯和氟起反应。铱和铂形成合金后能增加铂的硬度,常用的铂质器皿往往由铂铱合金或铂铑合金制成。

使用注意事项如下。

(1) 铂质器皿允许加热到 1 000～1 200℃,由于铂易和碳形成碳化铂而使器皿变脆,所以严禁在还原焰上加热,只能在氧化焰或高温炉内灼烧或加热;在灼烧带沉淀的滤纸或含有机物较高的试样时,必须先在通风的情况下将滤纸灰化,或将有机物烧掉,然后再灼烧。不能将烧红的铂质器皿放入冷水中。

（2）由于铂的硫化物、磷化物是很脆的，所以铂质器皿不能用来加热或熔融硫代硫酸钠以及含磷和硫的物质。

（3）碱金属的氧化物、氢氧化物、硝酸盐、亚硝酸盐、碳酸盐、氯化物、氰化物以及氧化钡等在高温下都能侵蚀铂器皿，所以不能用铂质器皿来加热或熔融上述物质。

（4）铂在受热时，特别在红热状态，易与其他金属生成脆性合金，故在红热状态下，不允许和其他金属接触。

夹持灼烧的坩埚只能用包有铂头的坩埚钳。由于同样原因，对含金属的试样，必须处理掉金属后才能用铂质器皿。

（5）卤素对铂有严重的侵蚀作用，不能用来加热或灼烧含有卤素或能分解出卤素的物质，如王水、溴水、三氯化铁等，盐酸与氧化剂(过氧化氢、氯酸盐、高锰酸盐、铬酸盐、硝酸盐等)的混合物，卤化物与氧化剂的混合物均不能用铂质器皿加热或灼烧。

（6）对不知成分的样品，不能用铂质器皿加热或灼烧。

（7）铂质器皿比较软，极易变形，使用时不要用力夹，避免与硬物碰撞，以免变形。若已变形，可放在木板上一边滚动，一边用牛角匙轻轻碾压内壁。如要刮剥附着物，必须用淀帚。

（8）新的铂质器皿在使用前要进行灼烧，然后用盐酸洗涤。使用过的铂质器皿可在 $1.5\sim2$ mol/L 或 6 mol/L 的稀盐酸(不能含有硝酸、过氧化氢等氧化剂)中煮沸，也可在稀硝酸中煮沸，但不能在硫酸中煮沸。若酸洗不干净，可再用焦硫酸钾、碳酸钠或硼砂进行熔融清洗 $5\sim10$ min，或放在熔融的氯化镁和氯化铵混合物中(1 200℃)清洗。取出冷却后，再在热水中煮沸 10 min。被有机物玷污，可用洗液清洗；被碳酸盐和氧化物玷污，可用盐酸或硝酸清洗；被硅酸盐或二氧化硅玷污，可用熔融的碳酸钠或硼砂清洗；被耐酸的氧化物玷污，可在熔融的焦硫酸钾中清洗后，再在沸水中溶解清洗；被氧化铁玷污后呈现棕色斑点时，可放在稀盐酸中加入少量金属锡或 $1\sim2$ mL 二氯化锡溶液加热清洗。

2.5.2　银质器皿

银的熔点是 960℃，化学性质也不活泼，在空气中加热银颜色不变暗。加热时可与硫和硫化氢发生反应，生成硫化银，使其表面发暗，失去光泽。室温时与卤素缓慢作用，随温度升高，反应加快。有氧存在时，能与氢卤酸作用。银能溶于稀硝酸和热的浓硫酸中。银在熔融的苛性碱中仅发生轻微的作用。

使用注意事项如下。

（1）使用温度不能超过 700℃，时间不能超过 30 min。

（2）不能用来分解或灼烧含硫的物质，不能使用碱性硫化物溶剂。

（3）在浸取熔融物时，不能用酸，更不能接触浓酸，尤其是硝酸和硫酸。

（4）加热时，易在表面生成氧化银薄膜，因此，不能用作沉淀的灼烧和称重。

（5）在银质器皿中，用过氧化钠或碱熔处理试样时，时间不得超过 30 min。

（6）在熔融状态时，铝、锌、锡、铅、汞等金属的盐类都会使银质器皿变脆。

（7）可用氢氧化钠熔融清洗，或用 1∶3 的盐酸短时间浸泡，再用滑石粉摩擦，并依次用自来水、蒸馏水冲洗,然后干燥。

2.5.3 铁质器皿

铁的熔点是 1 535℃。在潮湿的空气中会生锈,在 150℃干燥空气中不与氧作用。铁能溶于稀酸中,浸在发烟硝酸中形成保护膜,变成"钝态"。由于铁质器皿价格低,所以使用较广泛,它主要用于过氧化钠和强碱性溶剂的熔融操作。使用时表面可做钝化处理,即先用稀盐酸洗涤器皿,用细砂纸擦净表面后,放入含有 5% 的稀硫酸和 5% 的稀硝酸溶液中浸泡 10 min,取出后洗净、干燥,然后再在 300~400℃下灼烧 10 min 即可。

每次使用后都要及时洗净并干燥,以免腐蚀。

2.5.4 镍质器皿

镍的熔点是 1 492℃,常温下,对水和空气是稳定的,能溶于稀酸,与强碱不发生作用,遇到发烟硝酸会和铁一样呈"钝态"。在加热时,与氧、氯、溴等发生剧烈作用。

使用注意事项如下。

(1) 一般使用温度在 700℃左右,不超过 900℃。

(2) 可以代替铂质器皿使用,但不能做沉淀的灼烧和称量。

(3) 可用于过氧化钠和氢氧化钠等强碱性试剂的熔融操作,但不能用于硫酸氢钠(钾)、焦磷酸钠(钾)、硼砂以及碱性硫化物的熔融操作。

(4) 在熔融状态时,铝、锌、锡、铅、钒、银、汞等金属的盐类,都能使镍质器皿变脆,不能用镍质器皿来灼烧或熔融这些金属盐。

(5) 镍质器皿中常含有微量铬、铁,使用时要注意。

(6) 新的镍质器皿应先在马弗炉中灼烧成深紫色或灰黑色,除去表面的油污,并使表面生成氧化膜,然后用稀盐酸(1∶20)煮沸片刻,用水冲洗干净。用过的器皿,先在水中煮沸数分钟,必要时,可用很稀的盐酸稍煮片刻,取出后用 100 目细砂纸摩擦清洗并干燥。

2.5.5 石英器皿

石英的主要成分是二氧化硅,化学性质很不活泼,不溶于水和一般的酸,只能溶于氢氟酸。与碱共熔或与碳酸钠共熔都能生成硅酸盐。石英的热稳定性高,在 1 700℃以下不会软化,也不挥发,但在 1 100~1 200℃开始失效。它质地较脆,价格较高。

使用注意事项如下。

(1) 可作为酸性或中性盐类熔融的器皿,如作为熔融硫酸氢钠(钾)、焦硫酸钠(钾)、硫代硫酸钠等熔剂的器皿,但不能用来熔融碱性物质。

(2) 清洗时,除氢氟酸外,普通稀无机酸均可作清洗液。

(3) 石英质脆,使用时应仔细小心。

2.5.6 玛瑙器皿

玛瑙是一种天然的贵重的非金属矿物,主要成分也是二氧化硅,含有(铝、钙、镁、锰等)

氧化物,是石英的一种变体。它硬度很大,但很脆,与大多数化学试剂不起反应,主要用来制研钵,是研磨各种高纯物质的极好器皿。

使用注意事项如下。

(1) 不能接触氢氟酸,不能受热。

(2) 大块或晶块样品,应先粉碎后才能在研钵中磨细。不能研磨硬度过大的物质。

(3) 价格昂贵,使用时要十分仔细、小心。

(4) 洗涤时先用水冲洗,必要时用稀盐酸洗涤,再用水冲洗。若仍不干净,可放入少许氯化钠固体,研磨若干时间后,再倒去洗净。若污斑黏结得很牢,不得已时可用细砂或金刚砂纸擦洗。

2.5.7　刚玉器皿

刚玉由高纯氧化铝成型熔烧制成,具有质坚、耐高温的特点,只适用熔融某些碱性熔剂,不能熔融酸性熔剂。

2.5.8　瓷质器皿

瓷质器皿是以氧化铝和二氧化硅为原料制成的,加热到 1 200℃以上,冷却后不改变质量;吸水性差,易于恒重,是质量分析中的称量容器;抗腐蚀性优于玻璃;忌用氢氟酸处理,也不能用来分解或熔融碱金属碳酸盐、氢氧化钠、过氧化钠、焦磷酸盐等。其洗涤方法与玻璃器皿的相同。

2.5.9　聚四氟乙烯器皿

聚四氟乙烯器皿使用时应注意以下两点。

(1) 使用温度可在−195～200℃,当温度高于 250℃时会分解,并产生有毒气体。

(2) 对于酸碱都有较强的抗蚀能力,不受氢氟酸侵蚀,且溶样时不会带入金属杂质。

2.6　气体钢瓶的使用及注意事项

2.6.1　高压气体钢瓶内装气体的分类

高压气体钢瓶内装的气体主要分为压缩气体、液化气体和溶解气体三类。

(1) 压缩气体　临界温度低于−10℃的气体,经加高压压缩,仍处于气态者称压缩气体,如氧气、氮气、氢气、空气、氩气等。这类气体钢瓶若设计压力大于或等于 12 MPa 则称高压气瓶。

(2) 液化气体　临界温度高于或等于−10℃的气体,经加高压压缩,转为液态并与其蒸气处于平衡状态者称为液化气体。临界温度在 $-10\sim70℃$ 者称高压液化气体,如二氧化碳、氧化亚氮。临界温度高于 $70℃$ 且在 $60℃$ 时饱和蒸气压大于 0.1 MPa 者,称为低压液化气体,氨气、氯气、硫化氢等即是。

(3) 溶解气体　溶解气体是指单纯加高压压缩,可产生分解、爆炸等危险性的气体,必须在加高压的同时,将其溶解于适当溶剂,并由多孔性固体物充盛。

根据气体的性质分类可分为剧毒气体,如氟气、氯气等;易燃气体,如氢气、一氧化碳等;助燃气体,如氧气、氧化亚氮等;不燃气体,如氮气、二氧化碳等。

2.6.2　高压气体钢瓶的存放与安全操作

高压气体钢瓶(气瓶)的存放一定要注意安全。

(1) 气瓶必须存放在阴凉、干燥、远离热源的房间,并且要严禁明火,防曝晒。除不燃气体外,一律不得放在实验楼内。使用中的气瓶要直立固定。

(2) 气瓶的颜色及阀门转向

为了保证安全,气瓶用颜色标志,不致使各种气瓶错装、混装。同时,为了不使配件混乱,各种气瓶根据性质不同,阀门转向不同。

通则:易燃气体气瓶为红色,左转;有毒气体气瓶为黄色;不燃气体右转。

压缩气瓶颜色及阀门转向见表 2-9。

表 2-9　压缩气瓶颜色及阀门转向一览表

气 体 名 称	瓶身颜色		瓶肩颜色		阀门转向
	工业	医药	工业	医药	
氧气(O_2)	黑	黑	—	白	右
氮气(N_2)	灰	—	黑	—	右
氢气(H_2)	红	—	—	—	左
乙炔(C_2H_2)	棕	灰	—	黑白	左
一氧化碳(CO)	红	—	—	—	左
煤气	红	—	—	—	左
氯气	黄	—	—	—	右
氨气	黑	—	黄/红	—	左
二氧化硫(SO_2)	绿	—	黄	—	右
二氧化碳(CO_2)			灰		右
空气	灰	—	—	—	右
氦气					右

(3) 气瓶的存放

① 气瓶应贮存于通风阴凉处,不能过冷、过热或忽冷忽热,也不能暴露于日光及一切热源照射下,因为暴露于热源中,瓶壁强度可能减弱,瓶内气体膨胀,压力迅速增大,可能引起爆炸。

② 气瓶附近不能有还原性有机物,如有油污的棉纱、棉布等,不要用塑料布、油毡之类遮盖,以免爆炸。

③ 勿放于通道,以免碰跌。

④ 不用的气瓶不要放在实验室,应有专库保存。

⑤ 不同气瓶不能混放。空瓶与装有气体的钢瓶应分别存放。

⑥ 在实验室中,不要将气瓶倒放、卧倒,以防止开启阀门时喷出压缩液体。要牢固地直立,固定于墙边或实验桌边,最好用固定架固定。

⑦ 接收气瓶时,应用肥皂水试验阀门有无漏气,如果漏气,要退回厂家;否则会发生危险。

(4) 气瓶的搬运

气瓶要避免敲击、撞击及滚动。阀门是最脆弱的部分,要加以保护,因此搬运气瓶要注意遵守以下的规则。

① 一般规定:搬运气瓶时,不使气瓶突出车旁或两端,并应采取充分措施防止气瓶从车上掉下。运输时不可散置,以免在车辆行进中发生碰撞。不可用磁铁或铁链悬吊,可以用绳索系牢吊装,每次不可超过一个。如果用起重机装卸超过一个时,应用正式设计托架。

② 气瓶搬运时,应罩好气瓶帽,保护阀门。

③ 避免使用染有油脂的人手、手套、破布接触搬运气瓶。

④ 搬运前,应将连接气瓶的一切附件如压力调节器、橡皮管等卸去。

(5) 气瓶的使用

① 气瓶必须连接压力调节器,气体经降压后,再流出使用,不要直接连接气瓶阀门使用气体。各种气体的调节器及配管不要混乱使用,使用氧气时要尤其注意此问题,否则可能发生爆炸。最好配件和气瓶均漆上同一颜色的标志。

② 安装调节器、配管等,要用绝对合适的。如不合适,绝不能用力强求吻合,接合口不要放润滑油,不要焊接。安装后,试接口,不漏气方可使用。

③ 保持阀门清洁,防止砂砾、秽物或污水等侵入阀门套管,引起漏气。清理时,由有经验的人慢慢开阀门,排出少量气体冲走污物,操作人员应稍远离气瓶阀门。

④ 开阀门时,应徐徐进行;关闭阀门时,以能将气体截止流出就可以,适可而止,不要过度用力。

⑤ 易燃气体之气瓶,经压力调节器后,应装单向阀门,防止回火。

⑥ 气瓶不要和电器、电线接触,以免发生电弧,使瓶内气体受热发生危险。如使用乙炔气焊接或切割金属,要使气瓶远离火源及熔渣。

⑦ 点火前,要确保空气排尽,不发生回火才可以进行。为此,可用试管收集气体实验,如为氢气,收集气体不爆炸后,才能点火。

使用乙炔焊枪,亦应放一会儿气,保证不混空气,才能点燃焊枪。

⑧ 对于易燃气体或腐蚀气体,每次实验完毕,都应将它们与仪器的连接管拆除,不要连接过夜。

⑨ 气瓶内的气体不能用尽,即输入气体压力表指压不应为零;否则可能混入空气,再重装气体时会发生危险。

⑩ 气瓶附近必须有合适的灭火器,且工作场所通风良好。

(6) 特别注意及事故处理

① 乙炔的铜盐、银盐是爆炸物,乙炔气及气瓶切勿与铜或含铜70%以上的合金接触,一切附件不能用这些金属。

② 气瓶与仪器中间应有安全瓶,防止药品回吸入瓶中,发生危险。

③ 如发生回火或气瓶瓶身发热现象,应立即关掉气瓶阀门,将气瓶搬出室外空旷处,并将气瓶浸入冷水中,或浇以大量凉水,降低温度,将阀门徐徐打开,继续保持冷却至气体放完为止。

④ 乙炔、氢气、石油气是最危险的易燃气体。

⑤ 氧气虽然不是易燃物,但助燃性强,一定不能接触污物、有机物。

⑥ 使用腐蚀性气体,气瓶和附件都要勤检查。不用时,不要放在实验室中。

(7) 压力调节器的用途和操作

压力调节器是准确的仪器。它的设计是使气瓶输出压力降至安全范围才流出,使流出气体压力限制在安全范围内,防止任何仪器或装置被超压撞坏,同时使气流压力稳定。好的调压器应有以下性能。

① 气瓶输入气体改变压力,调节器输出气体压力能维持常压。

② 压力调节器不因气体输出速度改变而改变压力,偏差很小,基本维持恒压。

③ 停止工作时,系统内的终压不会提高。

(8) 操作方法

① 在与气瓶连接之前,查看调节器入口和气瓶阀门出口有无异物;如有,用布除去。但若气瓶为氧气瓶,不能用布擦。此时,小心慢慢稍开气瓶阀门,吹走出口的污物。对于脏的氧气压力调节器,入口用四氯化碳或三氯乙烯洗干净,用氮气吹干,再使用。

② 用平板钳拧紧气瓶出口和调节器入口之连接,但不要加力于螺纹。有的气瓶要在出入口间垫上密合垫,用聚四氟乙烯垫时,不要过于用力;否则,密合垫被挤入阀门开口,阻挡气体流出。

③ 向逆时针方向松开调节螺旋至无张力,就关上调节器。

④ 检查输出气体之针形阀是否关上。

⑤ 开气时,首先慢慢打开气瓶的阀门,从输入表读出气瓶全压力。打开时,一定要全开阀门,调节器的输出压力才能维持恒定。

⑥ 向顺时针方向拧动调节螺旋,将输出压力调至要求的工作压力。

⑦ 调动针形阀调整流速。

⑧ 关气时,首先关气瓶阀门。

⑨ 打开针形阀,将压力调节器内之气体排净。此时两个压力表的读数均应为零。

⑩ 向逆时针方向松开调节螺旋至无张力,将调节器关上。关上调节器输出的针形阀。

(9) 保存压力调节器不用时,要及时拆下按下面的方法保存。

① 压力调节器保存于干净无腐蚀性气体的地方。

② 用于腐蚀性气体或易燃气体的调节器,用完后,立即用干燥氮气冲洗。冲洗时,将螺

旋向顺时针方向打开,接上氮气,通入入口管。冲洗 10 min 以上。

③ 然后用原胶袋将入口管封住,保持清洁。

(10) 压力调节器的检查

调节器要经常检查,尤其是强腐蚀性气体的调节器,使用一周就要检查一次,其他的可隔一两个月检查一次。完好的压力调节器应符合下述技术条件。

① 无压力时两表读数都应为零。

② 开气瓶阀门,调松螺旋后,应读出气瓶最高压力。

③ 关上调节器输入针形阀,在 5～10 min 内,输出压力表之压力不应上升;否则内部阀门有漏气处。

④ 顺时针方向转动调节螺旋,应指出正常输出压力;如达不到,表示内部有堵塞,稍后些使输出压上升,这叫缓慢现象,呈现缓慢现象的调节器不能使用。

⑤ 关上气瓶阀门,在 5～10 min 内,输入输出压力均不应有变化;如下降,表示有漏气的地方,可能在输入管、针形阀、安全装置隔膜等处漏气。

⑥ 在操作时,输出压力异常下降,表示压力表内有故障。

压力调节器出现任何不正常现象,都要修理好才能使用。

注意:任何气体的压力调节器用过后,都不能用作氧气压力调节器。原则上,每种气体的调节器都不能混用,除非使用者非常了解每种气体特性,确定不发生反应。

2.7   常用分析仪器的种类

分析仪器通常由样品的采集与处理系统、组分的解析与分析系统、检测与传感系统、信号处理与显示系统和数据处理与数据库五个基本部分组成。

目前,现有分析仪器的型号、种类繁多,并且涉及的原理亦不相同。根据其原理可将分析仪器分为八类,见表 2-10。

表 2-10   分析仪器分类表

仪 器 类 别	仪 器 品 种
电化学式仪器	酸度计(离子计)、电位滴定仪、电导仪、库仑仪、极谱仪等
热力学式仪器	热导式分析仪、热化学式分析仪、差热式分析仪
磁式仪器	热磁式分析仪、核磁共振波谱仪
光学式仪器	吸收式光谱分析仪(分光光度计)、发射光谱分析仪、荧光计、磷光计
机械仪器	X 射线分析仪、放射性同位素分析仪、电子探针等
离子和电子光学式仪器	质谱仪、电子显微镜、电子能谱仪
色谱仪器	气相色谱仪、液相色谱仪
物理特性式仪器	黏度计、密度计、水分仪、浊度仪、气敏式分析仪等

2.8　仪器设备使用守则

（1）分析仪器应有严格的日常管理规章制度及仪器使用操作规程。

（2）分析仪器设备一般由专职实验技术人员负责日常管理、使用及维护。管理人员应具有一定的专业知识，热爱本职工作，遵纪守法，熟悉仪器的基本情况，掌握该仪器的正确操作方法及一般故障处理，并有责任指导和监督他人正确使用该仪器。

（3）操作者使用前，应认真阅读、研究仪器使用说明书，待充分熟悉仪器的使用方法和操作规程后方可使用。严禁不懂仪器使用方法的人随意测试，使仪器性能受到损害。

（4）仪器使用者均应爱护仪器设备，必须严格按操作规程进行操作，切忌野蛮操作。

（5）仪器出现问题时应向实验室管理人员汇报，由管理人员负责处理解决，不得擅自拆卸、移动仪器。

（6）分析仪器应建立完整的使用记录。仪器使用完毕要严格登记，填好相关使用记录。

（7）仪器使用完毕，使用者应按规定对仪器加以清洁，并将仪器恢复到最初状态。

（8）未经相关责任部门允许，不得将仪器设备随便外借。

2.9　实验室安全规则

（1）在实验室中应保持安静，不得高声喧哗和打闹；不准吸烟、饮食；不准随地吐痰；不准乱扔废纸、杂物。

（2）浓酸和浓碱具有腐蚀性，配制溶液时，应将浓酸注入水中，而不得将水注入浓酸中。

（3）取用试剂后，应立即盖好试剂瓶盖。决不可将取出的试剂或试液倒回原试剂瓶或试液贮存瓶内。妥善处理无用的或玷污的试剂，固体弃于废物缸内，无环境污染的液体用大量水冲入下水道。

（4）实验过程中要细心谨慎，不得忙乱和急躁，应严格按照仪器操作规程进行操作，服从教师和实验技术人员的指导。

（5）发生事故时，要保持冷静，采取应急措施，防止事故扩大，如切断电源、气源等，并立即报告指导教师进行处理。待指导教师查明原因并排除故障后，方可继续实验。

（6）有故障仪器需要更换时，应报告指导教师，由指导教师解决，不允许学生在实验室内擅自改动仪器设备。

（7）实验时，仪器安装、预热完毕，需由指导教师和实验技术人员检查确认后才能进行实验；实验过程中要合理安排时间，集中注意力，认真操作和观察，如实记录各种实验数据，记录的原始数据必须由指导教师核查并签名。学生实验时应积极思考分析，不得马虎从事，不得拼凑数据或抄袭他人的实验数据。

（8）实验中，不得将仪器处于无人看守状态，更不得私自拆卸仪器设备，未经许可不得动用与本实验无关的其他仪器设备及物品,不得进入与实验无关的场所,不得将任何实验室物品带出实验室。

（9）实验完毕,应检查仪器使用状况,关闭电、气源。填好仪器使用记录。

（10）值日生必须做好实验室清洁卫生和安全工作,关闭水、电、门、窗。经指导教师和实验技术人员检查、批准后方可离开实验室。

（11）实验后,按要求写出实验报告,并认真分析实验结果,正确处理实验数据,细心绘制曲线图表等,不得更改原始数据。

第3章　原子发射光谱法

3.1　方法原理

3.1.1　基本原理

通常原子处于最稳定的基态,其能量最低。当原子受到外界热能或电能作用时,其外层电子获得能量,由基态跃迁到较高的能级状态,这一过程称为激发。当外加能量足够大时,会使价电子脱离原子核的束缚,使原子成为离子,这个过程称为电离。离子也可以被激发。

处于激发态的原子不稳定,经过 10^{-8} s 的短暂时间后,核外电子便会从激发态回到较低的能态或基态。在此过程中将以电磁波的形式释放能量,产生光谱,每个谱线的波长取决于跃迁前后两个能级之间的能量差,即

$$\Delta E = E_2 - E_1 = h\nu = hc/\lambda$$

式中,E_1、E_2 为低能级及高能级的能量;h 为普朗克常数 ($h = 6.63 \times 10^{-34}$ J·s);ν 为频率;c 为光速;λ 为波长。

电子由激发态直接回到基态时所辐射的谱线叫共振线。从第一激发态(能级最低的激发态)返回到基态时产生的谱线称为第一共振线,也叫主共振线,通常是该元素光谱中强度最强的线,也是波长最长的线,在进行光谱定性分析时将其作为最灵敏线,在低含量元素的定量分析时作为分析线。当元素的含量逐渐减小以至于趋近于零时,所能观察到的最持久的线(最后线)常是第一共振线。

离子被激发后,其外层电子也可以发生跃迁而产生发射光谱,称为离子线。在原子谱线表中,用罗马数字Ⅰ表示原子线,Ⅱ表示一次电离的离子线,Ⅲ表示二次电离的离子线。

不同元素的原子将产生一系列不同特征波长的特征光谱线,这些谱线按一定的顺序排列,并保持一定的强度比例。原子发射光谱(Atomic Emission Spectrometry,简称 AES)就是利用这些谱线出现的波长及其强度进行元素的定性和定量分析的。原子发射光谱过去一直是采用火焰、电弧和电火花使试样原子化并激发,这些方法至今在分析金属元素中仍有重要的应用。然而,随着等离子体光源的问世,其中特别是电感耦合等离子体光源,它们现已成为应用广泛的重要激发光源。

发射光谱分析过程分为三步,即激发、分光和检测。

第一步是利用激发光源使试样蒸发出来,然后离解成原子或进一步电离成离子,最后使原子或离子得到激发,发射辐射。

第二步是利用光谱仪把光源所发出的光按波长展开,获得光谱。

第三步是利用检测系统记录光谱,测量谱线波长、强度,并进行运算,最后得到试样中元素的含量。

3.1.2 分析方法

原子发射光谱分析法有定性分析、半定量分析和定量分析三种。

1. 光谱定性分析

对于不同元素的原子,由于它们的结构不同,其能级不同,因此发射的谱线的波长也不同,可以根据元素原子发出的特征谱线的波长来确认某一元素的存在,这就是光谱定性分析。定性分析方法有标准样品光谱比较法、铁谱比较法、波长测定法等三种,其中最常用的是铁谱比较法。

(1) 标准样品光谱比较法

为了确定某几种元素是否存在于待测样品中,可采用标准样品光谱比较法。即将待测元素的纯物质或化合物与试样并列摄于同一块感光板上,通过映谱仪将谱线放大20倍后进行对比,如果试样的谱线与标准样品的谱线出现在同一波长位置,说明试样中含有这种元素。该方法用于鉴定少数几种元素时较为方便,但不适于样品的全分析。

(2) 铁谱比较法

铁的光谱线比较多,在210~660 nm的波长范围内有4 000多条谱线,而且每一条谱线波长均经过精确的测量,因此铁光谱可以作为波长标尺来使用。

以铁光谱为基础,制成元素标准光谱图。标准光谱图中摄有铁光谱,在铁光谱上方标有其他元素的谱线位置、波长、谱线性质(原子线或离子线)以及谱线强度的级别。一般谱线强度分为10级,级数越大,谱线强度越强。

定性分析时,将试样与纯铁并列摄谱,得到的光谱图在映谱仪上放大20倍后,与标准光谱图相比较,使谱线上的铁谱与标准光谱图的铁谱谱线相重合,然后检查试样中的元素谱线。如果试样光谱中某一条谱线与标准谱上的某元素的谱线相重合,则说明这种元素有可能存在。如果该元素的其他几条灵敏线也存在的话,可确认这种元素存在。

铁谱比较法是目前应用最广泛的定性分析方法,用于试样的全分析较为方便。

(3) 波长测定法

当试样的光谱中有些谱线在元素标准谱图上并没有标出时,无法利用铁谱比较法来进行定性分析,此时可采用波长测定法。如果待测元素的谱线(λ_x)处于铁谱中两条已知波长的谱线(λ_1、λ_2)之间,且这些谱线的波长又很接近,则可认为谱线之间距离与波长差成正比,即

$$\frac{\lambda_2 - \lambda_1}{l_1} = \frac{\lambda_x - \lambda_1}{l_2}$$

$$\lambda_x = \lambda_1 + \frac{(\lambda_2 - \lambda_1)l_2}{l_1}$$

(3-1)

利用比长仪测定 l_1、l_2,则可求得 λ_x,根据计算出来的波长,通过谱线波长来确定该元

素的种类。

2. 光谱半定量分析

光谱半定量分析方法可用于粗略估计试样中元素的大概含量,其误差范围可允许在 30%～200%。常用的半定量分析方法有谱线强度比较法、谱线呈现法和均称线对法等。

(1) 谱线强度比较法

待测元素的含量越多,则谱线的黑度越强。采用谱线强度比较法进行半定量分析时,将待测试样与被测元素的标准系列在相同条件下并列摄谱,在映谱仪上用目试法比较待测试样与标准物质的分析线的黑度,黑度相同时含量也相等,据此可估算待测物质的含量。该方法只有在标准样品与试样组成相似时,才能获得较准确的结果。

(2) 谱线呈现法

当试样中某种元素的含量逐渐增加时,谱线强度随之增加,当含量增加到一定程度时,一些弱线也相继出现。因此,可以将一系列已知含量的标准样品摄谱,确定某些谱线刚出现时所对应的浓度,制成谱线呈现表,据此来确定试样中元素的含量。该方法不需要采用标准物质,测定速度快,但方法受试样组成变化的影响较大。

(3) 均称线对法

对试样进行摄谱,得到的光谱中既有基体元素的谱线,也有待测元素的谱线,基体元素为主要成分,其谱线强度变化很小,而对于待测元素的某一谱线而言,元素含量不同,谱线强度也不同,在此谱线旁边可以找到强度与它相等或接近的基体元素谱线。将这些谱线组成线对,就可以作为确定这个元素含量的标志。

3. 光谱定量分析

光谱定量分析就是根据样品中被测元素的谱线强度来确定该元素的准确含量。

(1) 光谱定量分析的基本关系式

元素的谱线强度与元素含量的关系是以被测元素的谱线强度来确定该元素的准确含量。各种元素的特征谱线强度与其浓度之间,在一定的条件下都存在确定关系,这种关系可用下式表示,即

$$I = ac^b \qquad\qquad (3-2)$$

式中,I 为谱线强度;c 为被测元素浓度;a 和 b 为与实验条件有关的常数。

若对上式取对数,则得

$$\lg I = b\lg c + \lg a \qquad\qquad (3-3)$$

该式即为光谱定量分析的基本关系式。以 $\lg I$ 对 $\lg c$ 作图,在一定的浓度范围内为直线。

(2) 内标法光谱定量分析原理

在光谱定量分析基本关系式中,只有在固定的条件下,系数 a、b 才是常数,而在实际工作中,试样的组成、光源的工作条件等很难严格控制恒定不变,因此根据谱线强度的绝对值来进行定量分析很难获得准确的结果。实际分析中常采用内标法来消除工作条件变化对测定结果的影响。

内标法是在被测元素的谱线中选择一条谱线作为分析线,再选择其他元素的一条谱线作为内标线,两条线组成分析线对。提供内标线的元素称为内标元素,内标元素可以是试样的基体元素,也可以是另外加入的一定量的其他元素,内标元素应满足以下要求。

① 外加的内标元素必须是样品中没有的或含量极微的元素。

② 内标元素与待测元素的挥发性质必须十分相近。

③ 分析线和内标线的激发电位必须十分相近。

④ 分析线对的两条谱线波长之差应较小。

内标法的原理如下:设被测元素和内标元素含量分别为 c 和 c_0,分析线和内标线强度分别为 I 和 I_0,根据光谱定量分析基本关系式可得

$$\lg I = b\lg c + \lg a$$
$$\lg I_0 = b\lg c_0 + \lg a_0 \tag{3-4}$$

因内标元素的含量是固定的,两式相减得

$$\lg R = b\lg c + \lg a' \tag{3-5}$$

式中,$R = \dfrac{I}{I_0}$,为分析线对的相对强度;$a' = \dfrac{a}{a_0 c_0^b}$,为新的常数。

式(3-5)是内标法定量关系式,用标样系列摄谱,可绘制 $\lg R$-$\lg c$ 标准曲线。在分析时,测定试样中分析线对的相对强度,即可由标准曲线查得分析元素含量。

(3) 光谱定量分析方法

① 标准曲线法(三标准曲线法)。标准曲线法是光谱定量分析中常用的一种方法。配制 3 个或 3 个以上不同浓度的待测元素的标准试样,在一定条件摄谱,测定分析线对的强度比,绘制 $\lg R$-$\lg c$ 标准曲线。在相同条件下,将待测试样摄在同一感光板上,测定 $\lg R$ 值,可从标准曲线上求得待测元素的浓度 c_x。

标准曲线法中,将标准试样和待测试样摄于同一感光板上,避免了分析过程中的误差,准确度较高,但由于制作标准曲线时所花时间较长,因而不适于快速分析。

② 标准加入法。在找不到合适的基体配制标样,而且待测元素浓度较低时,可采用标准加入法。假设试样中待测元素浓度为 c_x,取几份样品溶液,分别加入不同浓度(c_i)的待测元素,在相同条件下激发,获得光谱。用分析线对的相对强度 R 对 c_i 作图,可得一直线,将直线外推,与横轴交点处对应的浓度的绝对值即为试样中待测元素的浓度 c_x。

标准加入法较为简单,适用于小批量、低浓度试样的分析,使用该方法时,加入已知含量被测元素的试样不能少于 3 个,且加入的含量范围应与测定元素的含量在同一数量级。

3.2　仪器结构与原理

原子发射光谱分析的仪器设备主要由激发光源、分光系统、检测系统三部分构成。

1. 发射光谱分析仪器光源

在进行发射光谱分析时,待测样品要经过蒸发、离解、激发等过程而发射出特征光谱,再

经过分光、检测而进行定性、定量分析。发射光谱仪主要由激发光源、分光系统及检测系统三部分组成,如图 3-1 所示。

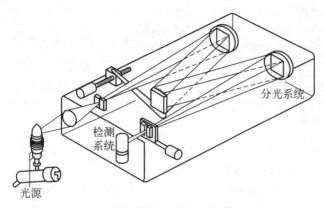

图 3-1　发射光谱仪的原理图

(1) 激发光源

光源的作用是提供足够的能量,使试样蒸发、离解并激发,产生光谱。光源的特性在很大程度上影响分析方法的灵敏度、准确度及精密度。理想的光源应满足高灵敏度、高稳定性、背景小、线性范围宽、结构简单、操作方便、使用安全等要求。目前可用的激发光源有火焰、电弧、火花、等离子体、辉光、激光光源等。

(2) 经典光源

① 直流电弧。直流电弧是光谱分析中常用的光源。直流电弧工作时,阴极释放的电子不断轰击阳极,使阳极表面出现阳极斑,阳极斑温度可达 3 800 K,因此通常将样品放在阳极,以利于试样蒸发。在电弧燃烧过程中,电弧温度可达 4 000～7 000 K,一般产生原子线。

直流电弧设备简单,电极温度高,蒸发能力强,灵敏度高,检出限低,但电弧温度较低,激发能力较差,因此适用于易激发、熔点较高的元素的定性分析。由于其产生的谱线容易发生自吸和自蚀,故不适用于高含量元素的分析;而且直流电弧的稳定性较差,不适用于定量分析。

② 交流电弧。在光谱分析中,常使用低压交流电弧。

交流电弧具有脉冲性,其电流密度比直流电弧大,弧温较高,激发能力较强,甚至可产生一些离子线。但交流电弧放电的间歇性使电极温度比直流电弧略低,因而蒸发能力较差,适用于金属和合金中低含量元素的分析。交流电弧的电极上无高温斑点,温度分布较均匀,蒸发和激发的稳定性比直流电弧好,分布的精密度高,故有利于定量分析。

③ 火花。当施加于两个电极间的电压达到击穿电压时,在两极间尖端迅速放电产生电火花,电火花可分为高压火花和低压火花。

火花瞬间温度很高,可达 10 000 K 以上,激发能力很强,可产生离子线。但由于放电时间短,停熄时间长,所以电极温度低,蒸发能力差,因此火花适于测定激发电位较高、熔点低、易挥发的高含量样品。火花光源的稳定性要比电弧好得多,故分析结果的再现性较好,可用于定量分析。

直流电弧、交流电弧和火花的性能比较见表 3-1。

表 3-1　常用光源的性能比较

光　源	蒸发温度/K	激发温度/K	稳定性	主　要　用　途
直流电弧	最高(3 000～4 000)	4 000～7 000	较差	难挥发元素的定性半定量以及矿物中微量元素定量分析
交流电弧	<直流电弧	>直流电弧	较好	矿物质、低含量金属、合金的定性、定量测定
火花	<交流电弧	10 000	好	高含量、低熔点合金、难电离元素分析

（3）等离子体光源

① 电感耦合等离子体。等离子体是指具有一定电离度的气体,它是由离子、电子及中性粒子组成的呈电中性的集合体,能够导电。

电感耦合等离子体(ICP)光源由高频发生器、等离子矩管、雾化器三部分组成。

ICP 具有很高的温度,因而激发和电离能力强,能激发很难激发的元素,可产生离子线,灵敏度高,检出限低,适于微量及痕量分析。等离子体具有较高的稳定性,分析的精密度和准确度都很高。ICP 光源的背景发射和自吸效应小,可用于高含量元素的分析,定量分析的线性范围在 4～6 个数量级。此外,ICP 光源不使用电极,避免了由电极污染带来的干扰;但由于设备较复杂,氩气消耗量大,限制了其普及应用。

② 直流等离子体喷焰。直流等离子体喷焰(DCP)是一种被气体压缩的大电流直流电弧,其形状类似火焰。

直流等离子体喷焰的激发温度可达 6 000 K,基态效应和共存元素影响较小,稳定性较高,有适宜的灵敏度,但背景较大。现在可用 DCP 测定的元素已超过 54 种,是难熔难挥发元素,特别是铂族和稀土元素等最有效的分析方法之一。但从测定元素的数目及应用范围来看,目前 DCP 仍不如 ICP 广泛。

③ 微波等离子体。已采用的微波等离子体有两种类型:电容耦合微波等离子体(CMP)和微波诱导等离子体(MIP)。微波等离子体由火花点燃,电子在微波场中振荡并获得充分的动能后通过碰撞电离载气。

微波等离子体的气体温度比 ICP 低,通常为 2 000～3 000 K,但激发温度较高,可达 4 000～5 000 K。微波等离子体具有操作功率小、在常温下工作等特点,但其小功率的应用难以提供足够的能量使样品溶液充分去溶和蒸发。目前 MIP 主要用于非金属元素、气体元素和有机元素分析,也较为广泛地用作气相色谱检测器。

（4）辉光放电

辉光放电是一种低压放电的现象。

辉光光源具有较强的激发能力、背景值较低、分析灵敏度高等特点,但样品要放在密封的放电管中,使得操作不便,应用受到限制。

辉光光源主要适用于超纯物质中杂质元素的分析、难激发元素、气体样品、同位素的分析及谱线超精细结构的研究。

（5）激光微探针

激光具有高亮度、单色性好、方向性好等特点,激光可聚焦在直径为 5～50 μm 的斑点上,焦点处的温度可达 10 000 K 以上。激光微探针就是利用激光的这些性质,使样品的细微区域蒸发,再利用一对辅助电极的火花来进行激发,摄取光谱而进行分析。激光光谱分析装置主要包括激光发生器、显微瞄准部分、辅助放电电极等。

激光微探针利用激光的高蒸发和高激发能力而产生较高的灵敏度,绝对灵敏度可达 10^{-12} g。激光束可以控制在极小的直径范围内,因此可实现样品的无损分析和微区分析,对样品无须预处理便可直接分析。

2. 光谱仪

光谱仪的作用是将激发光源发出的含有不同波长的复合光分解成按波长顺序排列的单色光。按色散部件的不同,光谱仪可分为棱镜光谱仪、光栅光谱仪。

（1）棱镜光谱仪

棱镜光谱仪以棱镜作为色散元件,根据不同波长的光在同一介质中具有不同的折射率而进行分光。其光路系统由照明、准光、色散及投影四部分组成。

① 照明系统。一般由3个透镜组成,将光源发出的光有效均匀地折射到狭缝上。

② 准光系统。由狭缝和准光镜组成。准光镜将由狭缝发射出的光变成平行光束。

③ 色散系统。由一个或多个棱镜组成。棱镜对不同波长的光具有不同的折射率,在紫外区和可见区,波长短的光折射率大,波长长的光折射率小。因此平行光经过棱镜色散后,按波长顺序分解成不同波长的光。

④ 投影系统。不同波长的光由成像物镜分别聚焦在感光板的不同部分,得到按波长展开的光谱。

在图 3-2 中,由光源辐射产生的光经过照明系统均匀地聚焦在狭缝 S 上。进入狭缝的光经过准光系统(由 S 和准光镜 Q_1 组成)成为平行光最大限度地充满在棱镜 P 上,经过色散成为单色光,最后由投影系统的成像物镜 Q_2 聚焦后,在感光板 FF' 上形成按频率大小或者波长顺序排列的光谱。

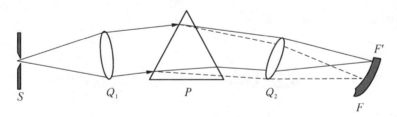

图 3-2　棱镜光谱仪光路示意图

（2）光栅光谱仪

光栅光谱仪以光栅作为色散元件,是利用光的单缝衍射和多缝干涉来进行分光的,其光路系统与棱镜光谱仪一样,分为照明、准光、分光、投影四部分。光栅光谱仪多采用平面反射光栅,而且为闪耀光栅。平面光栅光谱仪的光路示意图如图 3-3 所示。

与棱镜光谱仪相比,光栅光谱仪的色散率不随波长的变化而变化,谱线排列均匀,其色散率、分辨率均较高,适用波长范围宽,因此目前多使用光栅光谱仪。

3. 光谱记录及检测系统

光谱记录及检测系统的作用是接收、记录并测定光谱。常用的记录及检测方法有摄谱法和光电直读法。

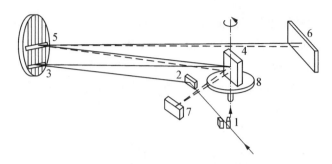

图 3-3 平面光栅光谱仪光路示意图

1—狭缝;2—平面反射镜;3—准光镜;4—光栅;5—成像物镜;
6—感光板;7—二次衍射反射镜;8—光栅转台

（1）摄谱法

摄谱法是将从光学系统输出的不同波长的辐射能在感光板上转换为黑的影像,再通过映谱仪和测微光度计来进行定性、定量分析,是最早采用的记录和显示光谱的方法。

摄谱仪的优点是能在感光板上同时记录整个波长范围的光谱,并可长期保存,价格低廉;缺点是操作较烦琐、费时。

（2）光电直读法

光电直读法是利用光电测量的方法直接测定谱线的波长和强度。光电直读光谱仪分析速度快、准确度高,适用于较宽的波长范围。可用同一分析条件对样品中多种含量范围差别很大的元素同时进行测定,线性范围宽;但灵活性较差,而且实验条件要求严格、仪器价格较昂贵,限制了其普及应用。

3.3 实验内容

实验一 微波消解 ICP-AES 法测定食品中的铝

一、目的及要求

1. 掌握微波消解的方法及操作。

2. 掌握 ICP-AES 法的原理及方法。

二、实验原理

处于激发态的原子不稳定,经过短暂时间后,核外电子便会由激发态回到较低能态或基态。在此过程中将以电磁波的形式释放能量,产生光谱,电子由激发态直接回到基态时所辐射的谱线叫共振线。从第一激发态(能级最低的激发态)返回到基态时产生的谱线称为第一共振线,也叫主共振线,通常是该元素光谱中强度最强的线,也是波长最长的线。在进行光谱定性分析时将其作为最灵敏线,在低含量元素的定量分析时作为分析线。不同元素的原子将产生一系列不同波长的特征光谱线,这些谱线按一定的顺序排列,并保持一定的强度比例。原子发射光谱就是利用这些谱线出现的波长及其强度进行元素的定性和定量分析。

铝与人们的生活关系非常密切,而过多摄入铝会在体内蓄积导致中毒。目前,国家标准食品中铝的测定采用的是铬天青 S 比色法。该法操作烦琐、费时、试剂消耗大。

本实验采用电感耦合高频等离子体发射光谱(ICP - AES)法并结合微波消解技术测定食品中的铝,不但省时、省力而且准确度高,精密度好,可以作为卫生监督工作的技术手段。

三、仪器与试剂

1. 仪器

(1) 电感耦合等离子体发射光谱仪(Leeman)。

(2) Ethos 高压密闭微波消解仪(Milestone)。

(3) Milli - Q 超纯水装置(Millipore)。

2. 试剂

(1) 铝标准贮备溶液(100 mg/mL):GBW(E)080219(国家标准物质中心)。

(2) 铝标准使用溶液:将铝标准贮备液用 2‰硝酸稀释,使浓度为 10 mg/mL。

(3) 其他试剂:均为优级纯。

(4) 待测试的样品:油条、粉丝、面粉、雪饼。

四、实验步骤

1. 操作条件

高频发生器功率为 1.1 kW;冷却气流量为 18 L/min;辅助气流量为 0.1 L/min;泵速为 0.8 mL/min;输入压力为 0.55 MPa;雾化器压力为 49 psi[①];分析谱线为 Al 308.2 nm。

2. 样品前处理

将样品粉碎均匀,取约 10 g 于 85℃烘箱中干燥 4 h 后,准确称取 0.50 g 干燥后置于高压密闭消解罐中,同时加入 5 mL HNO_3、1 mL H_2O_2,放入微波消解系统中进行微波消解。

具体程序为:控温 200℃消化 20 min。消化结束后,卸压,转移消解液于 50 mL 聚四氟乙烯烧杯中,在电热板上控温蒸发赶尽 NO_2,用 2‰ HNO_3 定容至 50 mL 容量瓶中,待测。同时做空白实验。

3. 测定样品

样品测定按"1. 操作条件"给出的工作参数和分析谱线,在校正光源之后,测试标准系列、样品溶液及试剂空白溶液的谱线发射强度。

4. 计算结果

利用谱线强度和元素含量之间的关系由计算机直接输出测试结果。

五、数据处理

1. 原始数据记录。

(1) 记录仪器参数、气流参数及工作参数。

(2) 记录分析测试结果。

---

① 1 psi＝6 894.76 Pa。

2. 数据处理(与国家标准比较,判断铝是否超标)。

六、思考题

1. 食品中铝的来源有哪些?
2. ICP - AES 法结合微波消解技术的优点有哪些?

实验二 ICP - AES 法同时测定婴幼儿营养食品中的 14 种元素

一、目的及要求

1. 学习光谱仪的操作。
2. 掌握湿法消解的方法及操作。
3. 掌握 ICP - AES 法的原理及方法。

二、实验原理

婴幼儿阶段是人体成长发育的最初阶段,也是行为、智能发育最为迅速、最易受损引发疾病的时期,而该阶段许多疾病的产生都与元素缺乏或过量有关。因此,在当母乳喂养不能满足婴幼儿生长发育的需求时,需要添加其他形式的婴幼儿营养食品,补充母乳中营养元素的不足。在这些营养食品中,富含有人体中的宏量元素,如钙、磷、钾、钠;也有人体必需的微量元素,如铁、铜、锰、锌等。在以往这些元素的检测中,多采用原子吸收光谱法,逐一元素进行标准溶液配置和样品稀释测定,方法烦琐,检测周期长。

目前采用 ICP - AES 法检测多元素的方法较多,并利用湿式消解进行前处理,测定婴幼儿营养食品中的元素。

湿式消解又叫湿法消化,是用酸液或碱液在加热条件下破坏样品中的有机物或还原性物质的方法。常用的酸解体系有:硝酸-硫酸、硝酸-高氯酸、氢氟酸、过氧化氢等。它们可将污水和沉积物中的有机物和还原性物质(如氰化物、亚硝酸盐、硫化物、亚硫酸盐、硫代硫酸盐)以及热不稳定的物质(如硫氰盐等)全部破坏。碱解多用苛性钠溶液。消解可在坩埚(镍制、聚四氟乙烯制)中进行,也可用高压消解罐。

三、仪器与试剂

1. 仪器及测定条件

(1) 电感耦合等离子体发射光谱仪(美国热电公司)。

(2) EH20B 型电热板(北京莱伯泰科实验室应用技术有限公司)。

(3) 射频功率为 1 200 W,等离子气流量为 15 L/min,辅助气流量为 0.2 L/min,雾化气流量为 0.8 L/min,溶液提升量为 1.5 mL/min,观察位置自动优化。

2. 试剂

(1) 硝酸、高氯酸:均为优级纯。

(2) 30% 过氧化氢(分析纯)。

(3) 混合酸:硝酸和高氯酸铵(4:1)混合。

(4) 钾、钠、钙、镁、铜、铁、锰、锌、硼、铬、镍、铝、钡、磷标准贮备液:1.0 mg/mL,购于国家标准物质研究中心,使用前稀释配制成相应浓度。

（5）去离子水。

四、实验步骤

1. 试样处理：采用湿式消解法。称取约 0.50 g 试样置于消化管中,同时做试剂空白。加入数粒玻璃珠,然后加入 10 mL 混合酸,由低温至高温加热消解,当消解液体积减少到2～3 mL 时,移去热源,冷却。加入 2～5 mL 混合酸继续加热消解,不时缓缓摇动使均匀,消解至冒白烟,消解液呈淡黄色或无色溶液。浓缩消解液至 1 mL 左右。冷却至室温后定量转移至 100 mL 容量瓶中,以去离子水定容到刻度。

2. 各元素工作曲线绘制及样品溶液测定：将各元素的标准溶液系列导入仪器中,分别绘制工作曲线,再将处理好的试样分解液导入 ICP - AES 光谱仪中,按照测定条件测定,打印分析数据。

3. 去离子水清洗进样系统。

4. 关机。

五、数据处理

1. 原始数据记录。

2. 数据处理。

六、思考题

简述金属测定常用消解方法,说明湿法消解的特点,并说明消解过程中需要注意哪些问题。

实验三　ICP - AES 法测定海洋样品的金属元素

一、目的及要求

1. 了解和掌握 ICP - AES 法测定的实验技术。

2. 明确 ICP - AES 法测定元素的检出限(DL)。

3. 了解 ICP - AES 在海洋及海洋环境科学研究中的应用。

二、实验原理

海洋样品包括海水、沉积物间隙水、海洋沉积物、海洋矿物、海洋生物以及各类海洋污染物等样品,其成分较为复杂。样品经适当的消解处理后,直接或经分离富集后即可用 ICP - AES 法测定其中的金属元素,方法简便、快速、准确、选择性好。

ICP - AES 法可以定量测定未知元素含量是因为在元素的谱线强度与元素含量之间存在定量关系。各种元素的特征谱线强度与其浓度之间,在一定的条件下都存在确定关系,这种关系可用下式表示,即

$$I = ac^b$$

式中,I 为谱线强度;c 为被测元素浓度;a 和 b 为与实验条件有关的常数。

若对上式取对数,则得

$$\lg I = b\lg c + \lg a$$

该式即为光谱定量分析的基本关系式。以 $\lg I$ 对 $\lg c$ 作图,在一定的浓度范围内得一直线。根据该标准曲线可以计算未知溶液的含量。

三、仪器与试剂

1. 仪器

直读式等离子发射光谱仪(美国 Perkin Elmer 公司)。

2. 试剂

(1) 所有试剂均用重蒸馏水或亚沸蒸馏水配制。

(2) 分别用光谱纯金属或金属氧化物,金属的盐类经适当溶解配制成浓度一定的贮备液。

四、实验步骤

1. 实验内容

(1) 金属元素 Cu、Al、Mg、Ca、Fe 的标准溶液配制。

(2) Cu、Al、Mg、Ca、Fe 的检出限及测量精度。

(3) 未知样品测定。

2. 实验部分

(1) 用 1 000 mg/mL(含 5% HNO_3)的 Cu、Al、Mg、Ca、Fe 标准贮备液配制如下浓度的多元素混合标准系列:0 mg/mL,2.0 mg/mL,5.0 mg/mL,10.0 mg/mL。并用配制的标准作上述五元素的工作曲线,求工作曲线的斜率和截距。

(2) 用建立的标准曲线进行未知样品的测定。求得地表水、自来水和海水样品中各元素的含量(单位为mg/mL)。

五、数据处理

1. 记录原始数据,将所测得各种不同金属溶液的光谱强度按实验原理所说的方法,绘制标准曲线,分别求出未知溶液中各种金属的含量。

2. 计算仪器对 Cu、Al、Mg、Ca、Fe 测定的检出限及测量精度。用标准溶液的空白(0 mg/mL)和 2.0 mg/mL 进行仪器检出限的估算。

$$DL = \frac{3}{I}\sigma \cdot c$$

式中,σ 为 b 次以上空白测定的标准偏差;I 为浓度 c 的已知浓度样的浓度(这里 c 一般比 DL 的值大 $10\sim20$ 倍为最佳)。

3. 用已知浓度的标样 2.0 mg/mL 测量 5 次以上,计算仪器测量的精度(以标准偏差表示)。

$$\sigma = \sqrt{\frac{\sum\limits_{i=1}^{n}(X_i - \overline{X})^2}{n-1}}$$

六、思考题

1. ICP - AES 分析技术的优点和缺点有哪些？请你将该种分析方法与其他你所知道的元素分析手段进行比较。

2. ICP - AES 仪器包括哪几大部分？它们是怎样工作的？

实验四　微波消解/ICP - AES 法测定土壤中的环境有效态金属元素

一、目的及要求

1. 了解和掌握 ICP - AES 法测定的实验技术。
2. 明确 ICP - AES 法测定元素的检出限(DL)。
3. 了解 ICP - AES 法在环境检测中的应用。

二、实验原理

土壤是宝贵而有限的自然资源之一，是农业最基本的生产资料。污染了的土壤，不但直接表现在土壤本身的理化、生物学性质发生变化，生产力下降，而且通过以土壤为起点的土壤→植物→动物→人的食物链，使某些有害物质在农业产品中不断富集起来，引起生物与人类受害、致病甚至死亡。土壤一旦遭受污染，特别是重金属的污染，将很难得到消除，因此，对土壤的监测至关重要。

ICP - AES 是以射频发生器提供火炬状的并可以自持的等离子体，由于高频电流的趋肤效应及内管载气的作用，等离子体呈环状结构。样品由载气（氩气）带入雾化系统进行雾化后，以气溶胶形式进入等离子体的轴向通道，在高温和惰性气氛中被充分蒸发、原子化、电离和激发，发射出所含元素的特征谱线，由光栅分光系统将各种组分原子发射的多种波长的光分解成光谱，并由光电倍增管接受。根据特征谱线的存在与否，鉴别样品中是否含有某种元素（定性分析）；根据特征谱线强度确定样品中相应元素的含量（定量分析）。

三、仪器与试剂

1. 仪器

（1）高压微波消解炉，MPR - 100/10s 消解转子带 10 个 Teflon - TEM 高压消解罐。

（2）美国热电公司的 IRIS 1000 全谱直读型 ICP - AES（双向观察）。

2. 试剂

（1）金属标准贮备溶液稀释而成的混合标准溶液。

（2）酸度为 5%（体积分数）的硝酸，浓度分别为 1 μg/mL、2 μg/mL、5 μg/mL。

（3）16 种需要研究的元素（Ag、Al、As、Ba、Be、Co、Cr、Cu、Mn、Mo、Ni、Pb、Sn、Sr、V、Zn）。

（4）优级纯的硝酸（65%）。

（5）盐酸（35%）。

（6）双氧水（30%）。

（7）去离子水。

四、实验步骤

1. 土壤样品预处理

土壤样品采取后自然风干,用玛瑙研钵研磨,通过 100 目筛。

2. 微波消解

准确称量 0.5 g 样品,放入干净的样品消解罐中,加入 6 mL 硝酸、3 mL 盐酸和 0.25 mL 双氧水。以试验获得的最佳功率、时间和温度(表 3-2)进行消解。消解完毕后,水冷 15 min,打开消解罐,转移消解液于 50 mL 容量瓶中,用去离子水定容至刻度。整个消解过程只需 45 min。

表 3-2　微波消解条件

步骤	时　间	功率/W	温度/℃
1	00:05:00	250	—
2	00:01:00	0	—
3	00:10:00	250	175
4	00:05:00	450	175

3. ICP-AES 测定

(1) 工作条件:高频功率 1 150 W、载气压力 25 psi(172.37 kPa)、辅助气流量 1.0 L/min。

并用配制的标准溶液制作土壤中污染较严重的五种元素(Co、Cr、Ni、Pb 和 Sn)的工作曲线,求工作曲线的斜率和截距。

(2) 选择最佳的各元素分析线波长进行进样测定,记录标准溶液的测定值,绘制标准曲线。

(3) 将消解结束的样品进行测定,记录测定值,用建立的标准曲线进行未知样品的测定(单位为 mg/kg)。

五、数据处理

1. 记录仪器参数。

2. 记录实际的分析线波长。

3. 根据实验数据计算未知样品含量。

六、思考题

1. 在同时分析大量元素及微量元素的样品时,分析线应如何选择?

2. 影响测定的主要仪器参数有哪些?

实验五　ICP-AES 法测定人发中微量铜、铅、锌

一、目的及要求

1. 了解 ICP 光源的原理及与光电直读光谱仪联用进行定量分析的优越性。

2. 学习生化样品的处理方法。

二、实验原理

ICP 发射光谱(ICP‐AES)分析是将试样在等离子体光源中激发,使待测元素发射出特征波长的辐射,经过分光,测量其强度而进行定量分析的方法。ICP 光电直读光谱仪是用 ICP 作光源,光电检测器(光电倍增管、光电二极管阵列、硅靶光导摄像管、折像管等)检测,并配备计算机自动控制和数据处理。它具有分析速度快,灵敏度高,稳定性好,线性范围广,基体干扰小,可多元素同时分析等优点。

用 ICP 光电直读光谱仪测定人发中微量元素,可先将头发样品用浓 $HNO_3 + H_2O_2$ 消化处理,这种湿法处理样品,Pb 损失少。将处理好的样品上机测试,2 min 内即可得出结果。

三、仪器与试剂

1. 仪器

(1) 高频电感耦合等离子直读光谱仪;

(2) 容量瓶若干;

(3) 吸管、吸量管若干;

(4) 石英坩埚;

(5) 量筒;

(6) 烧杯。

2. 试剂

(1) 铜贮备液:溶解 1.0 g 光谱纯铜于少量 6 mol/L HNO_3 中,移入 1 000 mL 容量瓶,用去离子水稀释至刻度,摇匀,含 Cu^{2+} 1.0 mg/mL;

(2) 铅贮备液:称取光谱纯铅 1.0 g,溶于 20 mL 6 mol/L HNO_3 中,移入 1 000 mL 容量瓶,用去离子水稀释至刻度,摇匀,含 Pb^{2+} 1.0 mg/mL;

(3) 锌贮备液:称取光谱纯锌 1.0 g,溶于 20 mL 6 mol/L 盐酸中,移入 1 000 mL 容量瓶,用去离子水稀释至刻度,摇匀,含 Zn^{2+} 1.0 mg/mL;

(4) HNO_3;

(5) HCl;

(6) H_2O_2。

四、实验步骤

1. 配制标准溶液

铜标准溶液:用 10 mL 吸管取 1.0 mg/mL 铜贮备液至 100 mL 容量瓶中,用去离子水稀释至刻度,摇匀,此溶液含铜 100.0 $\mu g/mL$。

用上述相同方法,配制 100.0 $\mu g/mL$ 的铅和锌标准溶液。

2. 配制 Cu^{2+}、Pb^{2+}、Zn^{2+} 混合标准溶液

取两只 25 mL 容量瓶,一只分别加入 100.0 $\mu g/mL$ Cu^{2+},Pb^{2+},Zn^{2+} 标准溶液 2.50 mL,加 6 mol/L HNO_3 3 mL,用去离子水稀释至刻度,摇匀。此溶液含 Cu^{2+},Pb^{2+},Zn^{2+} 的浓度均为 10.0 $\mu g/mL$。

另一只 25 mL 容量瓶,加入上述 Cu^{2+},Pb^{2+},Zn^{2+} 混合标准溶液 2.50 mL,加 6 mol/L

HNO_3 3 mL,用去离子水稀释至刻度,摇匀。此溶液含 Cu^{2+},Pb^{2+},Zn^{2+} 的浓度均为 1.0 μg/mL。

3. 试样溶液的制备

用不锈钢剪刀从后颈部剪取头发试样,将其剪成长约 1 cm 发段,用洗发露洗涤,再用自来水清洗多次,将其移入布氏漏斗中,用 1 L 去离子水淋洗,于 110℃ 下烘干。准确称取试样 0.3 g,置于石英坩埚内,加 5 mL 浓 HNO_3 和 0.5 mL H_2O_2,放置数小时,在电热板上加热,稍冷后滴加 H_2O_2,加热至近干,再加少量浓 HNO_3 和 H_2O_2,加热,溶液澄清,浓缩至1~2 mL,加少许去离子水稀释,转移至 25 mL 容量瓶中,用去离子水稀释至刻度,摇匀,待测定。

4. 测定

将配制的 1.0 μg/mL 和 10.0 μg/mL Cu^{2+},Pb^{2+},Zn^{2+} 标准溶液和试样溶液上机测试。

测试条件如下。

分析线为 Cu 324.754 nm,Pb 216.999 nm,Zn 213.856 nm;冷却气流量为 12 L/min;载气流量为 0.3 L/min;护套气流量为 0.2 L/min。

五、数据处理

计算发样中铜、铅、锌含量(μg/g)。

六、注意事项

溶样过程中加 H_2O_2 时,要将试样稍冷,且要慢慢滴加,以免 H_2O_2 剧烈分解,将试样溅出。

七、思考题

1. 人发样品为何通常用湿法处理? 若用干法处理,会有什么问题?
2. 通过实验,你体会到 ICP - AES 分析法有哪些优点?

附录1 Optima 4300DV 型电感耦合等离子体 发射光谱仪操作规程

1. 开机流程

(1) 开外设。包括氩气(分压表头读数为 0.5~0.8 MPa),水循环,空气压缩机(不低于 60 Pa,可达 85 Pa)。

(2) 开主机。打开机身开关,开排风,开启桌面上的软件图标,进入 WinLab32 操作平台,此时仪器处于 standby 状态,保持此状态 3~4 h,由仪器自动控制 warm-up 时间,软件显示仪器状态。

2. 运行机器流程

① 检查氩气压力;② 检查排风;③ 开蠕动泵;④ 等离子控制,冲洗(观察管路通畅情况);⑤ 等离子控制,点火[点燃等离子体,待等离子炬焰稳定后(通常需要 20~30 min),将系列标准溶液引入炬焰,对仪器进行标准化,达到仪器示值与标准溶液的标示值相符];⑥ 手工分析控制,试样分析(高浓度样品校正)—检查—数据—选择数据组;⑦ 手工分析控

制,分析空白;⑧ 手工分析控制,分析标样;⑨ 手工分析控制,分析试样。做样时开启 ![光谱] ![结果] 同时观测结果和光谱图。

进行分析前先建立方法:文件—新建—方法,选择测量等离子状态(含水、有机、添加条件)再确定,进入方法编辑器,在光谱仪—定义元素表格中输入方法描述,并通过元素周期表选择元素和波长。

然后保存编辑的方法:文件—保存—方法,给方法取名字,点击 ![手工] ,进入手工分析控制。进行分析前先打开"结果数据组名称"给分析结果取名称(结果数据组名称一般为:新编辑的方法名称—日期—序号);并在分析过程中保存数据。

最后进行高浓度样品谱线校正—分析空白—分析标样—分析试样,同时开启 ![光谱] ![结果] 并观测结果和光谱图。

结果数据处理:直接查看或者打印结果。

3. 关机流程

熄火(等离子):点击操作面板右上方的 ![等离子件] 符号,然后关闭等离子体。先冲洗再关等离子体,关闭等离子体后待"等离子控制"面板上的"等离子体""辅助""雾化器""应用""泵""冲洗"均为灰色时才可以退出软件。

操作步骤为:① 松蠕动泵;② 处理数据;③ 关主机;④ 关外设(氩气、水循环、空气压缩机、空压机放水)。

注意:此时机器完全关闭,重新开机按照开机流程进行。也可退出软件,关氩气,关水循环,这样没有完全关机,这种状态下开机流程为关主机,等 5 min 后开氩气、水循环,开主机。

第4章 原子吸收光谱法

4.1 方法原理

4.1.1 基本原理

原子吸收光谱法是基于从光源发射出的待测元素的特征谱线,通过样品的原子蒸气时,被蒸气中待测元素的基态原子所吸收,根据特征谱线的减弱程度求得样品中待测元素含量的分析方法。

在原子吸收光谱分析中,常用的原子化方法有火焰原子化法和石墨炉原子化法两种,它们均是在高温下,将待测元素从其化合物中离解出气态的基态原子。由待测元素材料作阴极制成的空心阴极灯辐射出待测元素的特征锐线光,穿过原子化器中一定宽度(吸收长度 L)的原子蒸气,这时特征辐射一部分被原子蒸气中待测元素的基态原子所吸收,透过的光辐射经单色器将非特征辐射线分离掉后进入检测器检测,可知道吸光度大小。

原子吸收遵循光的吸收定律(即比尔定律)。

在一定浓度范围内,吸光度与基态原子数即与试样溶液中该元素的浓度成正比,其关系可通过积分吸收或峰值吸收计算。

(1) 积分吸收

在原子吸收分析中,吸收介质是气态自由原子(基态原子),若吸收池固定,吸收值 A 与基态原子的浓度成正比,这就是原子吸收分析的定量基础。

在原子吸收分析中将原子蒸气所吸收的全部能量称为积分吸收,即吸收线下面所包括的整个面积。根据经典色散理论,谱线的积分吸收与单位体积原子蒸气中基态原子数关系为

$$\int K_\nu \mathrm{d}\nu = \frac{\pi e^2}{mc} f N_0 \tag{4-1}$$

式中,e 为电子电荷;m 为电子质量;c 为光速;f 为振子强度,代表每个原子中能吸收或发射特定频率光的平均电子数,在一定的条件下对一定元素,f 可视为一定值;N_0 为单位体积原子蒸气中基态原子数目。

在一般原子吸收分析条件下处于激发态的原子数很少,基态原子数可近似地认为等于吸收原子数。

（2）峰值吸收

积分吸收是原子吸收分析的定量理论基础，若积分吸收为可测，即可求得样品中的待测元素浓度。但是，要测定一条半宽度为千分之几毫微米的吸收线轮廓以求出它的积分吸收，要求单色器的分辨率达 5×10^5 以上，这是难以做到的。因此，这种直接计算法尚不能使用。

1955 年，瓦尔西提出在温度不太高的稳定火焰条件下，峰值吸收系数与火焰中待测元素的自由原子浓度亦呈线性关系。吸收线中心波长处的吸收系数 k_0 为峰值吸收系数，简称峰值吸收。

峰值吸收是积分吸收和吸收线半宽的函数

$$k_0 = \frac{2b\pi e^2}{\Delta\nu\, mc} f N_0 \tag{4-2}$$

式中，b 是常数。

可见，峰值吸收与原子浓度成正比，只要能测出 k_0，就可得到 N_0。

可用锐线光源来测量峰值吸收。锐线光源是发射线半宽度小于吸收线半宽度的光源，并且发射线与吸收线的中心频率一致，也就是说，有锐线光源发射的辐射为被测元素的共振线。

假设从锐线光源发射的强度为 I_0，频率为 ν 的共振线，通过长度为 L 的被测元素原子蒸气时，根据吸收定律，其吸光度与原子蒸气中待测元素的基态原子数呈线性关系。而在一定的实验条件下，试样中待测元素的浓度与基态原子数 N_0 有恒定的比例关系，所以其吸光度可描述为

$$A = kN_0L = k'c \tag{4-3}$$

式（4-3）就是原子吸收光谱法定量分析的基础。

4.1.2 分析方法

常用的定量分析方法有标准曲线法、标准加入法、稀释法和内标法。

（1）标准曲线法

标准曲线法是最常见的基本分析方法，其关键是绘制一条标准曲线。配制一组合适的标准溶液，在最佳测定条件下，由低浓度到高浓度依次测定它们的吸光度 A，以吸光度 A 对浓度 c 作图，得到标准曲线。

测定样品时的操作条件与绘制标准曲线时相同，测出未知样品的吸光度，从 A-c 曲线上用内插法求出被测元素的浓度。在测定样品时应随时对标准曲线进行校正，以减少喷雾效率变化与温度变化对测定的影响。

（2）标准加入法

当无法配制与试样组成匹配的标准样品时，使用标准加入法进行分析是合适的。这种方法的操作，是取相同体积的试样溶液两份分别移入容量瓶 A 和 B 中，另取一定量的标准溶液加入 B 中，然后将两份溶液稀释到刻度，分别测出 A、B 溶液的吸光度。根据吸收定律 $A = kc$ 计算。

设 A_x 和 c_x 为试样溶液(A 瓶)定容后的吸光度和浓度;c_0 为加入标准溶液定容后的浓度;A_0 为 B 瓶中的溶液吸光度。

$$A_x = kc_x \tag{4-4}$$

$$A_0 = k(c_0 + c_x) \tag{4-5}$$

将以上两式整理得

$$c_x = \frac{A_x}{A_0 - A_x} \cdot c_0 \tag{4-6}$$

实际应用中不采用计算法,而是用作图法求得样品溶液浓度。分取几份等量的待测试液,其中一份不加被测元素,其余分别加入 c_1,c_2,c_3,…,c_n 的被测元素,然后稀释至相同体积,分别测定溶液 c_x,$c_x + c_0$,$c_x + 2c_0$,…,$c_x + nc_0$ 的吸光度为 A_x,A_1,A_2,…,A_n 绘制吸光度 A 对被测元素加入量 c_i 的曲线。

如果待测试液不含被测元素,在正确校正背景后,曲线应通过原点。如果不通过原点,说明含有被测元素,其纵轴上截距 A_x 为只含试样 c_x 的吸光度,延长直线与横坐标轴相交于 c_x,交点至原点的距离所对应的浓度 c_x 即为所求试样中待测元素的含量。

(3)稀释法

稀释法实质上是标准加入法的另一种形式。设体积为 V_1 的待测元素标准溶液的浓度为 c_1,测得的吸光度为 A_1,然后往该溶液中加入浓度为 c_2 的样品溶液 V_2,测得混合液的吸光度为 A_2,则 c_2 为

$$c_2 = c_1 \cdot \frac{A_2(V_1 + V_2) - A_1 V_1}{A_1 V_2} \tag{4-7}$$

若两次测量都很准确,则这一方法是快速易行的。因为无须单独测定样品溶液,此方法需用样品溶液的体积比标准加入法少。对于高含量样品溶液,亦无须事先稀释,直接加入即可进行测定,简化了操作手续。

(4)内标法

内标法是在标准试样和被测试样中,分别加入内标元素,测定分析线和内标线的吸光度比,并以吸光度比与被测元素含量或浓度绘制工作曲线。内标法的关键是选择内标元素,要求内标元素与被测元素在试样基体内及在原子化过程中具有相似的物理和化学性质。

内标法仅适用于双道及多道仪器,单道仪器上不能用。其优点是能消除物理干扰,还能消除实验条件波动引起的误差。

4.2 仪器结构与原理

原子吸收分光光度计主要由光源(空心阴极灯)、原子化器、单色器和检测系统等部分组成,如图 4 - 1 所示。

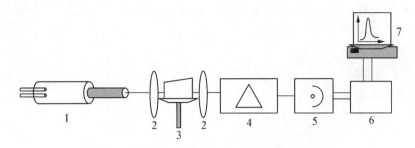

图 4 - 1 原子吸收分光光度计基本构造示意图
1—空心阴极灯；2—透镜；3—燃烧器（原子化器）；4—单色器（光栅）；
5—光电倍增管；6—对数转换、标尺扩展等装置；7—表头或计算机

1. 光源

光源的作用是发射被测元素的特征共振辐射。

对光源的基本要求是：发射的共振辐射的半宽度要明显小于吸收线的半宽度，辐射强度大，背景低，稳定性好，噪声小，使用寿命长等。最常见的光源有空心阴极灯（HCL）和无极放电灯（EDL），其他光源还有蒸气放电灯、高频放电灯以及激光光源灯。

（1）空心阴极灯

空心阴极灯又称元素灯，它有一个由被测元素材料制成的空心阴极和一个由钛、锆、钽或其他材料制作的阳极。管内充有几百帕低压的惰性气体氖或氩，其作用是载带电流，使阴极产生溅射及激发原子发射的锐线光谱。云母屏蔽片的作用是使放电限制在阴极腔内，同时使阴极定位。

空心阴极灯放电是一种特殊形式的低压辉光放电，放电集中在阴极腔内。当在两极之间施加几百伏电压时，便产生辉光放电。阴极发射的电子在电场作用下，高速飞向阳极，途中与氩气原子碰撞并使之电离，放出二次电子，使电子与正离子数目增加以维持放电。正离子从电场获得动能，如果正离子的动能足以克服金属阴极表面的晶格能，当其撞击阴极表面时，就可以将金属离子从晶格中溅射出来。除溅射作用外，阴极受热也会导致阴极表面元素的热蒸发。溅射与蒸发出来的原子进入空腔内，再与电子、原子、离子等发生碰撞而被激发，发射出相应元素的特征共振辐射。

（2）无极放电灯

无极放电灯亦称微波激发无极放电灯，它是在石英管内放入少量金属或其卤化物，抽真空并充入几百帕压力的氩气后封闭，将其放在微波发生器的同步空腔谐振器中，微波便将灯内的充入气体原子激发，被激发的原子又使离解的汽化金属或其卤化物激发而发射出待测金属元素的特征光谱辐射。在无极放电灯中，经常首先观察到的是充入气体的发射光谱，然后随着金属或其卤化物的汽化，再过渡到待测元素光谱。

这种光源的发射强度比空心阴极灯强约 $100\sim1\,000$ 倍，且主要是共振线。该灯寿命长，共振线强度大，特别适用于共振线在紫外区的易挥发元素的测定。目前已制成 Al、P、K、Zn 等 18 种元素的商品无极放电灯。

2. 原子化器及原子化法

原子化器的作用是使各种形式的试样离解出在原子吸收中起作用的基态原子，并使其

进入光源的辐射光程。样品的原子化是原子吸收光谱分析的一个关键,元素测定的灵敏度、准确性及干扰情况,在很大程度上取决于原子化的情况。常用的原子化法有火焰原子化法、无火焰原子化法、化学原子化法。

1) 火焰原子化法

火焰原子化系统如图4-2所示。

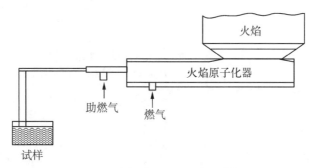

图4-2　火焰原子化系统示意图

(1) 火焰原子化器

火焰原子化包括两个步骤:

① 雾化阶段——将试样溶液变成细小的雾滴;

② 原子化阶段——使小雾滴接受火焰供给的能量形成基态原子。

火焰原子化器由雾化器、预混合室、燃烧器组成。

① 雾化器的作用是使试样溶液雾化。对雾化器的要求是雾化效率高、雾滴细、喷雾稳定。

② 预混合室的作用是使试样进一步雾化并与燃气均匀混合,以获得稳定的层流火焰。

③ 燃烧器的作用是产生火焰并使试样原子化。一个良好的燃烧器应具有原子化效率高、噪声小、火焰稳定等特点。根据结构不同燃烧器又可分为两种,即预混合型(层流)燃烧器和全消耗型(紊流)燃烧器。

(2) 火焰原子化过程

将分析样品引入火焰使其原子化是一个复杂的过程,这个过程包括雾粒的脱溶剂、蒸发、离解等阶段。

样品从喷雾器的喷嘴喷出,形成细雾(气溶胶),细雾进入雾化室后即开始蒸发脱溶剂,然后进入火焰,在火焰的预热层内继续进行脱溶剂形成固态微粒。固态微粒在火焰的高温下蒸发,生成气体分子,气体分子进一步裂解为原子。因为脱溶剂过程和蒸发过程都是不可逆的,所以在气体分子和原子之间很快就建立起新的化学平衡或电离平衡。整个原子化过程大致分为运输过程、蒸发过程、气相平衡三个阶段。

火焰原子化是一个动态过程,自由原子在火焰区域内的空间分布是不均匀的。其在不同区域的浓度直接取决于元素的性质和火焰的特性。在实际分析工作中,必须选择合适的火焰类型,恰当调节燃气和助燃剂的比例,正确选择测量温度。

2) 无火焰原子化法

(1) 无火焰原子化器

无火焰原子化器也称电热原子化器,应用这种装置可提高试样的原子化效率和试样的利用率,测定灵敏度可提高 10～200 倍。无火焰原子化器克服了火焰原子化器样品用量多,不能直接分析固体样品的缺点。无火焰原子化器有多种类型:电热高温石墨炉、石墨炉原子化器、炭棒原子化器、钽舟、镍杯、高频感应炉、等离子喷焰等。最常用的是石墨炉原子化器。

（2）石墨炉原子化过程

石墨炉原子化法采用直接进样和程序升温方式,样品需经干燥—灰化—原子化—净化四个阶段。

干燥阶段:干燥温度一般高于溶剂的沸点,干燥时间主要取决于样品体积。干燥的目的主要是去除试样中的溶剂,以免由于溶剂存在引起灰化和原子化过程飞溅。

灰化阶段:灰化的目的是尽可能除掉试样中挥发的基体和有机物。灰化温度取决于试样的基体及被测元素的性质,最高灰化温度以不使被测元素挥发为准。

原子化阶段:原子化的目的是使待测元素的化合物蒸发汽化,然后离解成基态原子。原子化温度随待测元素而异,原子化时间约为 3～10 s。最佳原子化温度和时间可通过实验确定。在原子化过程中,应停止氩气通过,可延长原子在石墨炉中的停留时间。

净化阶段:在一个样品测定结束后,用比原子化阶段稍高的温度加热,以除去样品中的残渣,净化石墨炉,消除记忆效应,以便下一个试样的分析。

石墨炉的升温程序是微机处理控制的,进样后原子化过程按程序自动进行。

石墨炉原子化法的优点是:原子化效率高;绝对灵敏度高,其绝对检出限可达 10^{-14}～10^{-12} g;取样量少;固体、液体均可直接进样。其缺点是基体效应、化学干扰多,测量的重现性比火焰法差。

3）化学原子化法

化学原子化法又称低温原子化法,指的是使用化学反应的方法,将样品溶液中的待测元素以气态原子或化合物的形式与反应液分离,引入分析区进行原子光谱测定。常用的有汞低温原子化法及氢化物法。

（1）汞低温原子化法:汞是唯一可以采用这种方法测定的元素。汞的沸点低,常温下蒸气压高,先对试样进行化学预处理还原出汞原子,然后由载气将汞送入吸收池内测定。

（2）氢化物法:适用于 Ge、Sn、Pb、As、Sb、Bi、Se 和 Te 等元素的测定。这些元素在酸性条件下的还原反应中形成极易挥发与分解的氢化物,然后经载气送入石英管中进行原子化与测定。

3. 分光系统单色器

分光系统由入射狭缝、出射狭缝、反射镜和色散元件组成,其作用是将待测元素的吸收线与气体谱线分开。原子吸收所用的吸收线是锐线光源发出的共振线,谱线比较简单,因此对仪器的色散能力、分辨能力要求较低。谱线结构简单的元素,如 K、Na,可用干涉滤光片作单色器。一般元素可用棱镜或光栅分光。目前,商品仪器多采用光栅。

4. 检测系统

检测系统由光电元件、放大器和显示装置等组成。其中,光电元件的作用是将经过原子蒸气吸收和单色器分光后的微弱光信号转换为电信号;放大器的作用是将光电倍增管转换的电信号放大,再使其通过对数变换器,这样就可以分别采用表头、检流计、数字显示器或记录仪、打印机等进行读数了。

4.3 实验内容

实验一 原子吸收分光光度法测定茶水中的钙和镁

一、目的及要求

1. 掌握原子吸收分光光度法的特点及应用。
2. 了解原子吸收分光光度计的结构及其使用方法。

二、实验原理

原子吸收光谱分析是基于从光源中辐射出的待测元素的特征光波通过样品的原子蒸气时,被蒸气中待测元素的基态原子所吸收,使通过的光波强度减弱,根据光波强度减弱的程度,可以求出样品中待测元素的含量。

锐线光源在低浓度的条件下,基态原子蒸气对共振线的吸收符合朗伯-比尔定律,即

$$A = \lg(I_0/I) = kLN_0$$

式中,A 为吸光度;I_0 为入射光强度;I 为经原子蒸气吸收后的透射光强度;k 为吸光系数;L 为辐射光穿过原子蒸气的光程长度;N_0 为基态原子密度。

当试样原子化,火焰的绝对温度低于 3 000 K 时,可以认为原子蒸气中基态原子的数目实际上接近原子总数。在固定的实验条件下,原子总数与试样浓度 c 的比例是恒定的,则上式可记为

$$A = k'c$$

该式就是原子吸收分光光度法定量分析的基本关系式。常用标准曲线法、标准加入法进行定量分析。

三、仪器与试剂

1. 仪器

(1) TAS-986 原子吸收分光光度计;
(2) 钙、镁空心阴极灯;
(3) 空气压缩机;
(4) 乙炔钢瓶;
(5) 玻璃仪器若干。

2. 试剂

(1) 镁标准溶液 0.005 mg/mL(称取 0.165 8 g 光谱纯 MgO 于烧杯中,用适量盐酸溶解后,蒸干除去过剩盐酸后,用去离子水溶解,转移到 1 000 mL 容量瓶中,并稀释至刻度。准确吸取该溶液 5.0 mL 放入 100 mL 容量瓶中,用去离子水稀释至刻度)。

（2）钙标准溶液 0.10 mg/mL（称取 0.624 3 g 无水 $CaCO_3$，置于烧杯中，加去离子水 20～30mL，滴加 2 mol·L^{-1}盐酸至 $CaCO_3$ 完全溶解，移入 250 mL 容量瓶中，用去离子水稀释至刻度。取 10.0 mL 该溶液于 100 mL 容量瓶中，用去离子水稀释至刻度，摇匀）。

（3）氯化镧溶液 10 mg/mL（称取 1.76 g $LaCl_3$ 溶于水中，稀释至 100 mL）。

四、实验步骤

1. 系列标准溶液的配制

用 10 mL 吸量管分别吸取 2 mL，4 mL，6 mL，8 mL，10 mL 的 0.1 mg/mL Ca 标准溶液于 5 只 100 mL 容量瓶中，再分别加入 5 mL $LaCl_3$ 溶液，用蒸馏水稀释至刻度线，摇匀。再用 10 mL吸量管分别吸取 2 mL，4 mL，6 mL，8 mL，10 mL 的 0.005 mg/mL Mg 标准溶液于上述 5 只 100 mL 容量瓶中，同样分别加入 5 mL $LaCl_3$ 溶液，用蒸馏水稀释至刻度线，摇匀。此系列标准溶液含 Ca^{2+} 为 2.00 μg/mL，4.00 μg/mL，6.00 μg/mL，8.00 μg/mL，10.00 μg/mL；含 Mg^{2+} 为 0.10 μg/mL，0.20 μg/mL，0.30 μg/mL，0.40 μg/mL，0.50 μg/mL。

2. 未知试样溶液的制备

取茶叶 2.0 g，蒸馏水 90 mL 置于烧杯中，盖上表面皿，用蒸馏水微沸 0.5 h，冷却后，将其溶液转移到 100 mL 容量瓶中，加入 5 mL $LaCl_3$ 溶液，定容至 100 mL。

3. 钙、镁标准曲线的绘制与茶水中钙含量的测量

仪器工作条件经优化选择，各元素测定的最佳工作条件见表 4-1。

表 4-1　TAS-986 原子吸收分光光度计的最佳工作条件

工作条件	元素						
	Mg	Ca	Mn	Zn	Fe	Pb	Cu
分析谱线/nm	285.2	422.7	279.5	213.9	248.3	283.3	324.8
灯电流/mA	2	3	2	3	4	2	4
负高压/V	250	400	400	350	300	350	350
燃烧器高度/mm	4	5	4	4	4	4	4
燃烧器位置/mm	−2	−2	−2	−2	−2	−2	−2
狭缝的宽度/nm	0.4	0.4	0.2	0.4	0.4	0.4	0.4
乙炔流量/(L·min⁻¹)	1.5	2.1	1.5	1.5	1.5	1.2	1.2
空气流量/(L·min⁻¹)	6	8	6	6	6	4	4

仔细阅读附录 2 的 TAS-986 原子吸收分光光度计（火焰）的使用，先绘制钙和镁的标准曲线，再测定茶水中的钙含量。

五、数据处理

根据测得的结果，计算茶叶中钙、镁的百分含量。

六、思考题

1. 从原理、仪器、应用三方面对原子吸收和原子发射光谱法进行比较。

2. 火焰原子吸收光谱法具有哪些特点？

实验二　火焰原子吸收光谱法测定废水中的铜

一、目的及要求

1. 了解 TAS-986 原子吸收分光光度计的结构及工作原理。
2. 初步掌握原子吸收分光光度计的使用方法及注意事项。
3. 掌握测定废水的样品预处理方法。
4. 掌握原子吸收光谱分析中标准曲线法进行定量分析的方法。

二、实验原理

原子吸收法是基于空心阴极灯发射出的待测元素的特征谱线,通过试样蒸气,被蒸气中待测元素的基态原子所吸收,由特征谱线被减弱的程度,来测定试样中待测元素含量的方法。在使用锐线光源条件下,基态原子蒸气对共振线的吸收,符合朗伯-比尔定律:

$$A = \lg(I_0/I) = kLN_0$$

在固定的实验条件下,待测元素的原子总数与该元素在试样中的浓度 c 成正比。因此,上式可表达为

$$A = k'c$$

这就是进行原子吸收定量分析的依据。

铜是原子吸收光谱分析中经常和最容易测定的元素,在空气-乙炔火焰(贫焰)中进行,测定干扰很少,用标准曲线法进行定量分析较方便。测定时以铜标准系列溶液的浓度为横坐标,以其对应的吸光度为纵坐标,绘制一条通过原点的直线,由相同的条件下测得的试样溶液的吸光度即可求出试样溶液中铜的浓度,进而可以计算试样中铜的含量。

不同的样品可采用不同的预处理方法,如矿物可以采用酸溶法,牛奶等含有机物的试样必须进行消化,废水试样一般可直接测定。

三、仪器与试剂

1. 仪器

(1) TAS-986 原子吸收分光光度计;
(2) 铜空心阴极灯;
(3) 空压机;
(4) 乙炔钢瓶。

2. 试剂

(1) 纯铜粉(或硫酸铜);
(2) 硝酸(优级纯);
(3) 含铜矿物试样或废水试样。

四、实验步骤

1. 铜标准系列溶液的配制

(1) 铜标准贮备液(1 mg/mL):准确称量 0.393 g 硫酸铜($CuSO_4 \cdot 5H_2O$)于 100 mL

烧杯中,加适量去离子水(后面提到的水均指去离子水)溶解,移入 100 mL 容量瓶中,加水稀释至刻度,摇匀,备用。或准确称取 0.1 g 高纯铜粉于 100 mL 烧杯中,加 5 mL 浓硝酸溶解,移入 100 mL 容量瓶中,加水稀释至刻度,摇匀,备用。

(2) 铜标准溶液(50 μg/mL):移取铜标准贮备液(1 mg/mL)5.00 mL 于 100 mL 容量瓶中,加水稀释至刻度,摇匀,备用。

(3) 铜标准系列溶液:分别移取铜标准溶液(50 μg/mL)0 mL, 0.50 mL, 1.00 mL, 2.00 mL, 3.00 mL, 4.00 mL, 5.00 mL, 6.00 mL 置于 8 只 50 mL 的容量瓶中,都用水稀释至刻度,摇匀。此标准系列铜浓度分别为 0 μg/mL, 0.50 μg/mL, 1.00 μg/mL, 2.00 μg/mL, 3.00 μg/mL, 4.00 μg/mL, 5.00 μg/mL, 6.00 μg/mL。

注意:标准系列溶液一般选取 4～7 种即可,浓度可根据试样中铜的含量而定,但不能超出线性范围。

2. 试样的处理

废水试样处理:可直接进样,如果浓度较大,可先行稀释后再测定。

3. 测定

(1) 开机　打开总电源开关,依次打开稳压电源、计算机及仪器主机的电源开关。

(2) 初始化　启动 AAWin 系统,选择"联机",开始初始化。注意:每次开机都必须经过初始化才能控制仪器。

(3) 元素灯的选择　初始化后出现元素灯选择窗口,根据测定需要选择待测元素所对应的元素灯,并进行寻峰操作。

根据需要进行元素灯的相关参数设置,完成后进行元素灯寻峰。

单击"寻峰",对当前波长进行寻峰,波长差的绝对值小于 0.4 nm。

当需要查看当前能量状态或进行能量调整时,可依次选择主菜单的"(应用)/(能量调整)"。

(4) 参数设置　选择"仪器"的下拉菜单"燃烧器参数设置",可对燃气流量、燃烧器高度和位置进行调整。

选择"(设置)/(样品设置向导)"可对样品进行设置,每次开始新的测定都必须进行此操作。

选择"(设置)/(测量参数)",可对测量参数进行设置。

(5) 测量　使用火焰法时,依次打开空压机、乙炔钢瓶阀门,查看气路及水封,确认无误后,单击"点火",再单击"测量"进行测量。先将标准系列溶液按照浓度从小到大的顺序依次进行测定,再将试样在相同条件下进行测定,将所得数据表通过计算机输出。

(6) 关机　先关乙炔气,火焰熄灭后,再关空压机,退出 AA Win 系统后关主机和稳压电源。

五、数据处理

1. 原始数据记录

将输出的测量表格及标准曲线贴在实验报告的相应位置。

2. 数据处理

输出数据表中的铜的浓度即为废水中铜的实际浓度(μg/mL)。

六、思考题

1. 试述标准曲线法的特点及其适用范围。
2. 简述火焰原子化器的工作原理。

实验三 原子吸收分光光度法测定黄酒中铜和镉的含量
——标准加入法

一、目的及要求

1. 练习使用标准加入法进行定量分析。
2. 掌握黄酒中有机物的消化方法。
3. 熟悉原子吸收分光光度计的基本操作。

二、实验原理

由于试样中基本成分往往不能准确地知道,或是十分复杂,因此不能使用标准曲线法测量,但可采用另一种定量方法——标准加入法,其测定过程和原理如下。

取等体积的试液两份,分别置于相同溶剂的两只容量瓶中,其中一只加入一定量待测元素的标准溶液,分别用水稀释至刻度,摇匀,分别测定其吸光度,则

$$A_x = kc_x$$

$$A_0 = k(c_0 + c_x)$$

式中,A_x,A_0 分别为两次测量的吸光度;c_x 为待测的浓度;c_0 为加入标准溶液后溶液浓度的增量。

将以上两式整理得

$$c_x = \frac{A_x}{A_0 - A_x} c_0$$

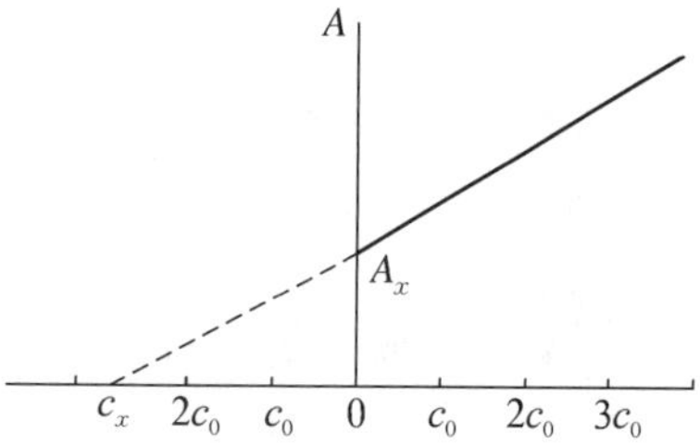

图 4-3 标准加入法工作曲线

在实际测定中,采取作图法所得结果更为准确。一般吸取四份等体积试液置于四只等容积的容量瓶中,从第二只容量瓶开始,分别按比例递增加入待测元素的标准溶液,然后用溶剂瓶稀释至刻度,摇匀,分别测定溶液 c_x,$c_x + c_0$,$c_x + 2c_0$,$c_x + 3c_0$ 的吸光度为 A_x,A_1,A_2,A_3,然后以吸光度 A 对待测元素标准溶液的加入量作图,得到图 4-3 所示的直线,其纵轴上截距 A_x 为只含试样 c_x 的吸光度,延长直线与横坐标轴相交于 c_x,即为所需要测定的试样中该元素的浓度。

在使用标准加入法时,应注意以下几点。

(1) 为了得到较为准确的外推结果,至少要配制 4 种不同比例加入量的待测标准溶液,以提高测量准确度。

（2）绘制的工作曲线斜率不能太小，否则外延后将引入较大误差，为此应使一次加入量 c_0 与未知量 c_x 尽量接近。

（3）本法能消除基体效应带来的干扰，但不能消除背景吸收带来的干扰。

（4）待测元素的浓度与对应的吸光度应呈线性关系，即绘制的工作曲线应为直线，而且当 c_x 不存在时，工作曲线应该通过零点。

采用原子吸收分光光度分析，测定有机金属化合物中金属元素或生物材料或溶液中含大量有机溶剂时，由于有机化合物在火焰中燃烧，会改变火焰性质、温度、组成等，并且还经常在火焰中生成未燃尽的炭的微细颗粒，影响光的吸收，因此一般预先以湿法消化或干法灰化的方法予以去除。湿法消化是使用具有强氧化性的酸，例如 HNO_3，H_2SO_4，$HClO_4$ 等与有机化合物溶液共沸，使有机化合物分解，从而达到去除的目的。干法灰化是在高温下灰化、灼烧，使有机物质被空气中氧所氧化而被破坏。本实验采用湿法消化黄酒中的有机物质。

三、仪器与试剂

1. 仪器

（1）原子吸收分光光度计；

（2）铜空心阴极灯；

（3）油空气压缩机；

（4）通风设备。

2. 试剂

（1）金属铜：优级纯。

（2）金属镉：优级纯。

（3）浓盐酸、浓硝酸、浓硫酸：均为分析纯。

四、实验步骤

1. 标准溶液配制

（1）铜标准贮备液（1 000 $\mu g/mL$）　准确称取 0.500 0 g 金属铜于 100 mL 烧杯中，加入 10 mL 浓 HNO_3 溶液，然后转移到 500 mL 容量瓶中，用 1∶100 HNO_3 溶液稀释到刻度，摇匀备用。

（2）铜标准使用液（100 $\mu g/mL$）　吸取上述铜标准贮备液 10 mL 于 100 mL 容量瓶中，用 1∶100 HNO_3 溶液稀释到刻度，摇匀备用。

（3）镉标准贮备液（1 000 $\mu g/mL$）　准确称取 0.500 0 g 金属镉于 100 mL 烧杯中，加入 10 mL 1∶1 HCl 溶液溶解，转移至 500 mL 容量瓶中，用 1∶100 HCl 溶液稀释至刻度，摇匀备用。

（4）镉标准使用液（10 $\mu g/mL$）　准确吸取 1 mL 上述镉标准贮备液于 100 mL 容量瓶中，然后用 1∶100 HCl 溶液稀释到刻度，摇匀备用。

2. 实验条件

实验条件见表 4-2。

表 4－2　实验条件

实 验 条 件	铜	镉	实 验 条 件	铜	镉
吸收线波长 λ/nm	324.8	228.8	负电压	3 挡	3 挡
空心阴极灯电流 I/mA	10.0	8.0	时间常数	1 挡	1 挡
狭缝宽度 d/mm	0.2	0.2	乙炔流量 $Q/(\text{L}\cdot\text{min}^{-1})$	1.0	0.8
燃烧器高度 h/mm	5.0	5.0	空气流量 $Q/(\text{L}\cdot\text{min}^{-1})$	6.0	5.0
量程扩展	2 挡	2 挡			

3. 黄酒试样的消化

量取 200 mL 黄酒试样于 500 mL 烧杯中,加热蒸发至浆液状,慢慢加入 20 mL 浓硫酸,并搅拌,加热消化,若一次消化不完全,可再加入 20 mL 浓硫酸继续消化,然后加入 10 mL 浓硝酸,加热,若溶液呈黑色,此时黄酒中的有机物质全部被消化完,将消化液转移到 100 mL 容量瓶中,并用去离子水稀释至刻度,摇匀备用。

4. 标准溶液系列

(1) 取 5 只 100 mL 容量瓶,各加入 10 mL 上述黄酒消化液,然后分别加入 0 mL, 2.00 mL, 3.00 mL, 4.00 mL, 6.00 mL, 8.00 mL 上述铜标准使用液,再用水稀释至刻度,摇匀,该系列溶液的铜浓度分别为 0 μg/mL, 2.00 μg/mL, 4.00 μg/mL, 6.00 μg/mL, 8.00 μg/mL。

(2) 镉标准溶液系列取 5 只 100 mL 容量瓶,各加入 10 mL 上述黄酒消化液,然后分别加入 0 mL, 2.00 mL, 3.00 mL, 4.00 mL, 6.00 mL 镉标准使用液,再用水稀释至刻度,摇匀,该系列溶液的镉浓度分别为 0 μg/mL, 0.20 μg/mL, 0.30 μg/mL, 0.40 μg/mL, 0.60 μg/mL。

5. 测定样品

根据实验条件,将原子吸收分光光度计按仪器的操作步骤进行调节,待仪器电路和气路系统达到稳定,记录仪上基线平直时,即可进样,测定铜、镉标准溶液系列的吸光度。

五、数据处理

1. 记录实验条件

(1) 仪器型号。

(2) 吸收线波长(nm)。

(3) 空心阴极灯电流(mA)。

(4) 狭缝宽度(mm)。

(5) 燃烧器高度(mm)。

(6) 负电压(挡)。

(7) 量程扩展(挡)。

(8) 时间常数(挡)。

(9) 乙炔流量(L·min⁻¹)。

(10) 空气流量(L·min⁻¹)。

(11) 燃助比(乙炔∶空气)。

2. 列表记录测量的铜、镉标准系列溶液的吸光度,然后以吸光度为纵坐标,铜、镉标准系列的加入浓度为横坐标,绘制铜、镉的工作曲线。

3. 延长铜、镉工作曲线与浓度轴相交,得交点 c_x。根据求得的 c_x 分别换算黄酒消化液中铜、镉的浓度($\mu g/mL$)。

4. 根据黄酒试液被稀释情况,计算黄酒中铜、镉的含量。

六、思考题

1. 采用标准加入法定量分析应注意哪些问题?

2. 以标准加入法进行定量分析有什么优点?

3. 为什么标准加入法中工作曲线外推与浓度轴相交点,就是试液中待测元素的浓度?

实验四　石墨炉原子吸收光谱法测定自来水中痕量镉

一、目的及要求

1. 了解石墨炉原子化的原理,初步掌握石墨炉原子吸收光谱法的操作程序和实验技术。

2. 掌握石墨炉原子吸收光谱法测定自来水中痕量金属元素的分析过程与特点。

二、实验原理

在使用锐线光源条件下,基态原子蒸气对共振线的吸收符合朗伯-比尔定律

$$A = \lg(I_0/I) = kLN_0$$

在试样原子化后,对大多数元素来说,原子蒸气中基态原子的数目实际上接近原子总数。在固定的实验条件下,待测元素的原子总数是与该元素在试样中的浓度 c 成正比的,因此上式可写为: $A = k'c$ 。

镉是环境监测中经常测定的毒性元素之一。由于自来水中镉的含量很低,通常采用石墨炉原子吸收光谱法进行测定,分析的绝对灵敏度可达 1×10^{-9}。

三、仪器与试剂

1. 仪器

(1) TAS-986 原子吸收分光光度计及其配套石墨管、控制电源;

(2) 镉空心阴极灯;

(3) 氮气钢瓶;

(4) 微量注射器 5~50 μL。

2. 试剂

镉标准溶液 1 $\mu g/mL$。

四、实验步骤

1. 镉标准系列溶液的配置:

首先将镉标准溶液稀释 20 倍,再向 6 只 50 mL 容量瓶中依次加入 0 mL,1.00 mL,2.00 mL,3.00 mL,4.00 mL,5.00 mL 镉标准溶液,用二次去离子水定容,摇匀。此标准系列溶液的镉浓度为 0 ng/mL,1.0 ng/mL,2.0 ng/mL,3.0 ng/mL,4.0 ng/mL,5.0 ng/mL。

2. 测试条件如下:

(1) 温度:100 ℃(烧干),300 ℃(灰干),1 500 ℃(原子化),1 600 ℃(干烧),30 ℃(冷却)。

(2) 原子化电流:4.0 mA。

(3) 吸收波长:228.8 nm。

(4) 光谱通带:0.21 nm。

(5) 进样量:10 μL。

3. 按操作方法调试仪器,并吸 10 μL 注入石墨炉。

五、数据处理

以标准系列溶液的浓度为横坐标,吸光度为纵坐标,作出标准曲线,再从表上查出样品吸光度所对应的浓度。

六、思考题

1. 在原子吸收分光光度计中,为什么单色器位于火焰之后,而紫外可见分光光度计的单色器位于试样室之前?

2. 分析石墨炉原子吸收光谱分析灵敏度高的原因。

3. 在实验中通氮气的作用是什么?

实验五　石墨炉原子吸收光谱法测定血清中的铬

一、目的及要求

1. 了解石墨炉原子化器工作原理和使用方法。

2. 学习生化样品的分析方法。

二、实验原理

火焰原子吸收法在常规分析中被广泛应用。但它雾化效率低,火焰气体的稀释使火焰中原子浓度降低,高速燃烧使基态原子在吸收区停留时间短,因此灵敏度受到限制。火焰法至少需要 0.5～1 mL 试液,对数量较少的样品,产生困难。因此,无火焰原子吸收法迅速发展,其中"高温石墨炉"(HGA)原子化法是目前发展速度最快、使用最多的一种技术。

"高温石墨炉"利用高温(3 000 ℃)石墨管,使试样完全蒸发、充分原子化,试样利用率几乎达 100%。自由原子在吸收区停留时间长,故灵敏度比火焰法高 100～1 000 倍。试样用量仅 5～100 μL,而且可以分析悬浮液和固体样品。它的缺点是干扰大,必须进行背景扣除,且操作比火焰法复杂。

用"高温石墨炉"法测定血清中痕量元素,灵敏度高、用样量少。为了消除基体干扰,采用标准加入法或配制于葡聚糖溶液中的系列标准溶液。

三、仪器与试剂

1. 仪器

(1) 3200 型原子吸收分光光度计;

(2) Cr 空心阴极灯;

(3) Ar 气钢瓶;

(4) 50 μL 微量注射器;

(5) 1 000 mL 容量瓶一只,50 mL 容量瓶 10 只;

(6) 10 mL 吸管;

(7) 5 mL 吸量管。

2. 试剂

(1) 0.10 mg/mL 铬贮备液:称取 0.373 5 g 在 150℃ 干燥 $K_2Cr_2O_7$ 溶于去离子水中,并定容于 1 000 mL 容量瓶。

(2) 葡聚糖溶液。

四、实验步骤

1. 系列标准溶液的配制

(1) 由 0.10 mg/mL Cr 的贮备液逐级稀释成 0.10 μg/mL Cr 的标准溶液。

(2) 在 5 个 100 mL 容量瓶中分别加入 0.10 μg/mL Cr 的标准溶液 0.0 mL,0.50 mL,1.00 mL,1.50 mL,2.00 mL 和葡聚糖溶液 15 mL,用去离子水稀释至刻度,摇匀。

2. 实验条件

波长为 357.9 nm;缝宽为 0.7 nm;灯电流为 5 mA;干燥温度为 100~130℃;干燥时间为 100 s;灰化温度为 1 100℃;灰化时间为 240 s;斜坡升温灰化时间为 120 s;原子化温度为 2 700℃;原子化时间为 10 s。进行背景校正,进样量为 50 μL。

3. 准备工作

按仪器操作方法,启动仪器,并预热 20 min,开启冷却水和保护气体开关。

4. 测量

(1) 标准溶液和试剂空白。调好仪器的实验参数,自动升温空烧石墨管调零。然后从稀至浓逐个测量空白溶液和系列标准溶液,进样量 50 μL,每个溶液测定 3 次,取平均值。

(2) 血清样品。在同样实验条件下,测量血清样品 3 次,取平均值。每次取样 50 μL。

5. 结束

实验结束时,按操作要求,关好气源和电源,并将仪器开关、旋钮置于初始位置。

五、数据处理

1. 绘制标准曲线,并由血清试样的吸光度从标准曲线上查得样品溶液 Cr 的浓度。

2. 计算血清中 Cr 的含量(μg/mL)。

六、注意事项

1. 实验前应仔细了解仪器的构造及操作,以便实验能顺利进行。

2. 实验前应检查通风是否良好,确保实验中产生的废气排出室外。

3. 使用微量注射器时,要严格按教师指导进行,防止损坏。

七、思考题

1. 在实验中通 Ar 气的作用是什么? 为什么要用 Ar 气?

2. 配制标准溶液时,加入葡聚糖溶液的作用是什么? 若不加葡聚糖溶液,还可采用什么方法?

附录 2　TAS-986 原子吸收分光光度计(火焰)的使用

启动 AAWin 软件,将会看到一个标题画面,如果通信线路畅通的话,标题画面会很快消失。如果您的通信线路没有接通,则经过几秒钟,系统会弹出信息,提示您查看线路,当您认定连接线路无误后,单击"重试"按钮,标题画面会很快消失,表示已经与仪器连接;也可以单击"取消"按钮,则会脱机进入系统。

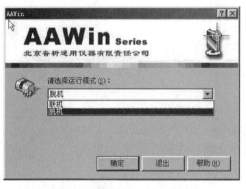

附录图 2-1

1. 选择运行模式

当软件与仪器连接成功后,将弹出运行模式选择对话框,您可以在"请选择运行模式"下拉框中选择软件的运行模式。如果您需要退出系统,可单击"退出"按钮。如附录图 2-1 所示。

可供选择的模式有联机和脱机两种。

联机:当需要联机运行时,可选择"联机",此时单击"确定"按钮,系统立刻会转到初始化状态,将仪器的所有参数进行初始化。

脱机:如果需要脱机进入系统,可选择"脱机",单击"确定"按钮,系统便会以脱机的形式进入,在脱机状态下,您无法对仪器进行操作。

2. 初始化

若选择了联机运行模式,系统将对仪器进行初始化。初始化主要是对氘灯电机、元素灯电机、原子化器电机、燃烧头电机、光谱带宽电机以及波长电机进行初始化。初始化成功的项目将标记为"✓",否则标记为"✗"。如果有一项失败,系统则认为初始化的整个过程失败,会在初始化完成后提示您是否继续,回答"是"则继续往下进行,回答"否"则退出系统。注意:此提示只在您选择联机时才会出现,当您使用菜单"应用/初始化"功能时,此提示将不会出现。见附录图 2-2。

3. 元素灯的设置

按说明书装上元素灯,在对应位置选择对应符号,点击附录图 2-4 的 3 号,便出现附录图 2-3 对话框,选择元素铜。

4. 选择工作灯及预热灯

图面上是选择铜为元素灯,铅作为预热灯(即测完铜后,点击"交换"就可测铅),见附录图 2-4。点击下一步,出现下面对话框,见附录图 2-5。要选择好燃烧器高度、燃烧器位置,直到光斑位置在狭缝中心为止。

附录图 2-2

附录图 2-3

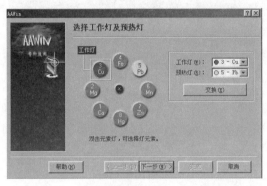

附录图 2-4

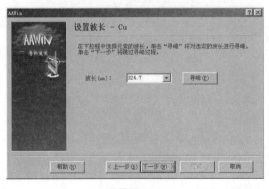

附录图 2-5

再下一步,见附录图 2-6。

再点击"寻峰",见附录图 2-7。

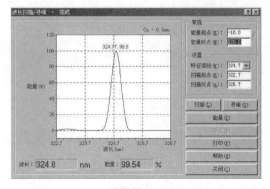

附录图 2-6

附录图 2-7

点击"下一步",再点击"完成",即完成元素灯的设置。

5. 能量调试

当您需要查看仪器当前能量状态或需要对能量进行调整时,可依次选择主菜单的"应用/能量调试",即可打开能量调整对话框,见附录图 2-8。

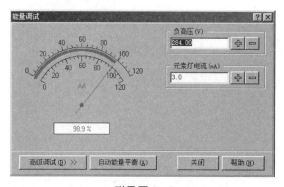

附录图 2‒8

一般选择"自动能量平衡"平衡好关闭(注意:在实际测量过程中,如果没有特殊的情况,请尽量不要使用"高级调试"功能,以免将仪器的参数调乱,从而影响测量)。

6. 设置测量参数

在准备测量之前,需要对测量参数进行设置。依次选择主菜单"设置/测量参数",即可打开测量参数设置对话框。按照图上说明,依次出现如附录图 2‒9~附录图 2‒12 所示的对话框。

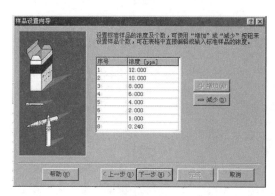

附录图 2‒9

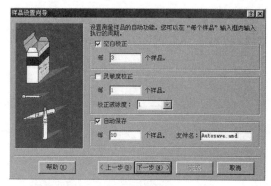

附录图 2‒10

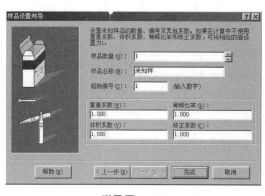

附录图 2‒11

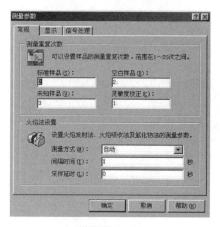

附录图 2‒12

点击"显示"见附录图 2‒13,点击"信号处理"见附录图 2‒14。

7. 开空压机

先开"风机开关",再开"工作机开关",调节"调压阀",直到压力达到自己需要的为止(一般为 0.2~0.3 MPa)。

8. 开乙炔罐

罐的压力达到 0.05 MPa 即可。

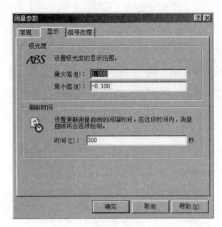
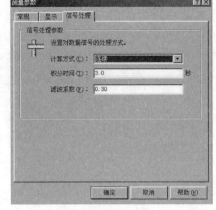

附录图 2－13   附录图 2－14

9. 点火

在进入测量前,请认真检查气路以及水封。当您确认无误后,可依次选择主菜单"应用/点火"或单击工具按钮"⚡",即可将火焰点燃。如果您认为火焰过大、过小或火焰不在合理的位置,可使用燃烧器参数设置将燃烧器条件调整到最佳状态即可。

10. 测量

调好火焰后,便可以依次选择主菜单"测量/开始",也可以单击工具按钮"▶"或按 F5键,即可打开测量窗口。见附录图 2－15。

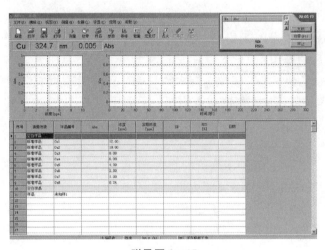

附录图 2－15

接下来就可以对未知样品进行测量了,测量结果同样会被自动填充到测量表格中。完成全部样品的测量后,可以将测量窗口关闭。如果需要将测量结果保存为文件,依次选择主菜单"文件/保存"或单击工具按钮"💾"即可。

11. 重新测量

重新测量功能是对已经测量过的样品进行重新测量,也就是对最终结果进行重新测量。

当完成了全部样品测量时,发现有的测量结果不符合您的要求,可在测量表格中选中此样品,然后依次选择主菜单"测量""重新测量"或用鼠标右键单击测量表格,并在弹出菜单中选择"重新测量",即可对此样品进行重新测量。在测量结束后,如果最终结果还是不能满足您的要求,可以不用关闭测量窗口,然后继续按"开始"按钮,即可再次对此样品进行重新测量,直到满意为止。如果重新测量的结果达到了您的要求,可单击"终止"按钮关闭测量窗口,然后再单击工具按钮"▷"继续对其他样品进行测量。如果对标准样品进行重新测量,那么,校正曲线会被重新计算并重新拟合。

钙的标准曲线见附录图 2-16。

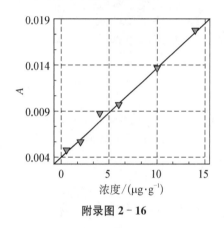

附录图 2-16

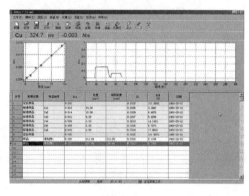

附录图 2-17

12. 样品测量

依次选择主菜单"设置/测量方法",即可打开测量方法设置对话框。把待测样放在小烧杯中,即可进行测量,见附录图 2-17。

13. 测量结束后的操作

(1) 点燃"空气-乙炔火焰",吸喷蒸馏水约 5～10 min,清洗原子化室及进样毛细管。在火焰点燃的状态下,关闭乙炔贮气瓶减压阀开关和总开关。

(2) 火焰熄灭之后,关闭气路乙炔开关,关闭压缩机,排净压缩机,排净贮气罐和净化器内的积水。

(3) 倒掉排水井里的废液,换上新鲜的新水,注意水封。

(4) 关闭空压机→关闭软件→关闭主机→关闭电脑→关闭电源。

(5) 停止排气。停机 15 min 后,停止仪器上方排气。

(6) 清理。清理现场,试样瓶放回样品制备室。

附录3 TAS-990墨炉型原子吸收操作规程

1. 开机顺序

(1) 打开抽风设备;

(2) 打开稳压电源;

(3) 打开计算机电源,进入 Windows 桌面系统;

(4) 打开 TAS-990 火焰星原子吸收主机电源;

（5）双击 TAS-990 程序图标"AAWin"，选择"联机"，单机"确定"，进入仪器自检画面。等仪器各项自检"确定"后，进行测量操作。

2. 测量操作步骤

1）调整石墨炉位置并寻峰

（1）石墨炉切换

① 选择"工作灯（W）"和"预热灯（R）"后单击"取消"。

② 打开石墨炉电源，氩气，取出挡板。

③ 单击仪器，测量方法选择石墨炉法，单击"确定"，等待石炉切换出来。

④ 单击石墨管取出石墨炉中是石墨管后单击"确定"。

（2）寻峰

① 单击元款灯，选择"工作灯（W）"和"预热灯（R）"后单击"下一步"。

② 设置元素测量参数，可以直接单击"下一步"。

③ 进入"设置波长"步骤，单击"寻峰"，等待仪器寻找工作灯最大能量谱线的波长。寻峰完成后，单击"关闭"。

④ 单击"下一步"，进入完成设置画面，单机"完成"。

（3）安装石墨管

单击仪器、原子化器位置，调整石墨炉的位置到能量最大，单击石墨管放入好的石管到石墨炉中后单击"确定"。单击仪器、原子化器位置，调整石墨炉的位置到能量最大，单击"能量"，自动能量平衡，单击"关闭"。

2）设置测量样品和标准样品

（1）单击"样品"进入"样品设置向导"，主要选择"浓度单位"。

（2）单击"下一步"，进入标准样品画面，根据所配制的标准样品设置标准样品的数目及浓度。

（3）单击"下一步"，进入辅助参数选项，可以直接单击"下一步"，单击"完成"，结束样品设置。

3）测量

（1）打开循环水，首先空烧。

（2）标准样品测量：用微量进样器吸入 10 μL 各个标准样品，单击"测量"键，进入测量画面。单击"开始"键测量，完成每个标准样品的测量。

（3）样品测量：用微量进样器吸入 10 μL 样品，单击"测量"键，进入测量画面，单机"开始"键测量。

3. 结束测量

（1）如果需要测量其他元素，单击"元素灯"，操作如上。

（2）完成测量后，请关闭氩气、水源、电源，切换回火焰状态。关机时退出 AA 系统，再关闭主机，最后关闭电源。

第5章　紫外-可见分光光度法

5.1　方法原理

5.1.1　基本原理

紫外-可见分光光度法通常是研究 $200\sim800$ nm 光谱区内物质对光辐射吸收的一种方法。由于紫外光和可见光所具有的能量主要与物质中原子的价电子的能级跃迁相似,可导致这些电子的跃迁,所以紫外-可见吸收光谱也有电子光谱之称。

紫外光是波长为 $10\sim400$ nm 的电磁辐射,它可分为远紫外光($10\sim200$ nm)和近紫外光($200\sim400$ nm)。远紫外光能被大气吸收,不易利用。所以,本章讨论的紫外光,仅指近紫外光。可见光区则是指其电磁辐射能被人的眼睛感觉到的区域,即波长为 $400\sim780$ nm 的光谱区。

5.1.2　分析方法

紫外-可见吸收光谱用于定量分析的基本方法是:用选定波长的光照射被测物质溶液,测定它的吸光度,再根据吸光度计算被测组分的含量。计算的依据是吸收定律,它是由朗伯和比尔两个定律相联合而成的,又叫朗伯-比尔定律。

1. 吸收定律

如果溶液的浓度 c 和透光层厚度 b 都是不固定的,就必须同时考虑 c 和 b 对光吸收的影响。当用一适当波长的单色光照射吸收物质的溶液时,其吸光度与溶液的浓度和透光层厚度的乘积成正比。即

$$A = \varepsilon bc \tag{5-1}$$

式中,ε 为摩尔吸光系数。

当液层厚度 b 为定值时,吸光度 A 与样品浓度呈正比例关系,这是分光光度法定量分析的基本定律。

在实际工作中,常用的方法为标准曲线法和比较法。

2. 吸光度的加和性

如果溶液中含有 n 种彼此间不相互作用的组分,它们对某一波长的光都产生吸收,那么该溶液对该波长光吸光度 $A_{总}$ 应等于溶液中 n 种组分的吸光度之和。也就是说,吸光度具有加和性,可表示为

$$A_总 = A_1 + A_2 + A_3 + \cdots + A_n = (\varepsilon_1 c_1 + \varepsilon_2 c_2 + \varepsilon_3 c_3 + \cdots + \varepsilon_n c_n)b \qquad (5-2)$$

吸光度的加和性对多组分同时定量测定、校正干扰极为有用。

3. 偏离比尔定律的原因

朗伯定律是普遍成立的,而比尔定律有时会产生偏离。偏离比尔定律的原因较多,基本上可分为物理及化学两个方面的因素。

(1) 入射光非单色性引起的偏离

光吸收定律成立的前提是入射光必须是严格的单色光。但目前仪器所提供的入射光实际上是由波长范围较窄的光带组成的复合光,非严格的单色光,这就有可能造成对比尔定律的偏离。

实验证明,由于入射光的非单色性所造成的比尔定律的偏离在一般情况下是很小的,只要入射光所包含的波长范围在被测溶液的吸收曲线较平直部分,吸光物质的吸光系数没有大的差别,谱带得到的吸光度和浓度关系曲线仍为一直线。

(2) 溶液本身引起的偏离

① 化学元素引起的偏离。溶液中由吸光物质等构成的化学体系,常因条件的变化而形成新的化合物,如吸光组分的缔合、离解、互变异构、配合物的逐级形成及溶剂化等,破坏了吸光度与浓度的线性关系,导致偏离比尔定律。

因此,要避免这种误差,必须根据吸光物质的性质,溶液中化学平衡的知识,使吸光成分的浓度与物质的总浓度相等,或成比例地改变。

② 溶液折射率变化引起的偏离。若溶液浓度变化能显著改变溶液的折射率,则可观测到普洛里比尔定律的现象,必须对比尔定律进行折射率(n)校正

$$A = \varepsilon bcn/(n^2 + 2)^2 \qquad (5-3)$$

一般来讲,在浓度小于 0.01 mol/L 时,n 基本上为一常数,其影响可忽略不计。这是比尔定律只适用于稀溶液的原因之一。

(3) 散射引起的偏离

溶液为胶体溶液、乳浊液或悬浊液时,在入射光通过溶液时,除一部分被吸光粒子吸收外,还有一部分被散射而损失,使透光度减小,实测吸光度增大,发生正偏差。

4. 吸光度法测量条件的选择

为确保吸光度法有较高的灵敏度和准确度,除了要注意选择和控制适当的显色条件外,还必须选择和控制适当的吸光度测量条件。

(1) 吸光度测量范围的选择

在不同吸光度范围内,读数会引起不同程度的误差,为了提高测定的准确度,应选择最适宜的吸光度范围进行测定。

当所测吸光度为 $0.15 \sim 1.0$ 或透光率为 $10\% \sim 70\%$ 时,浓度测量误差为 $1.4\% \sim 2.2\%$,最小误差为 1.4%。测量的吸光度过小或过大,误差都是非常大的,因而普通分光光度法不适用于高含量或极低含量物质的测定。

(2) 入射光波长的选择

入射光的波长应根据吸收光谱曲线选择溶液有最大吸收时的波长。这是因为在此波长处摩尔吸光系数值最大,使测定有较高的灵敏度。同时,在此波长处的一个较小范围内,吸

光度变化不大,不会造成对比尔定律的偏离,测定准确度较高。

如果最大吸收波长不在仪器可测波长范围内,或干扰物质在此波长处有强烈吸收,可选用非最大吸收处的波长。但应当注意尽量选择摩尔吸光系数值变化不太大区域内的波长。

(3)参比溶液的选择

分光光度法首先以参比溶液调节透光率至100%,然后再测定待测溶液的吸光度,这就相当于采用参比溶液的光束为入射光。这样,当待测溶液除被测定的吸光物质外,其余成分均与参比溶液完全相同时,就可以消除溶液中其他因素引起的误差。实际工作中要制备完全符合上述要求的参比溶液往往是不可能的。但是,应尽可能地选用合适的参比溶液,以最大限度地减小这种误差。一般选择参比溶液的原则如下。

① 如果仅待测物与显色剂的反应产物有吸收,可用纯溶剂作参比溶液。

② 如果显色剂或其他试剂略有吸收,应用空白溶液(不加试样溶液)作参比溶液。

③ 如试样中其他组分有吸收,但不与显色剂反应,则当显色剂无吸收时,可用试样溶液作参比溶液;当显色剂略有吸收时,可在试液中加入适当掩蔽剂将待测组分掩蔽后再加显色剂,以此溶液作参比溶液。

选择参比液总的原则是使试液的吸光度真正反映待测物的浓度。

5.1.3 在有机化合物分析中的应用

1. 定性分析

通常采用对比法,即把未知试样的紫外吸收光谱图同标准物质的光谱图进行比较。在测定时,为消除溶剂效应,应将试样和标准物质以相同的浓度配制在相同溶剂中,在相同的条件下分别测定其吸收光谱。若两者的谱图相同(包括吸收曲线形状、吸收峰数目、λ_{max}、ε_{max} 或 $A_{1\ cm}^{1\%}$ 等),说明它们可能是同一化合物。为了进一步确证,有时还可换另外一种溶剂进行测定后再做比较。

应该指出,分子或离子对紫外光的吸收只是它们含有的生色团和助色团的特征,而不是整个分子或离子的特征。因此只靠一个紫外光谱来对未知物进行定性是不可靠的,还要参照一些光谱规则以及其他方法的配合。

2. 结构分析

利用紫外吸收光谱鉴定有机化合物的基团,虽不如利用红外吸收光谱普遍和有效,但在鉴定共轭生色团或某些基团方面有其独到之处,可作为其他鉴定方法的有力补充。

(1)官能团的鉴定

根据吸收光谱进行初步判断的一般规律如下所示。

① 某一化合物在 200~800 nm 无吸收峰,可能是直链烷烃及脂肪族饱和的胺、腈、醇、醚、羧酸和烷基氟或烷基氯,不含共轭体系,没有醛基、酮基、溴或碘。

② 在 210~250 nm 有强吸收带,表明含有共轭双键,若 ε 为 10^4~2×10^4 L·mol^{-1}·cm^{-1},说明为二烯或不饱和酮;若在 260~350 nm 有强吸收带,可能有 3~5 个共轭单位。

③ 在 250~300 nm 有弱吸收带,$\varepsilon=10\sim100$ L·mol^{-1}·cm^{-1},则含有羰基,在此区域内若有中强度吸收带,表示具有苯的特征。

④ 若化合物有许多吸收峰,甚至延伸到可见光区,则可能为一长链共轭化合物或多环芳烃。

按上述规律进行初步判断后,能缩小该化合物的归属范围,然后采用前面介绍的对比法做进一步确定。

(2) 顺反异构体的确定

一般地讲,反式异构体比顺式异构体有较大的 λ_{max} 及 ϵ_{max},据此可以判断顺式或反式异构体的存在。

(3) 互变异构体的确定

某些有机化合物在溶液中可能有两种以上的互变异构体处于动态平衡中,这种异构体的互变过程常伴随有双键的移动及共轭体系的变化,因此也产生吸收光谱的变化。最常见的是某些含氧化合物的酮式与烯醇式异构体之间的互变。

此外,紫外-可见分光光度法还可以判断某些化合物的构象(如取代基是平伏键还是直立键)及旋光异构体等。

3. 化合物纯度的检测

如果某化合物在紫外区没有明显吸收,而其中的杂质却有较强的吸收,则可方便地检出该化合物中的痕量杂质。

如果某化合物在可见或紫外区有较强的吸收带,可利用吸光系数检查它的纯度。用所测化合物的吸光系数除以该化合物的纯物质的吸光系数,即得该化合物的纯度。

5.2　仪器结构与原理

紫外-可见分光光度计的结构复杂,种类繁多,主要有以下几种基本类型。

(1) 按使用波长范围分为可见分光光度计(400~780 nm)和紫外-可见分光光度计(200~1 000 nm)两类。其中,紫外-可见分光光度计包括近紫外、可见及近红外分光光度计。

(2) 按光路分为单光束式及双光束式两类。

(3) 按单位时间内通过溶液的波长数分为单波长分光光度计和双波长分光光度计两类。

光电比色计和紫外-可见分光光度计虽属于不同类型的仪器,但其测定原理是相同的,不同之处在于获得单色光的方法不同。光电比色计采用滤光片,紫外-可见分光光度计采用棱镜或光栅等单色器。由于两种仪器均属于基于吸光度的仪器,因此将它们统称为光度计。

尽管光度计的种类和型号繁多,但它们都是由下列部件组成的,见图 5-1。

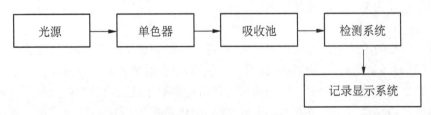

图 5-1　光度计的组成

现将各部件的作用和性能介绍如下,以便正确使用各种相关仪器。

1. 光源

光源的作用是提供强而稳定的可见或紫外连续入射光,一般分为可见光光源及紫外光源两类。

(1)可见光光源

最常用的可见光光源为钨丝灯(白炽灯)。钨丝灯可发射波长为 $320\sim2\,500$ nm 的连续光谱,其中最适宜的使用范围为 $320\sim1\,000$ nm。除用作可见光源外,还可用作近红外光源。在可见光区,钨丝灯的辐射强度与施加电压的 4 次方成正比,因此要严格稳定钨丝灯的电源电压。

卤钨灯的发光效率比钨灯高,寿命也长。在钨丝灯中加入适量卤素或卤化物可制成卤钨灯,例如加入纯碘制成碘钨灯,溴钨灯是加入溴化氢而制得。新的分光光度计多采用碘钨灯。

(2)紫外光源

紫外光源多为气体放电光源,如氢、氘放电灯及汞灯等。其中以氢灯及氘灯应用最广泛,其发射光源的波长为 $160\sim500$ nm,最适宜的使用范围为 $180\sim350$ nm。氘灯发射的光强度比同样的氢灯大 $3\sim5$ 倍。氢灯可分为高压氢灯($2\,000\sim6\,000$ V)和低压氢灯($40\sim80$ V),后者较为常用。低压氢灯或氘灯的构造:将一对电极密封在干燥的带石英窗的玻璃管内,抽真空后充入低压氢气或氘气。石英窗的作用是避免普通玻璃对紫外光的强烈吸收。

2. 单色器

将光源发出的连续光谱分解为单色光的装置称为单色器。单色器由棱镜或光栅等色散元件及狭缝和透镜等组成。此外,常用的滤光片也起单色器的作用。

(1)滤光片

滤光片根据作用原理可分为吸收滤光片和干涉滤光片两种,其中吸收滤光片价格较低廉,应用十分普遍。一般所说的滤光片都是指吸收滤光片。

吸收滤光片的作用原理:它能够有选择性地吸收某些波长的光,而只允许一定波长范围的光透过,因此可将波长范围很宽的连续光谱过滤,得到具有一定纯度的单色光。滤光片的这种特性,可以由它的透光曲线来描述,透光曲线是滤光片的性能和质量的表征。有效带宽越小,表示该滤光片获得的光的单色性越纯,质量越好。一般滤光片常用它的透光中心波长来命名,例如 520 或 S52 就表示此滤光片的透光中心为 520 nm。

干涉滤光片利用干涉原理只使特定光谱范围的光通过的光学薄膜,它可提供小到10 nm宽的谱带和较大的透光度,通常由多层薄膜构成。干涉滤光片种类繁多,用途不一。常见的干涉滤光片有截止滤光片和带通滤光片两类。

选择滤光片的原则:滤光片最易透过的光应是有色溶液最易吸收的光,也就是说,其颜色与溶液颜色互为补色的滤光片是较适宜的。

(2)棱镜

光源发射出的连续光由入射狭缝进入,经准直透镜后成平行光,并以一定角度射到棱镜表面,在棱镜的两个界面上连续发生折射产生色散,色散后的光被会聚透镜聚焦在一个稍微弯曲并带有出射狭缝的表面上。转动棱镜可使所需的单色光通过出射狭缝射出。

棱镜单色器获得的单色光纯度取决于棱镜的色散率和出射狭缝的宽度。玻璃棱镜对 $400\sim1\,000$ nm 波长的光色散较大,适用于可见分光光度计。石英棱镜可用于紫外光、可见光和近红外光区域,但用于可见光区域时不如玻璃棱镜好。无论是玻璃棱镜还是石英棱镜,它们的色散都不是线性色散,对长波长的光色散率低,对短波长的光色散率高。

（3）光栅

光栅单色器则具有线性色散。光栅可定义为一系列等宽、等距离的平行狭缝。常用的光栅单色器为反射光栅单色器。它又分为平面发射光栅和凹面发射光栅两种,其中最常用的是平面发射光栅。

光栅单色器的工作原理或光学路线如下:光源经入射狭缝进入并射到凹面反射镜上,经凹面反射镜使光准直并射到平面发射光栅上,经平面发射光栅的色散,得到按波长顺序排列的光谱,再射到凹面反射镜上经凹面反射镜准直并射到出射狭缝中,便可使所需波长的单色光从出射狭缝中射出。

在光栅单色器中,当狭缝宽度固定时,在整个光谱范围内得到的单色光的纯度相同。光栅单色器与棱镜单色器的另一个区别是它可用的波长范围很宽,从紫外光到红外光都可以使用。

（4）杂散光及其消除

无论是何种单色器,出射光束中通常混有少量与仪器指示的波长十分不同的光波,这些异常波长的光称为杂散光。杂散光往往会严重地影响吸光度的正确测量。

杂散光产生的主要原因:各光学部件和单色器的外壳内壁的发射,大气或光学部件表面上尘埃的散射等。

为了消除杂散光,单色器可用罩壳封闭起来,罩壳内涂有黑体以吸收杂散光。

3. 吸收池

吸收池亦称比色皿(图 5 - 2),是用于盛装吸收试液和决定透光液层厚度的器件。常用的吸收池材料有石英和玻璃两种,石英池可用于紫外、可见及近红外($<3~\mu m$)光区,普通硅酸盐玻璃池只能用于 350 nm～$2~\mu m$ 的光谱区。常见的吸收池为长方形,光程为 0.5～10 cm。从用途上看,吸收池有液体池、气体池、微量池及流动池等。

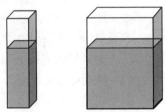

为了减少入射光的发射损失和造成光程差,在放置比色皿时,应注意使其透光面垂直于光束方向。指纹、油腻或皿壁上其他沉积物都会影响其透射特性。因此,在使用比色皿时,应特别注意保护两个光学面的光洁。

图 5 - 2　比色皿示意图

4. 检测系统

紫外-可见光检测器是将紫外-可见光的光信号转变为电信号的装置。常用的检测器有光电池、光电管及光电倍增管等,它们都是基于光电效应原理制成的。对检测器的要求是:产生的光电流与照射于检测器上的光强度成正比,响应灵敏度高,响应速度快,噪声小,稳定性强,产生的电信号易于检测放大等。

（1）硒光电池

在简易的可见分光光度计中,检测器为光敏感范围在 300～800 nm 的硒光电池,像 722 型分光光度计使用硒光电池,7230 型分光光度计使用硅光电池作为检测元件。

（2）光电管

光电管是紫外-可见分光光度计上广泛使用的元件。常用的光电管因光谱响应范围不同又被分为:紫敏光电管(又叫蓝敏光电管,波段范围为 210～625 nm)和红敏光电管(波段范围为 625～1 000 nm)。

与光电池相比,光电管具有高灵敏度,宽的光谱响应范围,不易疲劳等优点。

（3）光电倍增管

光电倍增管比普通光电管更灵敏,若使用较小的光谱通带,便可获得被测物质的光谱的精细结构。

5. 记录显示系统

记录显示系统的作用是将检测器输出的电信号以吸收光谱的形式(或 A、T)显示出来。为了便于测量,一般要将检测器的输出信号用放大器放大几个数量级。常用的显示测量仪器有电位计、检流计、自动记录仪、示波器及数字显示装置等。

（1）检流计

通常使用悬镜式光点发射检流计测量产生的光电流,其灵敏度一般为每格 10^{-9} A。在单光束仪器中,检流计光点偏转刻度直接标为百分透光率和吸光度,测定时一般直接读出吸光度的数值。检流计在使用中应防止振动和大电流通过。停止使用时,必须将检流计开关指向零位,使其短路。

（2）自动记录型和数字显示型装置

目前许多精密分光光度计已采用自动记录或数字显示装置,有的应用微型电子计算机处理数据,直接读取分析结果。

以下简要介绍单光束分光光度计、双光束分光光度计和双波长分光光度计。

（1）单光束分光光度计

单光束分光光度计的操作程序与光电比色计相似:先旋转单色器选择测定波长;机械调零;接通电源,进行暗电流补偿;打开光源,将参比溶液置入光路,调节狭缝宽度或光栅大小以改变通量,或调节电子放大器的灵敏度,使透光率指 100;测定溶液的吸光度。

单光束分光光度计在使用时要求配制电子稳压器,并需要注意每改变一次测定波长时,用参比液重调使透光率为 100。

（2）双光束分光光度计

此类仪器一般能自动记录吸收光谱曲线。其特点是:能连续改变波长,自动地比较样品及参比溶液的透光强度,自动消除光源强度变化所引起的误差。对于必须在较宽的波长范围内获得复杂的吸收曲线的分析来说,此类仪器极为合适。

图 5-3 所示为单光束及双光束分光光度计的示意图。

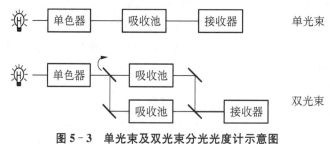

图 5-3　单光束及双光束分光光度计示意图

（3）双波长分光光度计

双波长分光光度计与单波长分光光度计的主要区别在于采用双单色器,以同时得到两束波长不同的单色辐射,其示意图见图 5-4。

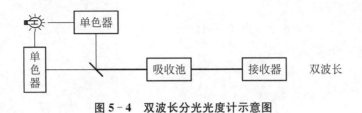

图5-4 双波长分光光度计示意图

双波长分光光度计进行定量分析的理论基础：

ΔA 与吸光物质浓度 c 成正比，即

$$\Delta A = A_{\lambda_1} - A_{\lambda_2} = (\varepsilon_{\lambda_1} - \varepsilon_{\lambda_2})bc$$

式中，A 为吸光度；ε 为摩尔吸光系数；b 为液层厚度；c 为被测物质的浓度。

双波长分光光度计不用参比池，使用一个吸收池，消除了吸收池及参比池引起的测量误差，提高了测量的准确度。

双波长分光光度计特别适合混合物和浑浊样品的定量分析，可进行化学反应的动力学研究，并可获得导数光谱等。

5.3 实验内容

实验一 紫外-可见分光光度法测定苯酚的含量

一、目的及要求

1. 了解紫外-可见分光光度计的基本原理，并学会使用紫外-可见分光光度计。

2. 熟练运用 TU-1810 型紫外-可见分光光度计制作苯酚吸收的标准曲线，并测定苯酚的含量。

二、实验原理

物质对光的吸收遵循 Beer 定律，即当一定浓度的光通过某物质的浓度时，入射光强度 I_0 与透射光强度 I_t 之比的对数与该物质的浓度及液层厚度成正比。其数学表达式为

$$A = \lg(I_0 / I_t) = \varepsilon bc$$

式中，A 为吸光度；b 为液层厚度，cm；c 为被测物质的浓度，mol/L；ε 为摩尔吸光系数。

当被测物质浓度是 g/L 时，ε 就以 a 表示，称吸光系数，此时 $A = abc$。

摩尔吸光系数 ε 在特定波长和溶剂情况下，是吸光分子（离子）的一个特征常数。在数值上等于单位摩尔浓度在单位光程中所测得的浓度的吸光度。它是物质吸光能力的量度，

可作定性分析的参数。

Beer 定律是紫外-可见分光光度定量分析的依据,当比色皿及入射光强度一定时,吸光度正比于被测物质的浓度。

三、仪器与试剂

1. 仪器

(1) TU－1810 型紫外-可见分光光度计;

(2) 石英比色皿;

(3) 分析天平;

(4) 容量瓶;

(5) 烧杯等。

2. 试剂

苯酚。

四、实验步骤

1. 配制标准溶液

准确称取 0.25 g 苯酚,用二次蒸馏水溶解,移入 100 mL 容量瓶中,用二次蒸馏水定容,苯酚浓度为 2.50 mg/mL。然后吸取 10 mL 于另一个 100 mL 容量瓶中,稀释至 100 mL,此苯酚储备液含苯酚 0.25 mg/mL。

分别吸取苯酚储备液 1.0 mL、2.0 mL、3.0 mL、4.0 mL、5.0 mL 于 5 个 25 mL 容量瓶中,用二次蒸馏水定容,获得苯酚浓度分别为 0.01 mg/mL、0.02 mg/mL、0.03 mg/mL、0.04 mg/mL 及 0.05 mg/mL 的标准溶液,分别标记为 1 号、2 号、3 号、4 号、5 号标准溶液。

2. 制作苯酚的吸收曲线及标准曲线

(1) 取 4 号标准溶液,以蒸馏水为参比,在 210～340 nm 波长范围内的紫外吸收光谱,并找出 R 吸收带最大吸收波长 λ_{max}。

(2) 以蒸馏水为参比,测定最大吸收波长 λ_{max} 处,1 号、2 号、3 号及 5 号标准溶液的吸光度。

(3) 以浓度为横坐标,吸光度为纵坐标,制作标准曲线。

3. 测定未知样品中苯酚的吸光度

以蒸馏水为参比,测定最大吸收波长 λ_{max} 处的吸光度。

五、原始数据记录

1. 苯酚的吸收曲线制作数据

4 号标准溶液在不同波长下的吸光度:

波长/nm	210	220	230	240	250	260	270	280	290	300	310	320	330	340
吸光度 A														

2. 苯酚标准曲线数据

标准溶液标号	1	2	3	4	5
浓度/(mg/mL)	0.01	0.02	0.03	0.04	0.05
吸光度 A					

六、数据处理

1. 制作苯酚的吸收曲线,获得最大吸收波长 λ_{max}。
2. 制作苯酚的标准曲线。
3. 从苯酚的标准曲线获知未知样品的浓度。

七、思考题

1. 比尔定律的适用条件是什么?
2. 偏离比尔定律的原因有哪些?

实验二 甲基红的酸离解平衡常数的测定

一、目的及要求

1. 测定甲基红的酸离解平衡常数。
2. 掌握 TU1810 型分光光度计和 pHS-2C 型 pH 计的使用方法。

二、实验原理

甲基红(对-二甲氨基-邻-氨基偶氮苯)的分子式为

$$\overset{COOH}{\underset{}{}}\quad -N=N-\quad -N(CH_3)_2,$$

是一种弱酸型的染料指示剂,具有酸(HMR)和碱(MR^-)两种形式。它在溶液中部分电离,在碱性溶液中呈黄色,酸性溶液中呈红色。在酸性溶液中,它以两种离子形式存在

$$HMR \rightleftharpoons H^+ + MR^-$$

甲基红的酸形式　　　　甲基红的碱形式

其离解平衡常数:

$$k = \frac{[H^+][MR^-]}{[HMR]} \tag{5-4}$$

$$pK = pH - \lg \frac{[MR^-]}{[HMR]} \tag{5-5}$$

由于 HMR 和 MR^- 两者在可见光谱范围内具有强的吸收峰,溶液离子强度的变化对它的酸离解平衡常数没有显著的影响,而且在简单 $CH_3COOH - CH_3COONa$ 缓冲体系中就很容易使颜色在 pH=4~6 内改变,因此比值$[MR^-]/[HMR]$可用分光光度法测定而求得。

对一化学反应平衡体系,分光光度计测得的光密度包括各物质的贡献,由朗伯-比尔定律

$$D = -\lg \frac{I}{I_0} = \varepsilon cl$$

当 c 的单位为 $mol \cdot L^{-1}$，l 的单位为 cm 时，ε 为摩尔吸光系数。由此可推知甲基红溶液中总的光密度为

$$D_A = \varepsilon_{A,HMR}[HMR]t + \varepsilon_{A,MR^-}[MR^-]t \tag{5-6}$$

$$D_B = \varepsilon_{B,HMR}[HMR]t + \varepsilon_{B,MR^-}[MR^-]t \tag{5-7}$$

D_A、D_B 分别为在 HMR 和 MR^- 的最大吸收波长处所测得的总的吸光度。$\varepsilon_{A,HMR}$、ε_{A,MR^-} 和 $\varepsilon_{B,HMR}$、ε_{B,MR^-} 分别为在波长 λ_A 和 λ_B 下的摩尔吸光系数。各物质的摩尔吸光系数值可由作图法求得。例如：首先配制出 $pH \approx 2$ 的具有各种浓度的甲基红酸性溶液，在波长 λ_A 下分别测定各溶液的光密度 D，作 $D-c$ 图，得到一条通过原点的直线。由直线斜率可求得 $\varepsilon_{A,HMR}$ 值，其余摩尔吸光系数求法类同，从而可求出 $[MR^-]$ 与 $[HMR]$ 的相对量。再测定溶液的 pH，最后按式(5-5)求 pK 值。

三、仪器与试剂

1. 仪器

(1) TU-1810 型分光光度计；

(2) 722 型分光光度计；

(3) pHS-2C 型 pH 计。

2. 试剂

(1) 甲基红贮备液：0.5 g 晶体甲基红溶于 300 mL 95% 的乙醇中，用蒸馏水稀释至 500 mL。

(2) 标准甲基红溶液：取 8 mL 贮备液加 50 mL 的乙醇稀释至 100 mL。

(3) pH 为 6.84 的标准缓冲溶液：$CH_3COONa(0.04 \, mol \cdot L^{-1})$、$CH_3COONa(0.01 \, mol \cdot L^{-1})$、$CH_3COOH(0.02 \, mol \cdot L^{-1})$、$HCl(0.1 \, mol \cdot L^{-1})$、$HCl(0.01 \, mol \cdot L^{-1})$。

四、实验步骤

1. 测定甲基红酸式(HMR)和碱式(MR^-)的最大吸收波长。

测定下述两种甲基红总浓度相等的溶液的光密度随波长的变化，即可找出最大吸收波长。

第一份溶液(A)：取 10 mL 标准甲基红溶液，加 10 mL 0.1 mol/L 的 HCl，稀释至 100 mL。此溶液的 pH 大约为 2，因此此时的甲基红以 HMR 存在。

第二份溶液(B)：取 10 mL 标准甲基红溶液和 25 mL 0.04 mol/L CH_3COONa 溶液稀释至 100 mL，此溶液的 pH 大约为 8，因此甲基红完全以 MR^- 存在。

取部分 A 液和 B 液分别放在 1 cm 的比色皿内，在 $350 \sim 600$ nm 之间每隔 10 nm 测定它们相对于水的光密度，找出最大吸收波长。

2. 检验 HMR 和 MR^- 是否符合比尔定律，并测定它们在 λ_A、λ_B 下的摩尔吸光系数。

取部分 A 液和 B 液，分别各用 $0.01 \, mol \cdot L^{-1}$ 的 HCl 和 CH_3COONa 稀释至原溶液的 0.75 倍、0.5 倍、0.25 倍及原溶液，为一系列待测液，在 λ_A、λ_B 下测定这些溶液相对于水的光密度。由光密度对溶液浓度作图，并计算两波长下甲基红 HMR 和 MR^- 的 $\varepsilon_{A,HMR}$、

$\varepsilon_{A,\,MR^-}$、$\varepsilon_{B,\,HMR}$、$\varepsilon_{B,\,MR^-}$。

3. 求不同 pH 下 HMR 和 MR⁻ 的相对量。

在 4 只 100 mL 容量瓶中分别加入 10 mL 标准甲基红溶液和 25 mL 0.04 mol/L 的 CH₃COONa 溶液,并分别加入 50 mL、25 mL、10 mL、5 mL 的 0.02 mol/L 的 CH₃COOH,然后用蒸馏水定容。测定两波长下各溶液的光密度 D_A、D_B,用 pH 计测定溶液的 pH。

由于光密度是 HMR 和 MR⁻ 之和,所以溶液中 HMR 和 MR⁻ 的相对量用式(5-6)和式(5-7)求得。再代入式(5-5),可计算甲基红的酸离解平衡常数 pK。

将实验数据记录在表 5-1 中。

五、数据处理

表 5-1　实验数据记录及处理表

温度:＿＿＿＿＿＿＿

序号	[MR⁻]/[HMR]	lg[MR⁻]/[HMR]	pH	pK
1				
2				
3				
4				

六、思考题

1. 在本实验中,温度对实验有何影响? 采取什么措施可以减少这种影响?

2. 甲基红酸式吸收曲线与碱式吸收曲线的交点称为"等色点",讨论此点处光密度与甲基红浓度的关系。

3. 为什么要用相对浓度? 为什么可以用相对浓度?

4. 在光密度测定中,应该怎样选择比色皿?

实验三　紫外吸收光谱测定蒽醌粗品中蒽醌的含量和摩尔吸收系数 ε 值

一、目的及要求

1. 学习应用紫外吸收光谱进行定量分析的方法及 ε 值的测定方法。

2. 掌握测定粗蒽醌试样时测定波长的选择方法。

二、实验原理

利用紫外吸收光谱进行定量分析,同样须借助朗伯-比尔定律,而选择合适的测定波长是紫外吸收光谱定量分析的重要环节。在蒽醌粗品中含有邻苯二甲酸酐,它们的紫外吸收光谱如图 5-5 所示。

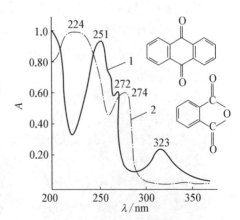

图 5-5　紫外吸收光谱图

蒽醌在波长 251 nm 处有一强烈吸收峰($\varepsilon = 4.6 \times 10^4$ L·mol^{-1}·cm^{-1}),在波长323 nm 处有一中等强度的吸收峰($\varepsilon = 4.7 \times 10^3$ L·mol^{-1}·cm^{-1})。若考虑测定灵敏度,似应选择 251 nm 作为测定蒽醌的波长,但是在 251 nm 波长附近有一邻苯二甲酸酐的强烈吸收峰 $\lambda_{max} = 224$ nm($\varepsilon = 3.3 \times 10^4$ L·mol^{-1}·cm^{-1}),测定将受到严重干扰。而在 323 nm 波长处邻苯二甲酸酐却无吸收,为此选用 323 nm 波长作为蒽醌定量分析的测定波长更合适。

摩尔吸光系数 ε 是吸收光度分析中的一个重要参数,在吸收峰的最大吸收波长处的 ε,既可用于定性鉴定,也可用于衡量物质对光的吸收能力,且是衡量吸光度定量分析方法灵敏程度的重要指标,其值通常利用求取标准曲线斜率的方法求得。

三、仪器与试剂

1. 仪器

TU－1810 型紫外-可见分光光度计。

2. 试剂

(1) 蒽醌、甲醇、邻苯二甲酸酐均为分析纯,蒽醌粗品为生产厂提供。

(2) 蒽醌标准贮备液(4.00 mg/mL):准确称取 0.40 g 蒽醌置于 100 mL 烧杯中,用甲醇溶解后,转移到 100 mL 容量瓶中,并用甲醇稀释至刻度,摇匀备用。

(3) 蒽醌标准使用液(0.04 mg/mL):吸取 1 mL 上述蒽醌标准贮备液于 100 mL 容量瓶中,并用甲醇稀释至刻度,摇匀备用。

四、实验条件

1. 测定波长:323.0 nm。

2. 狭缝:0.01~2 mm。

3. 光源:氢灯。

4. 光电管:蓝敏。

5. 石英。

6. 参比溶液:甲醇。

五、实验步骤

1. 配制蒽醌标准溶液系列:用吸量管分别吸取 0 mL,2.00 mL,4.00 mL,6.00 mL,8.00 mL,10.00 mL。上述蒽醌标准使用液于 6 只 10 mL 容量瓶中,然后分别用甲醇稀释至刻度,摇匀备用。

2. 称取 0.05 g 蒽醌粗品于 50 mL 烧杯中,用甲醇溶解,然后转移到 25 mL 容量瓶中,并用甲醇稀释至刻度,摇匀备用。

3. 根据实验条件,调节分光光度计,以甲醇作参比溶液,测定蒽醌标准溶液系列和蒽醌粗品试液的吸光度。

4. 取蒽醌标准溶液系列中的一份溶液,测量蒽醌吸收光谱。

5. 配制浓度为 0.1 mol·mL^{-1}邻苯二甲酸酐的甲醇溶液 10 mL,并测绘其紫外吸收光谱(以甲醇溶液作参比)。

六、数据处理

1. 记录实验条件

(1) 测定波长。

(2) 狭缝宽度。

(3) 光源。

(4) 光电管。

(5) 石英。

(6) 参比溶液。

(7) 仪器型号。

2. 绘制蒽醌、邻苯二甲酸酐的紫外吸收光谱,并与图5-5对照,说明选择测定波长的依据。

3. 以蒽醌标准溶液系列的吸光度为纵坐标,浓度为横坐标,绘制蒽醌的标准曲线。并计算蒽醌的 ε 值。

4. 根据蒽醌粗品试液的吸光度,在上述绘制的标准曲线上查出其浓度,并根据试样配制情况,计算蒽醌粗品中蒽醌的含量。

5. 用线性回归方程法,求蒽醌标准曲线的斜率 a、截距 b 和相关系数 r,然后求蒽醌粗品中蒽醌的含量。

七、思考题

1. 在光度分析中参比溶液的作用是什么?

2. 本实验为什么要用甲醇作参比溶液? 可否用其他溶剂(如水)来代替,为什么?

3. 在光度分析中测绘物质的吸收光谱有何意义?

实验四　分光光度法同时测定维生素 C 和维生素 E

一、目的及要求

1. 进一步熟悉 UV9600 型双光束紫外-可见分光光度计。

2. 学习在紫外光谱区同时测定双组分体系——维生素 C 和维生素 E。

二、实验原理

维生素 C(抗坏血酸)和维生素 E(α-生育酚)起抗氧剂作用,即它们在一定时间内能防止油脂酸败。两者结合在一起比单独使用的效果更佳,因为它们在抗氧化性能方面是"协同的"。因此,它们作为一种有用的组合试剂用于各种食品。

抗坏血酸是水溶性的,α-生育酚是酯溶性的,但它们都能溶于无水乙醇,因此,能用在同一溶液中测定双组分的原理来测定它们。

三、仪器与试剂

1. 仪器

(1) UV9600 型双光束紫外-可见分光光度计;

（2）石英比色皿 2 个；

（3）50 mL 容量瓶 9 只；

（4）10 mL 吸量管 2 支。

2. 试剂

（1）抗坏血酸：称取 0.013 2 g 抗坏血酸溶于无水乙醇中，并用无水乙醇定容至 1 000 mL（7.50×10^{-5} mol/L）。

（2）生育酚：称取 0.048 8 g α-生育酚溶于无水乙醇中，并用无水乙醇定容至 1 000 mL（1.13×10^{-4} mol/L）。

（3）无水乙醇。

四、实验步骤

1. 配制标准溶液

（1）分别取抗坏血酸贮备液 4.00 mL，6.00 mL，8.00 mL，10.00 mL 于 4 只 50 mL 容量瓶中，用无水乙醇稀释至刻度，摇匀。

（2）分别取 α-生育酚贮备液 4.00 mL，6.00 mL，8.00 mL，10.00 mL 于 4 只 50 mL 容量瓶中，用无水乙醇稀释至刻度，摇匀。

2. 绘制吸收光谱

以无水乙醇为参比，在 220～320 nm 处，以 5 nm 为间隔，测绘出抗坏血酸和 α-生育酚的吸收光谱。并确定最大吸收波长 λ_1 和 λ_2。

3. 绘制标准曲线

以无水乙醇为参比，在波长 λ_1 和 λ_2 处分别测定步骤 1 配制的 8 种标准溶液的吸光度。

4. 未知液的测定

取未知液 5.00 mL 于 50 mL 容量瓶中，用无水乙醇稀释至刻度，摇匀。在 λ_1 和 λ_2 分别测其吸光度。

五、数据处理

1. 绘制抗坏血酸和 α-生育酚的吸收光谱，确定 λ_1 和 λ_2。

2. 分别绘制抗坏血酸和 α-生育酚在 λ_1 和 λ_2 的 4 条标准曲线，求出 4 条直线的斜率。

3. 计算未知液中抗坏血酸和 α-生育酚的浓度。

六、注意事项

抗坏血酸会缓慢地氧化成脱氢抗坏血酸，所以必须每次实验时配制新鲜溶液。

七、思考题

1. 写出抗坏血酸和 α-生育酚的结构式，并解释一个是"水溶性"，一个是"酯溶性"的原因。

2. 使用本方法测定抗坏血酸和 α-生育酚是否灵敏？解释其原因。

实验五　紫外分光光度法测定饮料中的防腐剂

一、目的及要求

1. 了解和熟悉紫外分光光度计。
2. 掌握紫外分光光度法测定苯甲酸的方法和原理。
3. 学习用一元线性回归法作标准曲线的方法。

二、实验原理

为防止食品在贮存、运输过程中发生腐败、变质，常在食品中添加少量防腐剂。防腐剂使用的品种和用量在食品卫生标准中都有严格的规定，苯甲酸及其钠盐、钾盐是食品卫生标准允许使用的主要防腐剂之一，其使用量一般在 0.1％左右。苯甲酸具有芳香结构，在波长 225 nm 和 272 nm 处有 K 吸收带和 B 吸收带。

由于食品中苯甲酸用量很少，同时食品中其他成分也可能产生干扰，因此一般需要预先将苯甲酸与其他成分分离。从食品中分离防腐剂常用的方法有蒸馏法和溶剂萃取法等。本实验采用蒸馏法，将样品中苯甲酸在酸性（H_3PO_4）溶液中随水蒸气蒸馏出来，与样品中非挥发性成分分离，然后用 $K_2Cr_2O_7$ 溶液和 H_2SO_4 溶液进行氧化，使得除苯甲酸以外的其他有机物氧化分解，将此氧化后的溶液再次蒸馏，用碱液（NaOH）吸收苯甲酸，第二次所得蒸馏液中除苯甲酸以外，基本不含其他杂质。根据苯甲酸（钠）在 225 nm 处有最大吸收，测得其吸光度即可用标准曲线法求出样品中苯甲酸的含量。

三、仪器及试剂

1. 仪器

(1) 紫外分光光度计(任一型号)；
(2) 蒸馏装置。

2. 试剂

(1) 无水 Na_2SO_4(分析纯)。
(2) 85％H_3PO_4。
(3) 0.1 mol·L^{-1}NaOH。
(4) 0.01 mol·L^{-1}NaOH。
(5) 0.033 mol·$L^{-1}$$K_2Cr_2O_7$。
(6) 2 mol·$L^{-1}$$H_2SO_4$。
(7) 0.10 mg·mL^{-1}苯甲酸标准溶液：称取 100 mg 苯甲酸(A.R.，预先经 105℃干燥)，加入 100 mL 0.1 mol·L^{-1}NaOH 溶液，溶解后用水稀释至 1 000 mL。

四、操作步骤

1. 样品测定

准确称取 10.0 g 均匀的样品，置于 250 mL 蒸馏瓶中，加 1 mL H_3PO_4、20 g 无水 Na_2SO_4、70 mL 水、3 粒玻璃珠进行第一次蒸馏。用预先加有 5 mL 0.1 mol·L^{-1}NaOH

的 50 mL 容量瓶接收馏出液,当蒸馏液收集到 45 mL 时,停止蒸馏,用少量水洗涤冷凝器,最后用水稀释到刻度。

吸取上述蒸馏液 25 mL,置于另一只 250 mL 蒸馏瓶中,加入 25 mL 0.033 mol·L^{-1} $K_2Cr_2O_7$ 溶液,6.5 mL 2 mol·L^{-1} H_2SO_4 溶液,连接冷凝装置,水浴加热 10 min,冷却,取下蒸馏瓶,加入 1 mL H_3PO_4、20 g 无水 Na_2SO_4、40 mL 水、3 粒玻璃珠进行第二次蒸馏,用预先加有 5 mL 0.1 mol·L^{-1} NaOH 的 50 mL 容量瓶接收蒸馏液,当蒸馏液收集到 45 mL 左右时,停止蒸馏,用少量水洗涤冷凝器,最后用水稀释到刻度。

根据样品中苯甲酸含量,取第二次蒸馏液 5~20 mL,置于 50 mL 容量瓶中,用 0.01 mol·L^{-1} NaOH 定容,以 0.01 mol·L^{-1} NaOH 作为对照液,于紫外分光光度计 225 nm 处测定吸光度。

2. 空白试验

准确称取 10.0 g 均匀的样品,按上述样品测定方法操作,但第一次蒸馏时用 5 mL 0.1 mol·L^{-1} NaOH 代替 1 mL H_3PO_4。测定空白溶液的吸光度 A_0。

若测定试样中无干扰组分,则无须分离,可直接测定。以雪碧为例,吸取一定体积试样在 50 mL 容量瓶中用蒸馏水稀释定容,即可供紫外光谱测定。标准溶液也不需蒸馏,直接配制测定即可。

3. 标准溶液的测定

取苯甲酸标准溶液 50 mL,置于 250 mL 蒸馏瓶中,然后按样品测定方法进行第一次蒸馏。将全部蒸馏液 50 mL 置于 250 mL 蒸馏瓶中,然后按样品测定方法进行第二次蒸馏。取第二次蒸馏液 2.00 mL、4.00 mL、6.00 mL、8.00 mL、10.00 mL,分别置于 50 mL 容量瓶中,用 0.01 mol·L^{-1} NaOH 溶液稀释至刻度。以 0.01 mol·L^{-1} NaOH 为对照液,测定其中一种标准溶液的紫外-可见吸收光谱(测定波长范围为 200~350 nm),找出 λ_{max},然后在 λ_{max} 处测定 5 种标准溶液的吸光度 A_i,按下面介绍的一元线性回归法绘制标准曲线。

五、数据处理

1. 记录数据

将标准溶液的质量浓度 ρ 和扣除 A_0 的吸光度 A 数据填入表 5-2 中。

表 5-2 苯甲酸标准溶液浓度及吸光度测定数据

测定次数 n	1	2	3	4	5	平均值
$\rho/$ (mg·mL^{-1})						$\bar{\rho} = \dfrac{\sum\limits_{i=1}^{n}\rho_i}{n} =$
$A = A_i - A_0$						$\bar{A} = \dfrac{\sum\limits_{i=1}^{n}A_i}{n} =$

2. (一元线性回归法)绘制标准曲线

(1)一元线性回归方程　由于存在随机(偶然)误差,即使在线性范围内,浓度分别为 ρ_1, ρ_2, ρ_3, ρ_4, ρ_5, …的标准系列,其相应的响应信号的测量值(吸光度)A_1, A_2, A_3, A_4,

A_5，…也不一定都在一条直线上。因此，用简单的方法很难绘制出比较准确反映 A 与 ρ 之间关系的标准曲线。这里介绍一种比较常用可靠的方法——一元线性回归法绘制标准曲线，它给出 A 与 ρ 的关系式（即一元线性回归方程）

$$A = b\rho + a$$

式中，b 为回归系数，即回归直线的斜率 $b = \sum_{i=1}^{n} (\rho_i - \overline{\rho})(A_i - \overline{A}) / \sum_{i=1}^{n} (\rho_i - \overline{\rho})^2$；$a$ 为截距，$a = \overline{A} - b\overline{\rho}$。

依次计算 b 和 a，数据填入表 5-3 中。

表 5-3　计算数据

$\rho_i - \overline{\rho}$	$(\rho_i - \overline{\rho})^2$	$\sum_{i=1}^{n} (\rho_i - \overline{\rho})^2$	$A_i - \overline{A}$	$(\rho_i - \overline{\rho})(A_i - \overline{A})$	$\sum_{i}^{n} (\rho_i - \overline{\rho})(A_i - \overline{A})$	b	a

将计算的 a，b 值代入方程 $A = b\rho + a$ 中，即得本次实验数据组的一元线性回归方程。

（2）绘制标准曲线　由（1）可知，当 $\rho = 0$ 时，$A = a$；当 $\rho = \overline{\rho}$ 时，$A = \overline{A}$。因此，以 ρ 为横坐标，A 为纵坐标过 $(0, a)$ 和 $(\overline{\rho}, \overline{A})$ 两点在 ρ 的浓度范围内作直线，此直线即本实验给定的数据组 (ρ_i, A_i) 所确定的一条最可靠的标准曲线。

（3）计算样品中苯甲酸含量　将实验测得（扣除空白 A_0）的样品吸光度 (A_x) 从曲线上找出相应的苯甲酸浓度 ρ_x，按下列公式计算样品中苯甲酸含量。也可将测得的 A_x 值代入一元线性回归方程中求得苯甲酸的浓度和样品中苯甲酸的含量，以此比较。

$$w = \frac{50\rho_x}{m \times \dfrac{25.0}{50.0} \times \dfrac{V}{50.0}}$$

式中，m 为样品的质量，mg；V 为样品测定时所取的第二次蒸馏液体积，mL；ρ_x 为从标准曲线上查得样品溶液中苯甲酸钠的质量浓度，mg·mL^{-1}。

六、思考题

1. 如何利用一元线性回归法绘制标准曲线及计算样品中苯甲酸含量？
2. 怎样安装蒸馏装置？

附录 4　UV9600 型紫外-可见分光光度计操作规程

1. 仪器测量前的调整

（1）接通电源，打开仪器右侧黑色开关（注：如紫外分析，将仪器左侧绿色紫外灯开关打开,否则仪器紫外灯开关关闭),将拉杆推至最里,预热 20～30 min。

（2）通过旋转调波长手轮,选定所需波长。

（3）将空白溶液、挡光块放入样品池,并关好样品室门。

（4）将空白溶液拉入光路,按 100％键进行调百,待液晶显示 T 值为 100％时表示已调整完毕。

（5）将挡光杆拉入光路,观察 T 值是否显示为零,如不是则按 0％键调零。

（6）将空白溶液再次拉入光路,观察 T 值是否为 100％,如不是则再次进行调百调零值直至参比的透过率(T)测量值为 100％,挡光块透光率(T)测量值为 0％时完成仪器的调整。

2. 透射比与吸光度的测量

在完成仪器的调整后,将样品放入样品池,将其拉入光路中,此时所显示的 T 与 A 值便是此样品的透过率与吸光度值。

注意：在测量过程中如果发现在拉入空白溶液时透过率不为 100％,并已超过误差范围时,需重新进行仪器的调整。

3. 实验结束

仪器使用完毕,取出比色皿,洗净晾干,关闭电源开关,拔下电源插头,然后罩好防尘护罩,复原仪器。

4. 注意事项

（1）不进行紫外分析时一定要将仪器紫外灯开关关闭,紫外分析时必须用石英比色皿。

（2）不可用手、滤纸或毛刷摩擦透光面,只能用绸布或擦镜纸擦。

（3）比色皿不准放在实验台上,只能放在仪器内或盒里,防止被打破。

（4）比色皿内液体不宜过多或过少,一般以 2/3～3/4 为宜。

（5）凡有腐蚀玻璃的物质的溶液（特别是碱性物质）不得长期盛放在比色皿中。

（6）不能将比色皿放在火焰或电炉上进行加热或在干燥箱内烘烤。

附录5　TU‑1810/1810S 紫外-可见分光光度计操作规程

1. 开机

依次打开打印机、计算机和主机电源。

2. 仪器初始化

在计算机窗口上双击 ▓ 图标,仪器进行自检,大约需要 4 min。如果自检各项都" 确定 ",进入工作界面,预热半小时后,便可任意进入以下操作。

3. 光度测量

文件(F)　编辑(E)　测量(R)　图形(G)　数学计算(M)　管理(A)　工具(T)　应用(P)　窗口(W)　帮助(H)

| ＋入 波长定位 | 0.00 | nm | ◎开始 | ◉停止 | 0.000 | Abs | 校零 | 基线 |

（1）参数设置

单击 按钮,进入光度测量。单击 ,设置光度测量参数,具体输入：① 相应波长值

（从长波到短波）；② 测光方式 $T\%$ 或 Abs（一般为 Abs）；③ 重复测量次数，是否取平均值，单击确认键退出设置参数。

（2）校零

单击 [校零]，在样品池中放入参比溶液，单击 [确定]。校完零后，取出参比溶液。

（3）测量

倒掉取出的参比溶液，放入样品溶液，单击 [开始]，即可测出样品的 Abs 值。

4. 光谱扫描

（1）参数设置

单击 [图]，进入光谱扫描。单击 [P]，设置光谱扫描参数：① 波长范围（先输长波再输短波）；② 测光方式 $T\%$ 或 Abs（一般为 Abs）；③ 扫描速度（一般为中速）；④ 采样间隔（一般为 1 nm 或 0.5 nm）；⑤ 记录范围（一般为 0～1）。单击 [确定] 退出参数设置。

（2）基线校正

单击 [基线]，在样品池中放入参比溶液，单击 [确定]。基线校正完毕后单击 [确定] 存入基线，取出参比溶液。

（3）扫描

倒掉取出的参比溶液，放入样品单击 [开始] 进行扫描，当扫描完毕后，单击 [检] 检出图谱的峰、谷波长值及 $T\%$ 或 Abs 值。

5. 定量测量

（1）参数设置

单击 [图]，进入定量测量。单击 [P]，设置具体参数：① 测量模式（一般为单波长）；② 输入测量波长值；③ 选择曲线方式（一般为 C＝K0A＋K1…）。单击 [确定] 退出参数设置。

（2）校零

在样品池中放入参比溶液，单击 [校零] 校零，校完后取出参比溶液。

（3）测量标准样品

将鼠标移动到标准样品测量窗口点击一次左键，倒掉取出的参比溶液，放入一号标准样品，单击 [开始] 输入相应的标液浓度单击 [确定]。以此类推将所配标准样品测完。检查曲线相关系数、K 值情况。

（4）样品测定

放入待测样品，将鼠标移动到未知样品测量窗口点击 [开始]，单击 [确定]，即可测出样品浓度。

6. 关机

退出紫外操作系统后，依次关掉主机、计算机和打印机电源。

第6章 红外光谱法

6.1 方法原理

物质分子在获得一定的光能之后,不仅可以引起分子中价电子跃迁,同时也会引起分子的振动和转动能级的跃迁,后一种跃迁所产生的光谱称为振动和转动光谱,亦称红外吸收光谱,简称红外光谱。

6.1.1 基本原理

1. 分子的振动

构成物质的分子都是由原子通过化学键联结而成的。原子与化学键不断运动,受光能辐射后发生跃迁,除了原子外层价电子的跃迁之外,还有分子中原子的相对振动和分子本身的绕核转动。上述分子中的各种运动形式都是由于吸收外来能量引起分子中能级跃迁所致的,每一个振动能级的跃迁都伴随着转动能级的跃迁,因此,通常得到的红外光谱实际上是振动-转动光谱。

2. 红外光谱产生的条件

当以红外光照射物质分子时,可能产生红外吸收。但并不是分子的任何振动都能产生红外吸收光谱,只有物质吸收了电磁辐射满足下列两个条件时,才能产生红外吸收光谱。

条件之一:光辐射的能量恰好能满足物质分子振动跃迁所需的能量。

条件之二:光辐射与物质之间能产生耦合作用,即物质分子在振动周期内能发生偶极矩的变化。

红外光谱产生的实质是外界光辐射的能量通过偶极矩的变化转移到了分子内部,使其吸收了光能产生了红外光谱。可见,只有发生偶极矩变化的振动才能引起可观的红外吸收峰。

对于对称分子如 N_2、O_2,由于其正负电荷中心重叠,即 $\Delta\mu=0$,故分子中原子的振动并不引起偶极矩的变化,所以它们的振动不产生红外吸收,这种振动称为非红外活性的;反之,则称为红外活性的,如 CO、HCl 等。

3. 吸收峰的强度及其影响因素

吸收强度一般用下列符号表示:

峰类型	vs——极强峰	s——强峰	m——中强峰	w——弱峰	vw——极弱峰
$\varepsilon_{max}/$ $(L \cdot mol^{-1} \cdot cm^{-1})$	>100	20~100	10~20	1~10	<1

(1) 基团的特征区与指纹区

基团特征区：在红外吸收光谱中，由伸缩振动产生的吸收带位于 4 000~1 330 cm^{-1}（波长为 2.5~7.5 μm）区域内。基团的特征吸收峰一般位于该高频范围内且峰呈现稀疏状，容易辨认。因此，它是基团鉴定工作有价值的区域，称该区域为基团特征区。

在该区域的 4 000~2 500 cm^{-1} 内为 X—H 伸缩振动（X=O、C、N、S 等），该区出现的吸收峰表明分子中有含氢的基团存在。

在 2 500~2 000 cm^{-1} 主要为累积双键及三键区。

在 2 000~1 500 cm^{-1} 为双键伸缩振动区域。另外还包括部分含单键基团的面内弯曲振动的基频峰。

指纹区：波数在 1 330~667 cm^{-1}（波长 7.5~15 μm）的区域称为指纹区。

在该区域中，各种官能团的特征频率缺乏鲜明的特征性。在指纹区包括单键的伸缩振动及变形振动所产生的复杂光谱。当分子结构稍有不同时，该区的吸收就有细微的差异，而且峰带非常密集，犹如人的指纹，故称指纹区。因此，可以利用分子结构上的微小变化引起的指纹区内光谱的明显变化来确定有机化合物的结构。

(2) 重要基团的特征吸收频率

在红外吸收光谱中，每一种红外活性的振动都将可能产生一个相应的吸收峰，因此，在红外吸收图谱上有相当多的吸收带，它们都具有自己特定的频率范围、形状和强度。所以，当我们试图用红外吸收光谱确定化合物中存在哪些官能团时，首先要考虑在基团特征区有哪些特征峰存在，同时以相关峰作为佐证。必要时，对于一些难确定的化合物还可借鉴激光拉曼光谱加以验证。

基团振动频率的大小主要取决于基团中原子的质量及化学键力常数，但其振动和转动又不是孤立的，而是要受到其他部分，特别是邻近的基团及化学键的影响，使基团的振动频率在一定频率范围内发生变化。此外，基团频率还受到溶剂及测定条件的影响。影响因素有如下几点。

① 电子效应。电子效应主要是诱导效应、共轭效应以及偶极场效应。

② 氢键效应。氢键效应是与质子给予体 X—H 与质子接受体 Y 形成氢键：X—H…Y（X、Y=N、O、F）。这种效应使电子云密度平均化，使键力常数降低，结果使振动频率向低波数方向移动。

③ 振动耦合效应。振动耦合是指当两个振动频率相近又相互靠得很近（共有一个公共原子）时，它们之间可能产生相互作用，使吸收峰分裂变成两个，一个高于正常频率，另一个则低于正常频率，这种作用也称为机械振动耦合效应。

以上 3 点称为内部因素。另外，还有 3 点外部因素。外部因素主要指测定化合物时物质的状态、溶剂效应以及仪器单色器的光学性能的好坏。

④ 物质的状态。同一物质因状态不同会有不同的红外光谱，这是由于状态不同，分子间相互作用力大小不一所致。物质在气态时，分子之间距离大，相互作用力很弱，彼此影响很小，因此常常在观察到振动吸收谱的同时也能看到转动吸收光谱的精细结构。

⑤ 溶剂的影响。在实际测定中,常常由于溶剂的种类、溶液浓度以及测定时温度的不同,即使同一种物质,也难得到一样的红外图谱。在极性溶剂中,极性基团的伸缩振动常常随溶剂极性的增大而降低,振动频率由大到小,而强度增大。

同一种化合物在不同的溶剂中吸收频率不同。在非极性溶剂中,化合物的特征频率变化不大。在红外光谱测定中常用的溶剂有 CCl_4、CH_3Cl、CS_2、CH_3CN 等。

⑥ 仪器的光学性能。现在的仪器多用分辨率高、波段范围宽的光栅,Michelson 干涉仪的干涉调频分光元件使仪器的光学性能得到了很大的提高。因此,傅里叶变换红外光谱仪的产生,大大扩大了红外光谱的应用范围。

6.1.2 分析方法

在红外光谱中,常用波长(λ)和波数(ν)表示谱带的位置,但更常用波数(ν)表示。若波长用 μm 为单位,波数就以 cm^{-1} 为单位,则两者关系如下:

$$\nu(cm^{-1}) = 1/\lambda(cm) = 10^4/\lambda(\mu m) \tag{6-1}$$

在红外光谱法中,一般多用 $T\%-\lambda$ 和 $T\%-\nu$ 曲线来描述红外吸收光谱。两种描述方法不同,所得到的图谱的外貌多有差异,即峰位置、峰的强度和形状往往不同。$T\%-\lambda$ 或 $T\%-\nu$ 曲线上的吸收峰是红外图谱上的谷。

6.2 仪器结构与原理

目前使用的红外分光光度计是自动扫描式双光束色散型红外光谱仪和傅里叶变换(Fourier-Transfer)红外光谱仪。

1. 色散型红外光谱仪

色散型红外光谱仪的组成部件与紫外-可见分光光度计相似,但对每一个部件的结构、所用的材料及性能等与紫外-可见分光光度计不同。它们的排列顺序也略有差异,红外光谱仪的样品是放在光源和单色器之间;而紫外-可见分光光度计是放在单色器之后。图 6-1 是色散型红外光谱仪工作原理示意图。

(1) 光源

红外光谱仪所用的光源通常是一种惰性固体,用电加热使之发射高强度的连续红外辐射。常用的有硅碳棒或 Nernst 灯。

硅碳棒是由碳化硅烧结而成的,工作温度为 1 200~1 500℃。由于它在低波数区域发光较强,因此使用波数范围宽,可以低至 200 cm^{-1}。它的优点是坚固,发光面积大,寿命长。

Nernst 灯是用稀土金属(锆、钇和钍)氧化物烧结而成的中空棒或实心棒。工作温度约为 1 700℃,在此高温下导电并发射红外线,但在室温下是非导体,因此在工作之前要预热。它的优点是发光强度大,尤其在大于 1 000 cm^{-1} 的高波数区,使用寿命长,稳定性较好;缺点是价格比硅碳棒贵,机械强度差,且操作不如硅碳棒方便。

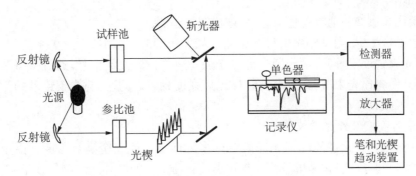

图 6-1　色散型红外光谱仪工作原理示意图

（2）吸收池

红外吸收池要用可透过红外光的 NaCl、KBr、CsI、KRS-5(TiI 58%，TlBr 42%)等材料制成窗片。

注意：用 NaCl、KBr、CsI 等材料制成窗片需注意防潮；固体试样常与纯 KBr 混匀压片，然后直接进行测定。

（3）单色器

单色器由光栅、准直镜和狭缝构成。

红外光谱仪常用几块光栅常数不同的光栅自动更换，使测定的波数范围更扩展且能得到更高的分辨率。

狭缝宽度可控制单色光的纯度和强度，然而光源发射的红外光在整个波数范围内不是恒定的，在扫描过程中，狭缝宽度将随光源的发射特性曲线自动得到调节，既要使到达检测器上的光的强度近似不变，又要达到尽可能高的分辨能力。

（4）检测器

常用的红外检测器是真空热电偶、热释电检测器和碲镉汞检测器。

① 真空热电偶。真空热电偶是利用不同导体构成回路时的温差电现象，将温差转变为电位差。它以一小片涂黑的金箔作为红外辐射的接受面，在金箔的一面焊有两种不同的金属、合金或半导体作为热接点，而在冷接点端（通常为室温）连有金属导线。当红外辐射通过窗口辐射到涂黑的金箔上时，热接点温度上升，产生温差电位差，在回路中有电流通过。而电流的大小则随照的红外光的强弱而变化。

② 热释电检测器。热释电检测器是用硫酸三甘肽 $(NH_2CH_2COOH)_3H_2SO_4$（简称 TGS）的单晶薄片作为检测元件。当红外辐射光照到薄片上时，引起温度升高，TGS 极化度改变，表面电荷减少，相当于"释放"了部分电荷，经过放大，转变成电压或电流的方式进行测量。其特点是响应速度快，噪声影响小，能实现高速扫描，故被用于傅里叶变换红外光谱仪中。

③ 碲镉汞检测器。碲镉汞检测器（MCT 检测器）是由宽频带的半导体碲化镉和半金属化合物碲化汞混合制成的，灵敏度高，响应速度快，适于快速扫描测量和 GC/FTIR 联机检测。

（5）记录系统

红外光谱仪一般都有记录仪自动记录谱图。新型的仪器还配有微处理机，以控制仪器的操作、谱图中各种参数、谱图的检索等。

将光源发射的红外光分成两束，一束通过试样，另一束通过参比，利用半圆扇形镜使试样光束和参比光束交替通过单色器,然后被检测器检测。

在光学零位法中,当试样光束与参比光束强度相等时,检测器不产生交流信号;当试样有吸收,两光束强度不等时,检测器产生与光强差成正比的交流信号,通过机械装置推动锥齿形的光楔,使参比光束减弱,直至与试样光束强度相等。此时,与光楔连动的记录笔就在图纸上记下了吸收峰。

2. 傅里叶变换红外光谱仪(FTIR)

以光栅作为色散元件的红外光谱仪在许多方面已不能完全满足需要。由于采用了狭缝,能量受到限制,因此,在 20 世纪 70 年代出现了新一代的红外光谱测量技术和仪器,它就是基于干涉调频分光的傅里叶变换红外光谱仪。这种仪器不用狭缝,因而消除了狭缝对于通过它的光能的限制,可以同时获得光谱所有频率的全部信息。

它具有许多优点:① 扫描速度快,测量时间短,可在 1 s 内获得红外光谱,适于对快速反应过程的追踪,也便于和色谱法联用;② 灵敏度高,检出限可达 $10^{-12}\sim 10^{-9}$ g;③ 分辨本领高,波数精度可达 0.01 cm^{-1};④ 光谱范围广,可研究整个红外区($10\,000\sim 10$ cm^{-1})的光谱;⑤ 测定精度高。

傅里叶变换红外光谱仪没有色散元件,主要由光源(硅碳棒、高压汞灯)、Michelson 干涉仪、检测器、计算机和记录仪等组成,见图 6 - 2。其核心部分是 Michelson 干涉仪,它将来自光源的信号以干涉图的形式送往计算机进行傅里叶变换的数学处理,最后将干涉图还原成光谱图。

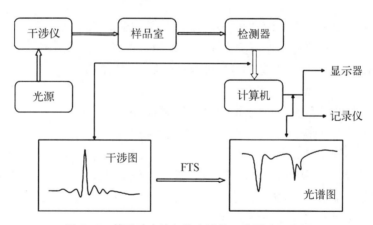

图 6 - 2　傅里叶变换红外光谱仪工作原理示意图

6.3　实验内容

实验一　薄膜法聚苯乙烯红外测定

一、目的及要求

1. 初步掌握红外光谱测定中制样原则、制样方法,掌握聚合物的几类制样方法。

2. 了解红外光谱的原理,掌握傅里叶变换红外光谱仪器的基本结构、使用方法。

3. 了解聚苯乙烯的光谱特征,进而了解聚合物的 IR 谱图制样和测定。

4. 结合理论教学,了解光谱图基团特征频率对谱图解析的意义。

二、实验原理

分子中的某些基团或化学键在不同化合物中所对应的谱带波数基本上是固定的或只在小波段范围内变化,因此许多有机官能团例如甲基、亚甲基、羰基、氰基、羟基、氨基等在红外光谱中都有特征吸收,通过红外光谱测定,人们就可以判定未知样品中存在哪些有机官能团,这为最终确定未知物的化学结构奠定了基础。利用这一特点,人们采集了成千上万种已知化合物的红外光谱,并把它们存入计算机中,编成红外光谱标准谱图库。现在只需把测得的未知物的红外光谱与标准库中的光谱进行比对,就可以迅速判定未知化合物的成分。

聚苯乙烯作为产量排名第三位的高分子材料,最突出的优点是电绝缘性能好,透明度高,制品最高使用温度为 $60\sim80℃$,是最耐热辐射的聚合物之一。该聚合物主要作为注模制品和电绝缘材料,也可以作为泡沫塑料。聚苯乙烯的软化点为 $105\sim130℃$,很容易热压成膜。在没有热压模具的条件下,薄膜可在金属、塑料或其他材料的平板之间压制。

聚苯乙烯的典型振动形式和频率有:苯环上不饱和碳氢基团伸缩振动 $3\ 125\sim3\ 000\ cm^{-1}$、亚甲基的反对称振动 $2\ 926\ cm^{-1}$、亚甲基的对称伸缩振动 $2\ 853\ cm^{-1}$、单取代苯环的环振动 $1\ 613\sim1\ 450\ cm^{-1}$,单取代苯环上的氢原子的面内变形振动 $1\ 070\ cm^{-1}$、$1\ 029\ cm^{-1}$ 和单取代苯环上的氢原子的面外变形振动 $757\ cm^{-1}$、$700\ cm^{-1}$。

三、仪器与试剂

1. 仪器

Nicolet_is 10 型傅里叶红外光谱仪。

2. 试剂

聚苯乙烯,CCl_4。

四、实验步骤

1. 查阅相关资料,了解样品来源、种类和特征,查找固体的制样方法,选择合适的制样方法。

(1) 配制浓度约为 12% 的聚苯乙烯四氯化碳溶液,用滴管吸取此溶液于干净的玻璃板上,立即用两端绕有细铅丝的玻璃棒将溶液推平,让其自然干燥(约 $1\sim2\ h$)。然后将玻璃板浸于水中,用镊子小心地揭下薄膜,再用滤纸吸去薄膜上的水,将薄膜置于红外灯下烘干。最后,将薄膜放在薄膜夹上测绘谱图。

(2) 将聚苯乙烯放置于酒精灯上方适宜处,加热至软化后,压片成膜。待聚苯乙烯片冷却后,用刮刀小心取下薄膜。

2. 聚苯乙烯薄膜固定在红外光谱仪上测定。

3. 谱图解析,聚苯乙烯的标准谱图见图 6-3。

五、数据处理

1. 记录实验条件(测定波数范围、参比物、室内温度、室内相对湿度)。

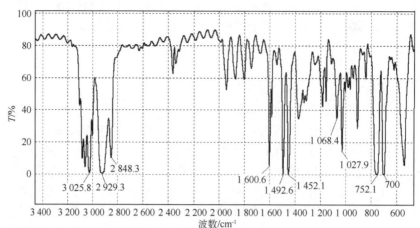

仪器型号=Nicolet_is 10；分辨率=4；扫描次数=32

图 6‑3　聚苯乙烯标准谱图

2. 在获得的红外吸收光谱上，从高波数到低波数标出各特征峰的频率，并指出各特征峰属于何种基团什么形式的振动。

3. 比较自制聚苯乙烯和聚苯乙烯标准谱图的红外光谱，指出它们之间的差别，并说明产生这些差别的原因。

六、思考题

1. 简要叙述红外光谱基团特征频率的几大区域及典型基团。

2. 产生红外吸收的条件是什么？是否所有的分子振动都会产生红外吸收？为什么？

实验二　苯甲酸红外吸收光谱的测绘——KBr 晶体压片法制样

一、目的及要求

1. 学习用红外吸收光谱进行化合物的定性分析。

2. 掌握用压片法制作固体试样晶片的方法。

3. 熟悉红外分光光度计的工作原理及其使用方法。

二、实验原理

在化合物分子中，具有相同化学键的原子基团，其基本振动频率吸收峰(简称基频峰)基本上出现在同一频率区域内。例如 $CH_3(CH_2)_5CH_3$、$CH_3(CH_2)_4C\equiv N$ 和 $CH_3(CH_2)_5CH=CH_2$ 等分子中都有—CH_3，—CH_2—基团，它们的伸缩振动基频峰与 $CH_3(CH_2)_6CH_3$ 分子的红外吸收光谱中—CH_3，—CH_2—基团的伸缩振动基频峰都出现在同一频率区域内，即在小于 $3\,000\ cm^{-1}$ 波数附近，但又有所不同。这是因为同一类型原子基团，在不同化合物分子中所处的化学环境有所不同，使基频峰频率发生一定移动。例如—C=O基团的伸缩振动基频峰频率一般出现在 $1\,860\sim1\,850\ cm^{-1}$，当它位于酸酐中时，为 $1\,820\sim1\,750\ cm^{-1}$；在酯类中时，为 $1\,750\sim1\,725\ cm^{-1}$；在醛类中时，为 $1\,740\sim1\,720\ cm^{-1}$；在酮类中时，为 $1\,725\sim1\,710\ cm^{-1}$；在与苯环共轭时,如乙酰苯中 $\nu_{C=O}$ 为 $1\,695\sim1\,680\ cm^{-1}$;在酰胺中时,为 $1\,650\ cm^{-1}$ 等。因此掌握各种原子基团基频峰的频率及其位移规律,就可应用红外吸收光谱来确定有机化合物分子中存在的原子基团及其在分子结构中的相对位置。

由苯甲酸分子结构可知,分子中各原子基团的基频峰的频率在 $4\,000\sim650\ cm^{-1}$,见表6-1。

表6-1 原子基团的基频峰的频率范围

原子基团的基本振动形式	基频峰的频率/cm⁻¹	原子基团的基本振动形式	基频峰的频率/cm⁻¹
$\nu_{=C-H}$(Ar 上)	3 077, 3 012	δ_{O-H}	935
$\nu_{C=C}$(Ar 上)	1 600, 1 582, 1 495, 1 450	$\nu_{C=O}$	1 400
δ_{C-H}(Ar 上邻接五氢)	715, 690	δ_{C-O-H}(面内弯曲振动)	1 250
ν_{O-H}(形成氢键二聚体)	3 000~2 500(多重峰)		

本实验用溴化钾晶体稀释苯甲酸标样和试样,研磨均匀后,分别压制成晶片,以纯溴化钾晶片作参比,在相同的实验条件下,分别测绘标样和试样的红外吸收光谱,然后从获得的两张图谱中,对照上述的各原子基团频率峰的频率及其吸收强度,若两张图谱一致,则可认为该试样是苯甲酸。

三、仪器与试剂

1. 仪器

(1) Nicolet_is 10 型傅里叶红外光谱仪;

(2) 压片装置;

(3) 压片机;

(4) 玛瑙研钵;

(5) 红外干燥灯。

2. 样品

(1) 苯甲酸、溴化钾:均为优级纯。

(2) 苯甲酸试样:经过提纯。

四、实验步骤

1. 开启空调机,使室内的温度为 $18\sim20\,℃$,相对湿度不大于 65%。

2. 苯甲酸标样、试样和纯溴化钾晶片的制作:

取预先在 $110\,℃$ 烘干 48 h 以上,并保存在干燥器内的溴化钾 150 mg 左右,置于洁净的玛瑙研钵中,研磨成均匀、细小的颗粒,然后转移到压片模具上(图6-4,图6-5)。依图6-4顺序放好各部件后,把压模置于图6-5中的 7 处,并旋转压力丝杆手轮 1 压紧压模,顺时针旋转放油阀 4 到底,然后一边放气,一边缓慢上下移动压把 6,加压开始,注视压力表8。当压力加到 $1\times10^5\sim1.2\times10^5\ kPa$ 时,停止加压,维持 $3\sim5\ min$,反时针旋转放油阀 4,加压解除,压力表指针指"0",旋松压力丝杆手轮 1 取出压模,即可得到直径为 13 mm,厚为 $1\sim2\ mm$ 透明的溴化钾晶片,小心从压模中取出晶片,并保存在干燥器内。

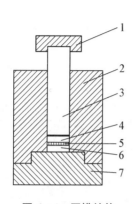

图6-4 压模结构
1—压杆帽;2—压模体;
3—压杆;4—顶模片;5—试样;
6—底模片;7—底座

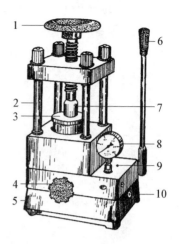

图6-5 压片机
1—压力丝杆手轮;2—拉力螺柱;3—工作台垫板;
4—放油阀;5—基座;6—压把;7—压模;8—压力表;
9—注油口;10—油标及入油口

另取一份150 mg左右的溴化钾置于洁净的玛瑙研钵中,加入2~3 mg优级纯苯甲酸,同上操作研磨均匀、压片并保存在干燥器中。

再取一份150 mg左右的溴化钾置于洁净的玛瑙研钵中,加入2~3 mg苯甲酸试样,同上操作制成样品,并保存在干燥器内。

3. 根据实验条件,将红外分光光度计按仪器操作步骤进行调节,测绘红外吸收光谱。

4. 在相同的实验条件下,测绘苯甲酸试样的红外吸收光谱。

五、数据处理

1. 记录实验条件。

2. 在苯甲酸标样和试样红外吸收光谱图上标出各特征吸收峰的波数,并确定其归属。

3. 将苯甲酸试样光谱图与其标样光谱图进行对比,如果两张图的各特征吸收峰及其吸收强度一致,则可认为该试样是苯甲酸。

六、注意事项

制得的晶片必须无裂痕,局部无发白现象,如同玻璃般完全透明,否则应重新制作。发白表示压制的晶片薄厚不匀;晶片模糊表示晶体吸潮,水在光谱图中3 450 cm^{-1}和1 640 cm^{-1}处出现吸收峰。

七、思考题

1. 红外吸收光谱分析对固体试样的制片有何要求?

2. 如何着手进行红外吸收光谱的定性分析?

3. 红外光谱实验室的温度和相对湿度为什么要维持一定的指标?

实验三 间、对二甲苯的红外吸收光谱定量分析——液膜法制样

一、目的及要求

1. 学习红外吸收光谱定量分析基本原理。
2. 掌握基线法定量测定方法。
3. 学习液膜法制样。

二、实验原理

红外吸收光谱定量分析与紫外-可见分光光度定量分析的原理和方法,原则上是相同的,它的定量基础仍然是朗伯-比尔定律。但在测量时,由于吸收池窗片对辐射的发射和吸收,试样对光的散射引起辐射损失,仪器的杂散辐射和试样的不均匀等都将导致测定误差,因而给红外吸收光谱定量分析带来一些困难,需采取与紫外-可见分光光度法所不同的实验技术。

由于红外吸收池的光程长度极短,很难做成两个厚度完全一致的吸收池,而且在实验过程中吸收池窗片易受到大气和溶剂中夹杂的水分侵蚀,而使其透明特性不断下降,所以在红外测定中,透过试样的光束强度,通常只简单地同以空气或只放一块盐片作为参比的参比光束进行比较,并采用基线法测量吸光度。基线法如图 6-6 所示。测量时,在所选择的被测物质的吸收带上,以该谱带两肩的公切线 AB 作为基线,在通过峰值波长 t 处的垂直线和基线相交于 r 点,分别测量入射光和透射光的强度 I_0 和 I,按照 $A = \lg(I_0/I)$,求得该波长处的吸光度。

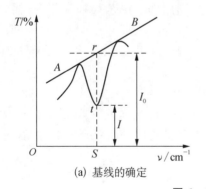

(a) 基线的确定　　(b) 工作曲线

图 6-6 基线法

三、仪器与试剂

1. 仪器

(1) 红外分光光度计;
(2) 金刚砂纸和 5 号铁砂纸;
(3) 麂皮革;
(4) 红外干燥灯;
(5) 平板玻璃(20 cm×25 cm)。

2. 试剂

(1) 邻、间、对二甲苯(分析纯);

(2) 溴化钾(优级纯);

(3) 无水酒精(分析纯)。

四、实验条件

1. 红外分光光度计型号：Nicolet_is 10 型。

2. 测量波数范围：4 000～650 cm^{-1}。

3. 参比物：空气。

4. 扫描速度：32 次/s。

5. 室温：18～20℃。

6. 相对湿度不大于 65%。

五、实验步骤

1. 开启空调机,使室内的温度为 18～20℃,相对湿度不大于 65%。

2. 处理氯化钠单晶块：

从干燥器中取出氯化钠单晶块,在红外灯的辐射下,置于垫有平板玻璃的 5 号铁砂纸上,轻轻擦去单晶块上下表层,继而在金刚砂纸上轻擦之,然后再在麂皮革上摩擦,并不时滴入无水酒精,直擦到单晶块上、下两面完全透明,保存于干燥器内备用。

3. 配制间二甲苯和对二甲苯的混合标样：

分别吸取 2.50 mL、3.50 mL、4.50 mL 间二甲苯于 3 只 10 mL 容量瓶中,依次加入 4.50 mL、3.50 mL、2.50 mL 对二甲苯,然后分别用邻二甲苯稀释至刻度,摇匀,配制成 1$^\#$,2$^\#$,3$^\#$混合标样。

4. 取不含邻二甲苯的试液 7.00 mL 于 10 mL 容量瓶中,用邻二甲苯稀释至刻度,摇匀,配制成 4$^\#$混合试样。

5. 标样液膜的制作(包括邻、间、对 3 种二甲苯)：

取两块已处理好的氯化钠单晶块,在其中一块的透明平面上放置间隔片 5,于间隔片的方孔内滴加一滴分析纯邻二甲苯溶液,将另一单晶块的透明平面对齐压上,然后将它固定在支架上,见图 6-7。

这样两单晶块的液膜厚度约为 0.001～0.05 mm,随后以同样方法制作间二甲苯和对二甲苯纯标样液膜,然后把带有标样液膜的支架安置在主机的试样窗口上,以空气作参比物。

6. 以相同的实验条件,将红外分光光度计按仪器的操作步骤进行调节,然后分别测绘以上制作的 3 种标样液膜的红外吸收光谱。

7. 按同样方法制作 1$^\#$,2$^\#$,3$^\#$混合标样和 4$^\#$混合试样的液膜,并以相同的实验条件,分别测绘它们的红外吸收光谱。

六、数据处理

1. 记录实验条件。

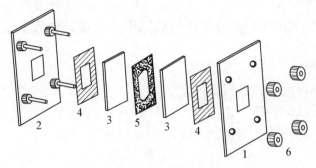

图 6-7　可拆式液体池

1—前框；2—后框；3—红外透光窗盐片；4—垫圈（氯丁橡胶或四氯乙烯）；
5—间隔片（铅或铝）；6—螺帽

2. 所测绘的 3 种纯标样红外吸收光谱图上，标出各基团基频峰的波数及其归属，并讨论这 3 种同分异构体在光谱上的异同点。

3. 测绘的混合标样和混合试样的红外吸收光谱图上，依照图 6-6(a) 的基线法对邻二甲苯特征吸收峰 743 cm^{-1}，间二甲苯特征吸收峰 692 cm^{-1} 和对二甲苯特征吸收峰 792 cm^{-1} 作图，并标出各自 I_0 和 I 值，列入表 6-2 中，同时计算 $\lg(I_0/I)_{试样}/\lg(I_0/I)_{内标}$（以邻二甲苯作内标）。

表 6-2　实验数据记录及处理表

		1	2	3	4
邻二甲苯(743 cm^{-1})	I_0				
	I				
间二甲苯(692 cm^{-1})	I_0				
	I				
对二甲苯(792 cm^{-1})	I_0				
	I				
$\lg\left(\dfrac{I_0}{I}\right)_{试样}\Big/\lg\left(\dfrac{I_0}{I}\right)_{内标}$	间二甲苯				
	对二甲苯				

4. 分别作间二甲苯和对二甲苯的 $\left[\lg(I_0/I)_{试样}/\lg(I_0/I)_{内标}\right]$-$c/\%$ 标准曲线，并在标准曲线上查出试样中的间二甲苯和对二甲苯的 $c/\%$，进一步计算原试样中这两种成分的含量。

七、思考题

1. 红外吸收光谱定量分析为什么要采用基线法？

2. 采用液膜法进行红外光谱定量，应注意哪些问题？

3. 试举例说明基线作图如何确定 I_0 与 I 值。

实验四 奶粉主要营养成分的傅里叶变换红外光谱法分析

一、目的及要求

1. 进一步熟悉红外分光光度计的仪器结构。
2. 掌握 KBr 压片的方法。
3. 用红外光谱法分析奶粉中的主要营养成分。

二、实验原理

红外光谱根据不同的波数范围分为近红外区($13\ 330\sim4\ 000\ cm^{-1}$)、中红外区($4\ 000\sim650\ cm^{-1}$)和远红外区($650\sim10\ cm^{-1}$)三个光区。其中,中红外区是应用最早和最广的一个区,大多数有机化合物和无机离子的基频振动吸收都落在中红外区。化合物分子中所含的化学键或官能团不同,或官能团所处的化学环境不同,其振动能级从基态跃迁到激发态所需能量不同会吸收不同波长的红外光,形成不同的红外光谱图,而相关吸收峰的高度与其含量成正比。因此,红外光谱法被广泛用于有机物的定性和定量研究。

奶粉中的主要营养成分脂肪、蛋白质和糖等在红外光区有典型的特征吸收峰,其中脂肪的特征峰为 $\nu_{CH_2}(2\ 925\pm1)cm^{-1}$、$\nu_{CH_2}(2\ 854\pm1)cm^{-1}$ 和 $\nu_{C=O}(1\ 746\pm1)cm^{-1}$;蛋白质的特征峰为 $\nu_{C=O}\ 1\ 680\sim1\ 630\ cm^{-1}$ 和 $\nu_{N-H,\ C-N}1\ 570\sim1\ 510\ cm^{-1}$;糖的特征峰为 $\nu_{O-H}3\ 800\sim3\ 200\ cm^{-1}$、$930\sim900\ cm^{-1}$ 和 $785\sim755\ cm^{-1}$ 处的环振动峰。不同奶粉红外谱图的区别主要表现在脂肪、蛋白质和糖的特征吸收峰的峰高、峰面积以及糖 $\nu_{C=O}1\ 200\sim900\ cm^{-1}$ 处振动峰不同。脱脂和低脂奶粉红外谱图中 $\nu_{CH_2}(2\ 925\pm1)cm^{-1}$、$\nu_{CH_2}(2\ 854\pm1)cm^{-1}$ 和 $\nu_{C=O}(1\ 746\pm1)cm^{-1}$ 脂肪吸收峰强度很低或缺失,蛋白质吸收峰 $\nu_{C=O}1\ 659\ cm^{-1}$ 很显著;$\nu_{O-H}3\ 366\ cm^{-1}$ 呈光滑的强宽峰;全脂奶粉红外谱图中,$\nu_{CH_2}(2\ 925\pm1)cm^{-1}$ 吸收峰是谱图中的最高峰;$\nu_{O-H}3\ 344\ cm^{-1}$ 呈光滑的强宽峰。

三、仪器与试剂

1. 仪器

(1) Nicolet_is 10 型傅里叶红外光谱仪;
(2) 压片机;
(3) 玛瑙研钵;
(4) 红外干燥灯。

2. 试剂

脱脂、低脂、全脂奶粉。

四、实验步骤

1. 了解样品来源、种类和特征。
2. KBr 压片。
3. 红外分光光度的测定。
4. 谱图解析。

五、数据处理

1. 记录实验条件（测定波数范围、参比物、室内温度、室内相对湿度）。

2. 在得到的脱脂、低脂和全脂奶粉的红外吸收光谱图上，标出各特征吸收峰的波数，并确定其归属。

3. 将这3种奶粉进行比较，指出它们之间的差别，并说明原因。

六、思考题

1. 制样方法对红外光谱有何影响？如何选择？

2. 如何区别不同脂肪含量的奶粉？

实验五 顺、反-丁烯二酸的区分

一、目的及要求

1. 用红外光谱法区分丁烯的两种几何异构体。

2. 练习使用 KBr 压片法制样。

二、实验原理

区分烯烃顺、反异构体，常常借助位于 $1\,000\sim650\ cm^{-1}$ 的 γ_{C-H} 谱带。

烷基型烯烃的顺式结构出现在 $730\sim675\ cm^{-1}$，反式结构出现在约 $960\ cm^{-1}$ 处。当取代基变化时，顺式结构峰位变化较大，反式结构峰位基本不变，因此在确定异构体时非常有用。除上述谱带外，对于丁烯二酸，位于 $1\,710\sim1\,580\ cm^{-1}$ 波数范围的光谱也很有特点。

a. 顺式结构　　　　　　b. 反式结构

　顺-丁烯二酸和反-丁烯二酸的区别，是分子中两个羧基相对于双键的几何排列不同。顺-丁烯二酸分子结构对称性差，加之双键与羧基共轭，在约 $1\,600\ cm^{-1}$ 处出现很强的 $\nu_{C=C}$ 谱带；反-丁烯二酸分子结构对称性强，双键位于对称中心，其伸缩振动无红外活性，在光谱中观察不到吸收谱带。另外，顺-丁烯二酸只能生成分子间氢键，其羧基谱带位于 $1\,705\ cm^{-1}$，接近羧基 $\nu_{C=O}$ 频率的正常值；而反-丁烯二酸能生成分子内氢键，其碳基谱带移至 $1\,680\ cm^{-1}$。因此，利用这一区间的谱带可以很容易地将这两种几何异构体区分开来。

三、仪器与试剂

1. 仪器

（1）红外光谱仪；

（2）压片装置（压膜、油压机、真空泵）；

（3）玛瑙研钵；

（4）不锈钢刮刀。

2. 试剂

（1）溴化钾粉末（分析纯）；

（2）顺-丁烯二酸（分析纯）；

（3）反-丁烯二酸（分析纯）。

四、实验步骤

1. 将 2～4 mg 顺-丁烯二酸放在玛瑙研钵中磨细至 2 μm 左右，再加入 200～400 mg 干燥的 KBr 粉末继续研磨 3 min，混合均匀。

用不锈钢刮刀移取 200 mg 混合粉末于压模的底磨面上，中心可稍高一些。小心降下柱塞，并用柱塞一面捻动一面稍加压力使粉末完全铺平，慢慢拔出柱塞。放入顶模和柱塞，把模具装配好，置于油压机下。

将模具连上真空泵，在 10～30 L/min 抽速下预排气 5 min，逐渐加压到 7 500 kgf/cm²[①]；持续 5 min 后拆除真空泵，缓缓降压，取出压模。除去底座，用取样器顶出锭片。

2. 用同样方法制得反-丁烯二酸的锭片。

3. 分别录制谱图。

五、数据处理

根据实验所得的两张谱图，鉴别顺、反异构体。同时查阅谱图，将顺、反-丁烯二酸的 Sadtler 谱图与标准谱图相对照，以做进一步确证。

六、思考题

1. 何谓指纹区？它有什么特点和用途？

附录 6　Nicolet_is 10 型傅里叶红外光谱仪的操作规程

1. 开机与自检

（1）按光学台、打印机及电脑的顺序开启仪器，光学台开启后 3min 即可稳定。

（2）点击桌面上的快捷方式，选择 软件。

（3）仪器自检：当打开软件后，仪器将自动检测；当联机成功后， 将出现。

（4）主机控制按钮左上角的两个指示灯分别代表激光和扫描。激光指示灯常亮，扫描指示灯闪烁。如果出现问题时，激光指示灯将熄灭。

2. 样品 ATR 检测

（1）垂直安放 ATR 试验台（见附录图 6-1），旋上探头，保持探头尖端距离平台一定高度。此时电脑显示智能附件，自检后，点击"确定"。

（2）将样品（固体或者液体的 pH=5～9，非腐蚀性、非氧化型、不含 Cl⁻ 的有机溶剂）放

---

① 　1 kgf/cm² = 98.066 5 kPa。

在平台的检测窗上,将探头对准检测窗,顺时针旋下,紧贴样品,直到听见一声响声后开始采集数据。

（3）清洗样品台,更换样品或结束实验时,用酒精棉擦洗检测台,等待其自然风干。

3. 样品 E.S.P.检测

安装样品架(见附录图 6-1),电脑显示附件。自检后,点击"确定"。把制备好的样品放入样品架,然后插入仪器样品室的固定位置上,待稳定后采集数据。

（a）ATR 试验台　　　　　　　　　　　（b）样品架

附录图 6-1

4. Omnic 软件操作

（1）进入采集,选择实验设置对话框(见附录图 6-2),设置实验条件。

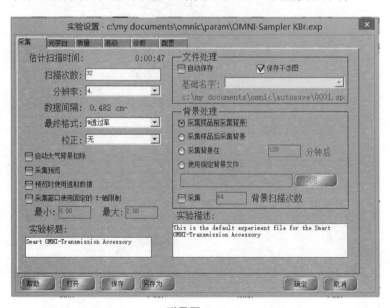

附录图 6-2

① 扫描次数通常选择"32"。

② 分辨率指的是数据间隔,通常固体、液体样品分辨率选"4",气体样品分辨率选择"2"。

③ 校正选项中可选择交互 K-K 校正,消除刀切峰。

④ 采集预览相当于预扫描。

⑤ 文件处理中的基础名字可以添加字母,以防止保存的数据覆盖之前保存的数据。

⑥ 可以选择不同的背景处理方式:采样前或者采样后采集背景;采集一个背景后,在之后的一段时间内均采用同一个背景;选择之前保存过的一个背景。

⑦ 光学台选项中,范围在 6～7 为正常。

⑧ 诊断中可以进行准直校正(通常一个月进行一次,相当于能量校正)和干燥剂试验。

(2) 设定结束,点击确定,开始测定(以采集样品前采集背景为例)。

① 点击  采集样品,弹出对话框。输入图谱的标题,点击"确定",见附录图 6-3。

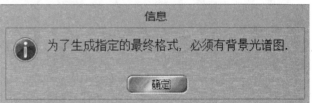

附录图 6-3

② 再次弹出对话框提示准备背景采集,见附录图 6-4。

附录图 6-4

③ 背景采集后,再次弹出对话框提示准备样品,插入样品,点击"确定",开始采集。采集后点击"是",添加到新窗口,见附录图 6-5。

附录图 6-5

(3) 可对采集的光谱进行处理,附录图 6-6 中的按钮分别为选择谱图、区间处理、读坐标(按住"Shift"直接读峰值)、读峰高(按住 Shift 自动标峰,调整校正基线)、读峰面积、标信息(可拖拽)、缩放和移动。

(4) 采集结束后,保存数据,存成 SPA 格式(Omnic 软件识别格式)和 CSV 格式(Excel可以打开)。

附录图 6－6

（5）用 ATR 测定时，只要点击 ，按照提示进行测定。测定结束后，需清理试验台，用无水乙醇清洗探头和检测窗口，晾干后测定下一个样品。

5. 数据分析

（1）基团定性

根据被测化合物的红外特性吸收谱带的出现来确定该基团的存在。

（2）化合物定性

从待测化合物的红外光谱特征吸收频率（波数），初步判断属何类化合物，然后查找该类化合物的标准红外谱图，待测化合物的红外光谱与标准化合物的红外光谱一致，即两者光谱吸收峰的位置和相对强度基本一致时，则可判定待测化合物是该化合物或近似的同系物。也可同时测定在相同制样条件下的已知组成的纯化合物，待测化合物的红外光谱与该纯化合物的红外光谱相对照，两者光谱完全一致，则待测化合物是该已知化合物。

（3）未知化合物的结构鉴定

未知化合物必须是单一的纯化合物。测定其红外光谱后，进行定性分析，然后与质谱、核磁共振及紫外吸收光谱等共同分析确定该化合物的结构。

（4）定量分析

一般情况下很少采用红外光谱做定量分析，因分析组分有限，误差大，灵敏度较低，但仍可采用红外定量分析的方法或仪器附带的软件包进行。

6. 期间检查

为了保证仪器随时处于良好状态，在两次仪器检定之间至少对仪器进行一次期间检查。期间检查的主要参数包括：① 仪器能量值；② 基线噪声；③ 基线倾斜及波数重复性。

7. 其他注意事项

（1）在主机背面 Purgein 口，可安装氮气吹扫，必须用高纯氮气，吹扫气体压力控制在 0.15～0.30 MPa。

（2）如果需要搬动仪器，需要用光学台内的海绵固定镜子，防止搬动过程中损坏仪器。

（3）注意仪器防潮，光学台上面干燥剂位置的指示变红则需更换干燥剂。

（4）样品仓、检测器仓内分别放置一杯变色硅胶，吸收仪器内的水蒸气。

（5）红外压片时，所有模具应该用酒精棉擦洗干净。

（6）取用 KBr 时，不能将 KBr 污染，以免影响实验精度。

（7）红外压片时，样品量不能加得太多，样品量和 KBr 的质量比大约在 1∶100。

（8）用压片机压片时，应该严格按操作规定操作：压片模具的不锈钢小垫片应该套在中心轴上，压片过程中移动模具时应小心，以免小垫片移位。压片机使用时压力不能过大，以免损坏模具。压出来的片应该较为透明。

（9）采集背景信息时应将样品从样品室中拿出。

（10）用 ATR 附件时，尽量缩短使用时间。

（11）实验室应该保持干燥，大门不能长期敞开。

（12）如操作过程中出现失误弄脏检测窗口，不可用含水物清洗，应用洗耳球吹去污染物。

附录7 NEXUS-670型傅里叶红外光谱仪操作规程

1. 启动 Omnic 软件

使用下列方法之一启动 Omnic 红外软件系统：① 在 Windows 系统桌面上双击该软件图标；② Srart→Program→Thermo Nicolet→Omnic；③ 用 Windows 系统中的快捷方式启动。

2. Omnic 显示面板

（1）Omnic 是一种与窗口软件充分兼容的软件，可以显示一个或多个显示窗口，当显示多个窗口时，可以选择平铺或层叠方式，但其中只有一个是活动窗口（被选中的）。光谱图可以在窗口间拖动、复制与粘贴，而且可以把复制的光谱图直接粘贴到其他应用程序的文本文件中，为发表文章或书写报告带来方便。

（2）在每个显示窗口中，可以显示一个到多个光谱图，最后加入的光谱是自动被选中的，缺省颜色是红色。在对光谱进行进一步处理时，需要或可以同时处理多个光谱。需要有多个被选中的光谱时，通过按住 Ctrl 或 Shift 键操作鼠标来增减被选中光谱。

（3）标题框在光谱窗口的上面，标题内容为人工输入，或根据使用的需要，通过"选项"设定的方式中适当选择自动生成。

（4）按"信息按钮"或双击"标题框"中的标题，打开"选中"光谱的采集和数据处理记录的窗口，在其中的注释等若干框中，可以输入文字信息，这些信息可以随同谱图一起打印，其他的记录为非编辑内容。

（5）当显示多个光谱图时，按"标题框"右边的箭头，显示出所有谱图的标题表。点击标题表（选中）后，用箭头键可以改变被选中的光谱，同时可以编辑被选中的光谱的标题。按住 Ctrl 或 Shift 对标题表或窗口中的光谱点击鼠标左键，可以增加或减少一个或多个被选中的光谱。

（6）图标工具是用来定义鼠标功能的：选择、范围、坐标、峰高、峰面积、标注。

（7）"取景窗"中显示有完整的光谱图（被选中的），并指明光谱在窗口中的显示范围。

（8）快捷工具图标的使用使操作更为便捷。

3. 数据采集设置

从"Collect"下选"Experiment Setup"，就打开了它的窗口，从中选择与采集有关的条件和参数，也可以调用现有的参数组文件（.exp）或保存调整选择好的条件。

（1）Collect 选项卡中可以选择：扫描次数（Number of Scans）、分辨率（Resolution）、光谱格式（Final Format）、校正（Correction）、文件管理（File Handling）、背景管理（Background Handling）、环境干扰补偿（Automatic AtmospHeric Suppresion）、光谱预览（Preview Data Collection），在采集光谱之前需要核实或调整样品时选用。

（2）Bench 选项卡，从中可以检查红外干涉信号强度并包括：增益（Gain），调整红外干涉信号强度，一般将 Max 调到 2～8 V；速度（Velocity），取决于检测器和应用（速度及响应）；光栏（Aperture），取决于光谱分辨率、光强的调整（也可以使用衰减屏）；光谱范围（Spectral Range），可根据需要变更样品位置（Sample Compartment）。对于红外系统，在指定光谱范围后,一系列其他参数均可由软件自动配套完成设置。

（3）Quality 选项卡,通过适当设定需要检查的各个因素及其程度等,系统在采集过程中即时指示并记录相关因素的状态,用于保证光谱质量。使用时注意,因素及其（量化）程度选择必须适当,否则软件不能提供正确的提示。Use Spectral Quality Checks 决定是否使用此项功能。

（4）Advanced 选项卡中的参数选择中：Zero Filling 用以改善谱图曲线的连续性；Apodization 变迹（切趾）函数,在分辨率与信噪比之间权衡,其中 Boxcar 应用于高分辨率；Blackman-Harris 应用于高信噪比,而 Happ-Genzel 最常用,它兼顾了信噪比和分辨率；Phase Correction 相位校正；Low（High）Pass Filter 低（高）通滤波器转折频率。

4. 背景与样品数据文件的采集

根据上面的顺序,用 Collect Background 和 Collect Sample 的指令进行数据采集。在背景管理中选择前两项之一时,背景要按照提示的顺序采集。选择第三项时,后面输入的数值就是设定的背景有效使用分钟数,到时候软件会提示需要重新采集背景。

5. 显示、打印与存盘

（1）选择光谱：采集好的光谱可以以重叠或分层的方式显示到指定的窗格中。最后加入或被点击的光谱图是红色的,即"选中的"。

（2）显示范围（坐标）：其大小可以通过① Display Limits 输入数值；② 拖动鼠标；③ 取景窗（X 轴）；④ View 菜单中 Full,Common,Match,Offset-Scale（Y 轴）；⑤ Roll/Zoom Window 工具等来调整。

（3）使用 Find Peaks 或标峰位置,用"图标工具"进行峰高、峰面积测量与标注等操作。

（4）通过打开（Open）、剪切（Cut）、删除（Clear）、拷贝（Copy）、粘贴（Paste）、保存光谱图（Save,Save As）和保存光谱图组（Save Group）进行文件管理。

（5）显示设置（Display Setup）：① 显示项目；② 注释方式及项目；③ X 轴格式,是否对低波数范围扩展或者以波长为单位；④ 分层（Stack）显示光谱的个数；⑤ 所要显示有关采样信息的选项。

（6）打印：① 按照显示直接打印；② 按照报告模板（Report Template）打印。显示与打印的有关系统设置在 Edit→Option 中选择。

6. 数据的分析处理

（1）转换

透过（Transmittance）与吸收（Absorbance）之间的转换。Other Conversions 为其他转换,包括漫反射、光声光谱、反射率的对数和 X 轴的波数/波长转换。

（2）数据处理

Reprocess：再处理,须存有干涉图、单光束光谱图。

Baseline Correct/Automatic：基线校正/自动基线校正,基线校正须对吸收图操作,自动基线校正对于基线不是简单倾斜的图的校正结果较差。

Other Corrections：其他校正,包括 K-K、ATR.、H_2O 和 CO_2 校正。

Blank/Straight Line：使空白/直线生成。

Subtract：差谱。

Fourier Self-Deconvolution：自去卷积,以改善峰重叠。

Smooth/Automatic：平滑/自动平滑，以压缩噪声，但分辨率会有不同程度下降。

Change Data Spacing：改变数据点的间隔，用以不同分辨率间的比较和处理。

Derivative：导数光谱。

Spectral Math：数学运算。

Multiply：乘（某一系数）。

Add：相加（两个光谱）。

Normalize Frequency：频率标准化。

Normalize Scale Y：坐标标准化。

7. 报告

报告是 Omnic 软件特有的一种数据输出形式。通过模板(Template)的选用和编辑，使用者可以以各种形式打印、存储报告。报告存储在 Notebook 中，以便用各方面信息进行查询(检索)。

Template：调用、编辑模板和新模板创建。

Preview/Print Report：预览、打印报告或另选模板。

New Notebook：新建 Notebook。

Add to Notebook：将报告加入 Notebook。

View Notebook：查询、浏览和打印 Notebook 以及在 Notebook 中检索某些相关信息。

第7章 气相色谱法

7.1 方法原理

7.1.1 基本原理

色谱法是分离、分析多组分混合物质的一种有效的物理及物理化学分析方法。它利用混合物中各组分在两相间分配系数的差异,当两相做相对移动时,各组分在两相间进行多次分配,从而获得分离。与其他分离方法如蒸馏、结晶、沉淀、萃取法相比,色谱法具有极高的分离效率,不仅可使许多性质相近的混合物分离,还可使同分异构体获得分离。它已成为各种实验室的常规手段,是分析化学的重要分支。其分离原理主要是:当流动相中所含混合物经过固定相时,就会与固定相发生作用,由于各组分在性质和结构上的差异,与固定相发生作用的大小、强弱也有差异,因此在同一推动力作用下,不同组分在固定相中的滞留时间有长有短,从而按先后不同的次序从固定相中流出。

色谱法的优点是高效能,由于色谱柱具有很高的板数,每米填充柱约为几千块板,毛细管柱可高达 $10^5 \sim 10^6$ 块/m,因此在分离多组分的复杂混合物时,可以高效地将各个组分分离成单一色谱峰。气相色谱法另外一个优点是高选择性,它能够对同位素、空间异构体进行有效的分离。分离速度快是其又一个优点,一般分析一个试样只需几分钟或几十分钟便可完成。常用于气相色谱的检测器多达十余种,高灵敏度的检测器,如氢火焰检测器,对某些物质的灵敏度可高达 $10^{-14} \sim 10^{-11}$ g。因此,气相色谱已经成为痕量物质、大气污染物以及农药残留等分析的有效手段。综上所述,由于气相色谱的诸多优点,其应用遍布生态平衡、环境保护、能源供求、材料科学以及航天事业等多个学科领域,在国民经济中发挥了重要作用。

7.1.2 分析方法

气相色谱分析法有定性分析和定量分析两种。

1. 定性分析

色谱定性分析就是要确定色谱图中每个色谱峰究竟代表什么组分。在通常的色谱仪中缺少定性的检测器,除非与质谱、红外检测器联用,依靠色谱仪强有力的分离能力,质谱、红外光谱检测器再给出每个峰的具体定性信息,最终确定各组分,但仪器联用价格很高。一般色谱仪使用的检测器,再加上色谱知识,也能给出一些定性信息。

（1）纯物质对照定性

在一定的操作条件下，各组分的保留时间是一定的。因此，对组成不太复杂的样品，若欲确定色谱图中某一未知色谱峰所代表的组分，可选择一系列与未知组分相接近的标准物质，依次进样，当某一物质与未知组分色谱峰保留值相同时，即可初步确定此未知峰所代表的组分。

纯物质对照定性是气相色谱定性分析中最简单、最可靠的方法。

（2）用保留指数定性

保留指数是将正构烷烃的保留指数规定为 $100N$（N 代表碳数），而其他物质的保留指数，则用两个相邻正构烷烃保留指数进行标定而得到，并以均一标度来表示。某物质 A 的保留指数可由下式计算

$$I_A = 100N + 100\frac{\lg t'_{R(A)} - \lg t'_{R(N)}}{\lg t'_{R(N+1)} - \lg t'_{R(N)}} \qquad (7-1)$$

式中，I_A 是被测物质的保留指数；$\lg t'_{R(A)}$ 是被测物质的调整保留时间；$\lg t'_{R(N)}$，$\lg t'_{R(N+1)}$ 分别为碳数为 N 和 $N+1$ 的正构烷烃的调整保留时间。

（3）用保留值经验规律定性

① 碳数规律。在一定的柱温下，同系物保留值的对数与分子中的碳原子数呈线性关系，可表示为

$$\lg t'_R = an + b \qquad (7-2)$$

式中，n 为碳原子数；a 为直线斜率；b 为截距。

② 沸点规律。同一族具有相同碳原子数的异构体其保留值的对数与其沸点呈线性关系，可表示为

$$\lg V_g = a_1 T_b + b_1 \qquad (7-3)$$

式中，T_b 为沸点；a_1 为直线斜率；b_1 为截距。

（4）与其他方法结合的定性分析方法

① 化学方法配合进行定性分析。有些官能团的化合物与某试剂发生化学反应可从样品中去除，通过比较处理前后的两个色谱图就可确认未知组分属于哪类化合物。

② 质谱、红外光谱等仪器联用。对于较复杂的混合物，可以依靠色谱强有力的分离能力，将其分离成单组分，再利用质谱、红外光谱进行定性鉴定。其中气相色谱和质谱的联用是目前解决复杂未知物定性问题的最有效的工具之一。

2. 定量分析

定量分析的依据是被测组分的量 W_i 与检测器的响应信号（峰面积或峰高）成正比，即

$$W_i = f_i \cdot A_i \qquad (7-4)$$

其比例常数 f_i 称为定量校正因子，通常称为绝对校正因子。

（1）峰面积的测量

① 对称峰。对称峰可近似看作一个等腰三角形，按照三角形求面积的方法，峰面积为峰高乘以半峰宽，即

$$A_i = h_i \cdot W_{\frac{1}{2}(i)} \tag{7-5}$$

本法计算所得的峰面积只有实际峰面积的 0.94，做相对运算时没有影响。如果要求真实面积，应乘以系数 1.065。

② 不对称峰。不对称峰的峰面积的计算方法为取峰高 0.15 和 0.85 处的峰宽平均值乘以峰高，即

$$A_i = \frac{1}{2}(W_{0.15h} + W_{0.85h}) \cdot h \tag{7-6}$$

（2）定量校正因子

同一种物质在不同检测器上有不同的响应信号，不同物质在同一检测器上响应信号也不同。为了使检测器产生的响应信号能真实地反映出物质的量，就要对响应值进行校正而引入定量校正因子。

① 相对质量校正因子$(F_{i/s})$。相对质量校正因子指某组分(i)与标准物质(s)绝对校正因子之比，其表达式为

$$F_{i/s} = \frac{f_i}{f_s} = \frac{\dfrac{m_i}{A_i}}{\dfrac{m_s}{A_s}} \tag{7-7}$$

式中，f_i 为组分 i 的绝对校正因子；f 为组分 s 的绝对校正因子；m_i 为组分 i 的质量；m_s 为标准物 s 的质量；A_i、A_s 分别为组分 i、标准物 s 的峰面积。

② 相对响应值。相对响应值是指组分 i 与等量标准物质 s 的响应值之比，当计量单位相同时，它们与相对校正因子互为倒数，即

$$S_{i/s} = \frac{1}{F_{i/s}} \tag{7-8}$$

③ 相对校正因子的测量。准确称取被测组分及标准物质，最好使用色谱纯试剂，混合后，在一定色谱条件下，准确进样，分别测量响应的峰面积，用公式计算相对校正因子。

（3）定量计算方法

定量计算方法有归一化法、内标法和外标法三种。

① 归一化法。要求样品中所有组分都出峰，且含量都在相同数量级上。

计算公式为

$$X_i = \frac{F_i \cdot A_i}{\sum F_i A_i} \times 100\% \tag{7-9}$$

式中，X_i 为试样中组分 i 的百分含量；F_i 为组分 i 的相对质量校正因子；A_i 为组分 i 的峰面积。

② 内标法。适用条件：被分析组分含量很小；被分析样品中并非所有组分都出峰，只要所要求的组分出峰就可以用内标法。

对内标物的要求：加入的内标物最好是色谱纯或者是已知含量的标准物；内标物的加

入量所产生的峰面积大致和被测组分的峰面积相当；内标物出峰最好在被测峰的附近。

方法：准确称取样品，将一定量的内标物加入其中，混合均匀后进样分析。根据样品、内标物的质量及在色谱图上产生的峰面积，计算组分含量。其计算公式为

$$X_i = \frac{F_{i/s} \cdot A_i \cdot m_s}{m_{样} A_s} \times 100\% \qquad (7-10)$$

式中，X_i 为试样中组分 i 的百分含量；m_s 为内标物的质量；A_s 为内标物峰面积；$m_{样}$ 为试样质量；A_i 为组分 i 的峰面积；$F_{i/s}$ 为相对质量校正因子。

③ 外标法。实际上，外标法是常用的标准曲线法。

用待测组分的纯物质配成不同浓度的标样进行色谱分析，获得各种浓度下对应的峰面积，作出峰面积与浓度的标准曲线。分析时，在相同色谱条件下，进同样体积分析样品，根据所得的峰面积，从标准曲线上查出待测组分的浓度。

7.2 仪器结构与原理

气相色谱仪是实现气相色谱分析过程的仪器，按其目的可以分为分析型、制备型和工艺过程控制型。但是无论其类型如何变化，构成色谱仪器的 5 个基本组成都是相同的，它们是载气系统、进样系统、分离系统（色谱柱）、检测系统及数据处理系统。其原理示意图如图 7-1 所示。

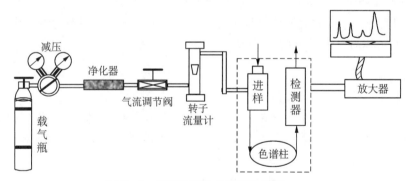

图 7-1　气相色谱仪的原理示意图

1. 载气系统

载气系统包括气源、气体净化、气体流速控制和测量。

（1）载气选择

载气是气相色谱中的流动相。载气的性质、净化程度及流速对色谱柱分离效能、检测器的灵敏度、操作条件的稳定性均有很大影响。

可作为载气的气体很多，原则上没有腐蚀性且不与被分析组分发生化学反应的气体均可作为载气，最常用的是氮气、氢气、氩气、氦气。

（2）载气净化

载气净化的目的是保证基线的稳定性及提高仪器的灵敏度。净化程度主要取决于使用

的检测器及分析要求(常量或微量分析)。对于一般检测器,净化是使用一根装有硅胶、分子筛、活性炭的净化管,载气经过时可以除去微量的水分及油。

(3) 流速控制

在气相色谱中对流速控制的要求很高,主要是保证操作条件的稳定性,由稳压阀、针形阀、稳流阀相互配合以完成流速的精确控制。

2. 进样系统

气相色谱可以分析气体、液体及固体。要求气化室体积尽量小,无死角,减少样品扩散,提高柱效。进样方式主要有注射器进样、气体进样阀进样、自动进样器进样、分流进样器进样。

液体样品,一般采用注射器、自动进样器进样;气体样品,常用六通阀进样;固体样品,一般溶解于常见溶剂转变为溶液进样;高分子固体,可采用裂解法进样。

3. 分离系统

色谱柱可视为气相色谱仪的心脏,色谱柱的选择是完成分析的关键。色谱柱内的填充物质是至关重要的,可遵照"相似相溶"的原则进行选择。

色谱柱可分为填充柱和毛细管柱两种。通常,填充柱一般采用不锈钢、玻璃两种材质,其内径为 $2\sim6$ mm,长 $1\sim3$ m;毛细管柱内径为 $0.1\sim0.5$ mm、长 $25\sim100$ m 的石英玻璃柱。

对色谱箱的要求是:使用温度范围宽,控制精度高,热容小,升温、降温速度快,保温好。

4. 检测系统

检测器是气相色谱仪的关键部件。它的作用是将色谱柱分离后顺序流出的化学组分的信息转变为便于记录的电信号,然后对被分离物质的组成和含量进行鉴定和测量。原则上,被测组分和载气在性质上的任何差异都可以作为设计检测器的依据,但是在实际中常用的检测器只有几种,这些检测器结构简单,使用方便,具有通用性或选择性。

(1) 浓度型检测器

浓度型检测器测量的是载气中某组分浓度瞬间的变化,即检测器的响应值和组分的浓度成正比,如热导池检测器和电子俘获检测器。

① 热导池检测器(TCD)。热导池检测器是气相色谱中应用最广泛的通用型检测器,它结构简单、稳定、线性范围宽、不破坏样品,易于和其他检测器联用。设电桥的总电流为 I,载气的热导率为 λ,组分与载气热导率之差为 $\Delta\lambda$,则产生的输出信号为

$$\Delta E \propto I^2 \frac{\Delta\lambda}{\lambda^2} \qquad (7-11)$$

由此可见,输出信号的大小和组分的热导率有关,载气和组分的热导率差值越大,产生信号越大;组分浓度越大,产生信号越大;加在热丝上的电流越大,产生信号越大。

② 电子俘获检测器(ECD)。电子俘获检测器(图7-2)是一种高灵敏度、高选择性的放射性检测器,主要应用于大气污染控制、水中微量含氯有害物质的分

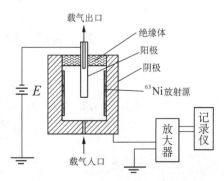

图 7-2 电子俘获检测器装置图

析以及农药残留物的分析。

（2）质量型检测器

质量型检测器测量的是载气中某组分进入检测器的速度变化,即检测器的响应值和单位时间内进入检测器某组分的质量成正比。如氢火焰离子化检测器和火焰光度检测器。

① 氢火焰离子化检测器(图 7-3)。对几乎所有生物有机化合物都有响应,对载气要求不苛刻,载气中微量水及二氧化碳对载气无影响,受温度和压力的影响最小,线性范围宽,稳定性好,因此氢火焰离子化检测器广泛应用于气相色谱分析中。

② 火焰光度检测器(图 7-4)。它是一种对含硫、含磷有机化合物有高选择性、高灵敏度的检测器。其检测原理为当含磷和硫物质在富氢火焰中燃烧时,分别发射特征光谱,磷最大谱峰对应的波长为 526 nm,硫的为 394 nm,透过干涉滤光片,用光电倍增管测量特征光的强度。但要注意的是,强度和被测组分的含量不是简单的线性关系。

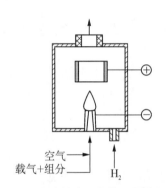

图 7-3　氢火焰离子化检测器装置图

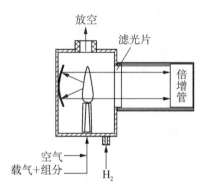

图 7-4　火焰光度检测器装置图

5. 数据处理系统

通常是使用记录仪记录色谱图,色谱专用微处理机处理数据,现在已经发展到将一台电脑与数据处理机硬件组成一个工作站,既可脱机作电脑使用,也可联机处理色谱数据和谱图。

7.3　实验内容

实验一　苯系物的气相色谱定性和定量分析——归一化法定量

一、目的及要求

1. 掌握组分的保留值的测定及用保留值进行定性的方法。

2. 学习和掌握用归一化法计算各组分百分含量的方法。

二、实验原理

气相色谱法是一种极有效的分离手段。当气相色谱的固定相、操作条件严格固定时,任何一种物质都有一定的保留值。因此,只要色谱仪有良好的稳定性,就可直接利用保留值来进行定性分析,即待测组分的保留值与待测组分的纯样品具有相同的保留值时,就可认为两者是同一物质。但由于在同一色谱柱上,不同组分可能有相同的保留值,这时如果更换一种极性不同的色谱柱重新进行测定,两者的保留值仍相同时,则可基本肯定待测组分和纯样品是同一种物质。

利用气相色谱法分析的主要目的是对混合物中的各组分进行定量分析。色谱定量的依据是被测组分的质量(m_i)与检测器所给出的信号(A_i 或 h_i)成正比,即

$$m_i = f'_i A_i$$

因此,要求出组分的百分含量,必须先准确地测量峰面积(A_i)或峰高(h_i),准确地求出相对校正因子(f'_i),然后选择一个适当的定量方法,求出该组分的百分含量。

峰面积的测量、相对校正因子的求得及定量分析方法有多种,本实验中将采用下述方法。

1. 峰面积的测量

$$A_i = h_i \cdot Y_{1/2} \cdot 1.065$$

式中,h_i 为峰高;$Y_{1/2}$ 为半峰宽;1.065 是常数。

2. 相对校正因子

采用质量校正因子,以苯作标准,

$$f'_i = f_i(x)/f_i(s) = m_i A_s/(m_s A_i)$$

式中,A_s、A_i 为标准物和待测组分的峰面积;m_i、m_s 为待测组分纯物质和标准物的质量。

3. 定量方法

采用峰面积归一化法定量,即

$$X_i = m_i/(m_1 + m_2 + \cdots) \times 100\% = f'_i A_i / \sum f'_i A_i \times 100\%$$

式中,$f'_i A_i$ 为某一组分的质量;$\sum f'_i A_i$ 为试样中各种待测组分质量的总和。

三、仪器与试剂

1. 仪器

(1) 气相色谱仪,其型号为安捷伦 6890N;

(2) 高纯氢气钢瓶;

(3) 空气压缩机;

(4) 高纯氮气钢瓶。

2. 试剂

苯、甲苯、二甲苯(分析纯)。

四、色谱操作条件

(1) 色谱柱:30 m×320 μm×0.5 μm 石英毛细管柱。

(2) 固定相：HP-5。

(3) 检测器：氢火焰检测器(FID)。

(4) 柱温：110℃。

(5) 汽化室温：150℃。

(6) 检测室温：250℃。

(7) 进样量：0.2 μL。

(8) 载气：N_2，流量 1.2 mL/min。

(9) 氢气流量：35 mL/min。

(10) 空气流量：350 mL/min。

(11) 分流比：20∶1。

五、实验步骤

1. 溶液的配制

(1) 配制 2 种二组分的标准样：二组分的含量要近似相等，数量要准确，用来测定相对质量校正因子，用分析纯苯、甲苯和二甲苯配制；苯-甲苯，苯-二甲苯。

(2) 配制三组分(苯、甲苯和二甲苯)样品混合液，作为定性分析用。

(3) 配制未知含量的混合液，做定量分析用。

2. 进样分析

按以上给出的色谱条件，开机调试，待仪器稳定后即可进样。

定性分析：二组分标准样，进样 0.2 μL，测量各峰的保留时间(t_R)，重复进样数次。

定量分析：三组分混合样和未知样，进样 0.2 μL，同样重复进样数次。

记录色谱图。

六、数据处理

1. 直接比较标准样品和样品混合液中各组分的保留时间(t'_R)，确定样品色谱图中各峰所代表的物质的名称。

2. 测量各峰的峰高和半峰宽，计算峰面积，或直接记录峰面积。

3. 根据二组分标样的色谱图，以苯为标准，分别计算甲苯、二甲苯的质量校正因子。

4. 按下式计算各组分的含量

$$w(苯) = f'_苯 A_苯 / (f'_苯 A_苯 + f'_{甲苯} A_{甲苯} + f'_{二甲苯} A_{二甲苯}) \times 100\%$$

若各组分峰狭长，可采用峰高定量，峰高校正因子与峰面积相对校正因子的测定方法相同，计算公式为

$$w(苯) = f'_苯 h_苯 / (f'_苯 h_苯 + f'_{甲苯} h_{甲苯} + f'_{二甲苯} h_{二甲苯}) \times 100\%$$

七、思考题

1. 用保留值定性的前提条件是什么？

2. 峰高定量和峰面积定量各有什么优缺点？归一化定量适用于什么情况？

实验二　邻二甲苯中杂质的气相色谱分析——内标法定量

一、目的及要求

学习内标法定量的基本原理和测定试样中杂质含量的方法。

二、实验原理

对于试样中少量杂质的测定，或仅需测定试样中某些组分时，可采用内标法定量。用内标法测定时需在试样中加入一种物质作内标，而内标物质应符合下列条件。

（1）应是试样中不存在的纯物质。

（2）内标物质的色谱峰位置，应位于被测组分色谱峰的附近。

（3）其物理性质及物理化学性质应与被测组分相近。

（4）加入的量应与被测组分的量接近。

设在质量为 $m_{试样}$ 的试样中加入内标物质的质量为 m_s，被测组分的质量为 m_i，被测组分及内标物质的色谱峰面积（或峰高）分别为 A_i，A_s（或 h_i，h_s），则 $m_i = f_i A_i$，$m_s = f_s A_s$

$$\frac{m_i}{m_s} = \frac{f_i A_i}{f_s A_s}, \quad m_i = m_s \frac{f_i A_i}{f_s A_s}$$

$$c_i = \frac{m_i}{m_{试样}} \times 100\%$$

$$c_i = \frac{m_s}{m_{试样}} \cdot \frac{f_i A_i}{f_s A_s} \times 100\%$$

若以内标物质作标准，则可设 $f_s = 1$，可按下式计算被测组分的含量，即

$$c_i = \frac{m_s}{m_{试样}} \cdot \frac{f_i A_i}{A_s} \times 100\%$$

或

$$c_i = \frac{m_s}{m_{试样}} \cdot \frac{f_i'' h_i}{h_s} \times 100\%$$

式中，f_i'' 为峰高相对质量校正因子。

也可用配制一系列标准溶液，测得相应的 A_i/A_s（或 h_i/h_s）绘制 A_i/A_s-c_i 标准曲线，如图 7-5 所示。这样可在无须预先测定 f_i（或 f_i''）的情况下，称取固定量的试样和内标物质，混匀后即可进样，根据 A_i/A_s 之值求得 c_i。

内标法定量结果准确，对于进样量及操作条件不需严格控制，内标标准曲线法更适用于工厂的操作分析。

本实验选用甲苯作内标物质，以内标标准曲线法测定邻二甲苯中苯、乙苯、1,2,3-三甲苯的杂质含量。

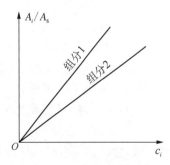

图 7-5　内标标准曲线

三、仪器与试剂

1. 仪器

(1) 1102 型气相色谱仪;

(2) 氮气或氢气钢瓶;

(3) 微量进样器(10 μL);

(4) 医用注射剂(5 mL, 10 mL)。

2. 试剂

苯、甲苯、乙苯、邻二甲苯、1,2,3-三甲苯、乙醚等均为分析纯。

四、实验条件

(1) 固定相:邻苯二甲酸二壬酯:6201 担体(15∶100),60~80 目。

(2) 流动相:氮气,流量为 15 mL·min^{-1}。

(3) 柱温:110℃。

(4) 汽化温度:150℃。

(5) 检测器:热导池,检测温度110℃。

(6) 桥电流:110 mA。

(7) 衰减比:1/1。

(8) 进样量:3 μL。

(9) 记录仪:量程 5 mV,纸速 600 mm·h^{-1}。

五、实验步骤

1. 按表 7-1 配制一系列标准溶液,分别置于 5 只 100 mL 容量瓶中,混匀备用。

表 7-1　苯及苯同系物标准溶液配制表

编号	苯/g	甲苯/g	乙苯/g	邻二甲苯/g	1,2,3-三甲苯/g
1	0.66	3.03	2.16	38.13	2.59
2	1.32	3.03	4.32	38.13	5.18
3	1.98	3.03	6.48	38.13	7.77
4	2.64	3.03	8.64	38.13	10.36
5	3.30	3.03	10.80	38.13	12.95

称取未知试样 11.06 g 于 25 mL 容量瓶中,加入 0.61 g 甲苯,混匀备用。

2. 将色谱仪按仪器操作步骤调节至可进样状态,待仪器的电路和气路系统达到平衡,记录仪上的基线平直时,即可进样。

3. 依次分别吸取上述各标准溶液 3~5 μL 进样,记录色谱图。重复进样两次。进样后及时在记录纸上于进样信号处标明标准溶液号码,注意每做完一种标准溶液,需用后一种待进样标准溶液洗涤微量进样器 5~6 次。

4. 在同样条件下,吸取已配入甲苯的未知试液 3 μL 进样,记录色谱图,并重复进样两次。

5. 如果允许,在指导教师许可下,适当改变柱温(但不得超过固定液最高使用温度)进样实验,观察分离情况。例如改变±10℃。

六、数据处理

1. 记录实验条件

（1）色谱柱的柱长及内径。

（2）固定相及固定液与担体配比。

（3）载气及其流量。

（4）柱前压力及柱温。

（5）检测器及检测温度。

（6）桥电流及进样量。

（7）衰减比。

（8）记录仪量程及纸速。

2. 测量各色谱图上各组分色谱峰高 h_i 值，并填入表 7-2 中。

表 7-2 不同物质的峰高记录表

编号	$h_{苯}$/mm				$h_{甲苯}$/mm				$h_{乙苯}$/mm				$h_{1,2,3\text{-三甲苯}}$/mm			
	1	2	3	平均值	1	2	3	平均值	1	2	3	平均值	1	2	3	平均值
1																
2																
3																
未知																

3. 以甲苯作内标物质，计算 m_i/m_s，h_i/h_s 值，并填入表 7-3 中。

表 7-3 实验数据处理表

编号	苯/甲苯		乙苯/甲苯		1,2,3-三甲苯/甲苯	
	m_i/m_s	h_i/h_s	m_i/m_s	h_i/h_s	m_i/m_s	h_i/h_s
1						
2						
3						
未知试样						

4. 绘制各组分 h_i/h_s-m_i/m_s 的标准曲线图。根据未知试样的 h_i/h_s 值，于标准曲线上查出相应的 m_i/m_s 值。按下式计算未知试样中苯、乙苯、1,2,3-甲苯的百分含量。

$$c_i = \frac{m_s}{m_{试样}} \cdot \frac{m_i}{m_s} \times 100\%$$

七、思考题

1. 内标法定量有何优点？它对内标物质有何要求？

2. 实验中是否要严格控制进样量？实验条件若有所变化是否会影响测定结果，为什么？

3. 在内标标准曲线法中，是否需要应用校正因子，为什么？

4. 试讨论色谱柱温度对分离的影响。

实验三 气相色谱法测定 95％乙醇中水的含量

一、目的及要求

掌握内标定量的方法,熟悉气相色谱仪热导检测器(TCD)。

二、实验原理

热导检测器是气相色谱中通用性较好的一种检测器,只要被检测组分与载气的热导率不同,就可以被检测出来。由于氢气的热导率比一般被测的物质都大得多,故用氢气作为流动相,用热导检测,灵敏度高。氮气的热导率居中,用它作流动相不仅灵敏度低,而且若待测物的热导率小于氮气的热导率时出正峰,那么大于氮气的物质就要出倒峰。另外,物质浓度与峰面积之间的线性关系也差。

内标法是一种常用的比较准确的定量方法。当样品混合物所有组分不能全部流出或组分含量相差很大时,归一化法就不适用了,此时可考虑选择内标法。内标法的优点在于它的准确性不受进样准确性的影响,而且没有归一化法的限制。但是,每次分析都需要在样品中准确加入内标物,就使操作手续烦琐。

有关热导检测器检测和内标法测定样品含量的具体原理,请参见相关教科书的内容。

本实验以 95％乙醇作样品,用内标法测定其中水的含量,色谱柱的固定相为 GDX-102,此时出峰顺序以相对分子质量大小顺序出柱,小者先出。

三、仪器与试剂

1. 仪器

(1) 1102 型气相色谱仪;

(2) BF-2002 色谱工作站;

(3) 色谱柱:GDX-102(2 m×3 mm);

(4) TCD 检测器;

(5) 载气:H_2 载气流速为 40 mL/min。

2. 试剂

(1) 蒸馏水;

(2) 无水甲醇(分析纯);

(3) 95％乙醇(分析纯)。

四、操作步骤

1. 开启氢气发生器。

2. 打开气相色谱仪主机,按下列条件设置仪器控制参数。

(1) 柱箱温度:110℃;

(2) 进样器温度(或气化室温度):160℃;

(3) 检测器 TCD 温度:160℃;

(4) 热丝温度：180℃（桥电流约为 200 mA）；

(5) 放大：10；

(6) 极性：正。

3. 检查气路的密封性。

4. 配制溶液：

(1) 样品溶液①：分别准确吸取 0.5 mL 甲醇、0.4 mL 水于试管中，混匀。

(2) 样品溶液②：准确吸取 0.5 mL 甲醇于已定容的 10 mL 95％乙醇容量瓶中，混匀（甲醇密度在 25℃时为 0.790 g/mL）。

5. 设置色谱工作站参数：

(1) 通道：A。

(2) 采集时间：10 min。

(3) 起始峰宽水平：5。

(4) 满屏时间：10。

(5) 量程：1 000。

(6) 定量方法：内标法。

(7) 其他为默认值。

6. 当液晶屏幕的右上角显示为"就绪"状态时，待仪器基线稳定，即可进样。进样的同时，用鼠标点击工作站上的"谱图采集"按钮（绿色）；开始记录图谱。

若想在设定的"采集时间"前终止实验，可用鼠标点击工作站上的"手动停止"按钮（红色），然后，存储并处理图谱数据。

7. 进 5 μL 空气，测定死时间。

8. 测定甲醇、水的相对校正因子　样品溶液①，进样 1 μL，进样 3 次。

9. 测定 95％乙醇中水的含量　样品溶液②，进样 1 μL，进样 3 次。

10. 关机时，先关热导检测器，再将各温度设置到室温，最后打开柱温箱降温。待仪器温度降到室温时，方可关闭载气。

五、数据处理

用样品溶液①不同进样次数测得的峰高均值，计算色谱峰高质量校正因子。计算公式如下

$$\frac{h_水 \times f_水}{m_水} = \frac{h_{甲醇} \times f_{甲醇}}{m_{甲醇}}$$

设 $f_水 = 1$，求 $f_{甲醇} = ?$

将数据代入下式

$$\omega(H_2O) = \frac{h_水 \times f_水}{h_{甲醇} \times f_{甲醇}} \times \frac{M_{甲醇}(g)}{10.00\,(mL)} \times 100\%$$

六、思考题

1. 作为内标物的条件是什么？加入内标物甲醇的量如何考虑？加多了或加少了有什么影响？

2. 测 $f_{甲醇}$ 时，若与样品进了相同的量，衰减不变，则会出现什么结果？若不知道水、甲

醇、乙醇的出柱顺序时,可以如何测知?

3. 若用此法测定冰醋酸中的水分,已知 HAc 中含水约为 0.2%(g/mL),试设计一个配制溶液的方法。(取多少样品? 加多少内标?)

七、注意事项

1. 以 H_2 作载气,TCD 作检测器时,一定要注意在开机前进行检漏,并将尾气通向室外以免发生意外。

2. 不通载气,一定不能加桥电流。

3. 量取样品时,操作应快速,准确,以防样品挥发。

4. 氢气是易燃、易爆气体,使用时注意要保持室内空气畅通。

实验四　毛细管气相色谱法分离白酒中微量香味化合物

一、目的及要求

1. 熟悉色谱工作软件的使用,掌握毛细管分离的基本原理及其操作技能。
2. 了解毛细管色谱柱的高分离效率和高选择性。

二、实验原理

白酒是中国传统的蒸馏酒,为世界七大蒸馏酒之一。白酒的主要成分是乙醇和水(占总量的 98%~99%),而溶于其中的酸、酯、醇、醛等种类众多的微量有机化合物(占总量的 1%~2%)作为白酒的呈香呈味物质,却决定着白酒的风格(又称典型性,指酒的香气与口味协调平衡,具有独特的香味)和质量。

国际上,酒类芳香成分的分析技术不断进步,研究成果巨大,鉴定出的成分已达 1 000 种以上。白酒中的香味成分一部分来自酿酒所采用的原料和辅料,另一部分则来自微生物的代谢产物。白酒中含量众多的乳酸、乳酸乙酯、乙酸乙酯和己酸乙酯等香味成分,属多菌种发酵,是数量众多的霉菌、酵母菌和细菌等微生物综合作用的结果。

气相色谱法的分离原理是使混合物中的各组分在固定相(固定液)与流动相(载体)间进行交换,由于各组分在性质和结构上的不同,当它们被流动相推动经过固定相时,与固定相发生的相互作用的大小、强弱会有差异,以致各组分在固定相中滞留的时间有长有短,而按顺序流出达到分离的目的。采用毛细管柱,直接进白酒样品于色谱系统中,白酒中的多组分化合物在流动相和涂载体固定相中由于分子扩散作用和传质作用,反复几万次分配使酒中各微量香味组分按其应有的顺序流出,记录信号,得到又窄又尖锐的色谱峰图。白酒中那些挥发性极低的物质,气相色谱无法检测,这时需要利用高效液相色谱进行分离和检测。

三、仪器与试剂

1. 仪器

(1) GC 6890N;

(2) 氢气、氮气钢瓶;

(3) 空气压缩机;

(4) 惠普打印机,N2000 色谱工作站;

(5) FID 检测器。

2. 试剂

(1) 白酒;

(2) FFAP(FFAP 是聚乙二醇与 2 -硝基对苯二酸的反应产物)弹性石英毛细管柱 (30 m×0.25 mm×0.25 μm);

(3) 乙酸乙酯、正丙醇、异丁醇、异戊醇、己酸乙酯、乙酸异戊酯等物质。

四、实验步骤

1. 色谱操作条件

(1) 色谱柱:FFAP 弹性石英毛细管柱(30 m×0.25 mm×0.25 μm)。

(2) 检测器:FID 检测器。

(3) 柱温:70℃。

(4) 气化室温:200℃。

(5) 检测室温:180℃。

(6) 进样量:0.4 μL。

(7) 载气:N_2,流量 50 mL/min;H_2,250 mL/min。

(8) 压缩空气:600 mL/min。

(9) 分流比:2。

(10) 灵敏度:10。

2. 讲解毛细管色谱柱的安装。

3. 毛细管色谱柱结构。

4. 色谱条件达到要求后进样 0.4 μL,重复进样直到分离效果良好并重现。

5. 观察色谱图,熟悉色谱软件。

五、数据处理

组分的定性主要依靠和标准谱图(图 7-6)进行比对、分析。但是,最终确认还需结合白酒的香味化学知识。定量采用内标法,利用内标方法定量测量出。

要求:利用标准谱图定性分析出 5 种组分。

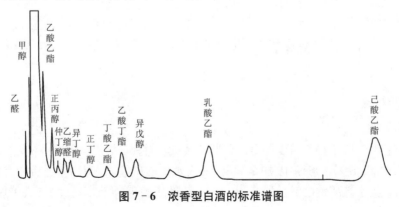

图 7-6 浓香型白酒的标准谱图

六、思考题

1. 毛细管气相色谱法分析有什么特点?
2. 为什么要测定白酒中的醇、酯和醛的成分与含量?

实验五　蔬菜中有机磷的残留量的气相色谱分析

一、目的及要求

1. 掌握气相色谱仪的工作原理及使用方法。
2. 学习食品中有机磷农药残留的气相色谱测定方法。

二、实验原理

食品中残留的有机磷农药经有机溶剂提取并经净化、浓缩后,注入气相色谱仪,汽化后在载气携带下于色谱柱中分离,由电子捕获检测器检测。当含有机磷的试样在检测器中的富氢焰上燃烧时,以 HPO 碎片的形式,放射出波长为 526 nm 的特性光,这种光经检测器的单色器(滤光片)将非特征光谱滤除后,由光电倍增管接收,产生电信号而被检出。试样的峰面积或峰高与标准品的峰面积或峰高进行比较定量。

三、仪器与试剂

1. 仪器

GC6890N 气相色谱仪:附有火焰光度检测器(FPD)、电动振荡器、组织捣碎机、旋转蒸发仪。

2. 试剂

(1) 二氯甲烷。

(2) 丙酮。

(3) 无水硫酸钠(在 700℃灼烧 4 h 后备用)。

(4) 中性氧化铝(在 550℃灼烧 4 h)。

(5) 硫酸钠溶液。

(6) 有机磷农药标准贮备液:分别准确称取有机磷农药标准品敌敌畏、乐果、马拉硫磷、对硫磷、甲拌磷、稻瘟净、倍硫磷、杀螟硫磷及虫螨磷各 10.0 mg,用苯(或三氯甲烷)溶解并稀释至 100 mL,放在冰箱中保存。

(7) 有机磷农药标准使用液:临用时用二氯甲烷稀释为使用液,使其浓度为敌敌畏、乐果、马拉硫磷、对硫磷、甲拌磷每毫升各相当于 1.0 μg;稻瘟净、倍硫磷、杀螟硫磷及虫螨磷每毫升各相当于 2.0 μg。

四、实验步骤

1. 样品处理

取适量蔬菜擦净,去掉不可食部分后称取蔬菜试样,将蔬菜切碎混匀。称取 10.0 g 混匀的试样,置于 250 mL 具塞锥形瓶中,加 30～100 g 无水硫酸钠脱水,剧烈振摇后如有固体硫酸钠存在,说明所加无水硫酸钠已够。加 0.2～0.8 g 活性炭脱色,再加 70 mL 二氯甲烷,在振荡器上振摇 0.5 h,经滤纸过滤。量取 35 mL 滤液,在通风柜中室温下自然挥发至近干,用二氯甲烷少量多次研洗残渣,移入 10 mL 具塞刻度试管中,并定容至 2 mL,备用。

2. 色谱条件

色谱柱:柱 HP-602(或Ⅰ号柱)。

温度:进样口,220℃;检测器,240℃;柱温,180℃,但测定敌敌畏时为 130℃。

3. 测定

将有机磷农药标准使用液 2～5 μL 分别注入气相色谱仪中,可测得不同浓度有机磷标准溶液的峰高,分别绘制有机磷农药质量-峰高标准曲线。同时取试样溶液 2～5 μL 注入气相色谱仪中,测得峰高,从标准曲线图中查出相应的含量。

五、数据处理

计算公式:
$$X = \frac{A}{m \times 1\,000}$$

式中,X 为试样中有机磷农药的含量,mg/kg;A 为进样体积中有机磷农药的质量,从标准曲线中查得,ng;m 为与进样体积(μL)相当的试样质量,g。

计算结果保留两位有效数字。

六、思考题

1. 本实验的气路系统包括哪些? 各有何作用?

2. 请写出电子捕获检测器及火焰光度检测器的原理及适用范围。

3. 如何检验该实验方法的准确度? 如何提高检测结果的准确度?

附录8 Agilent 6890N/GC 操作规程

1. 开机

(1) 打开载气(N_2 或 He)、空气、氢气等气瓶的总阀开关,调整载气、空气输出气压约为 0.5 MPa(FPD 空气应调到 0.6 MPa),氢气调整为 0.2 MPa(若有 ECD,把 ECD 的排气管堵头取掉)。

(2) 打开气相色谱仪前左下方的电源开关,GC 进入自检后,启动完成提示"Power on Successful"。

(3) 启动电脑,进入 Windows 系统。

(4) 双击电脑桌面的"Instrument 1 Online"图标进入 GC 化学工作站 Method & RunControl 界面。

(5) 调用或者编辑相应的操作方法。

2. GC 数据采集的操作过程

(1) 从化学工作站的 Method 中 Edit Entire Method(编辑完整的方法)或者 LoadMethod(调用原来已经编好的方法),一般将文件存在"D:\HPCHEM\1\METHODS\.M"中,运行此方法。

(2) 手动进样或用自动进样器单针进样时,从"Run Control"中选择"Sample Info"(样品信息),如附录图 8-1 所示。

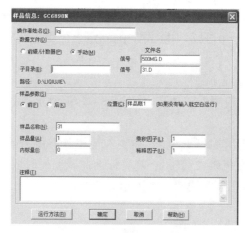

附录图 8-1

（3）待工作站提示 Ready（变绿色），仪器基线平衡稳定后。

① 自动进样。把样品放在 1 位置，从"Run Control"中点击"Run Method"开始做样，采集数据。

② 手动进样。拿注射针取样品，如 1.0 μL，从气相的进样口快速注入，按气相右上角的 Start 键开始做样，采集数据。

3. 如何编辑一个完整的方法

从 Method 中的 Edit Entire Method …编辑一个完整的方法。

（1）Edit Method：方法的内容，一般四个都选上，这四个栏目分别是 Method Information（方法的信息）、Instrument/Acquisition（仪器参数/数据采集条件）、Data Analysis（数据分析条件）和 Run Time Checklist（运行时间顺序表）。

（2）Method Information：方法信息，选"OK"。

（3）Select Injection Source/Location：选择进样方式/位置。

① Select Injection Source：GC Injector（自动进样器）/Manual（手动进样）。

② Select Injection Location：Front/Back/Dual 前/后/双进样口。

（4）Instrument|Edit|：编辑气相仪器参数。

① 编辑 Injector 自动进样器参数，如附录图 8-2 所示。

② 编辑 Valves 气动阀参数，如附录图 8-3 所示。

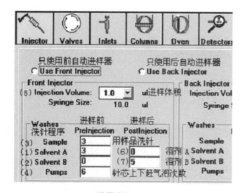

附录图 8-2

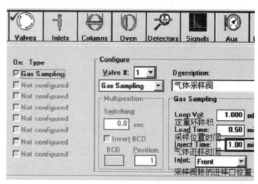

附录图 8-3

③ 编辑 Inlets(进样口)参数,如附录图 8-4 所示。

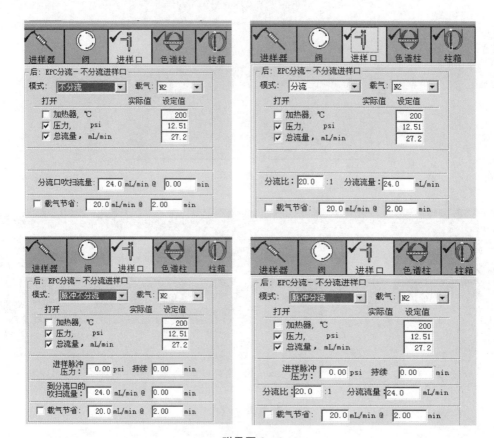

附录图 8-4

④ 编辑 Columns(分离柱 1,2)参数,如附录图 8-5 所示。

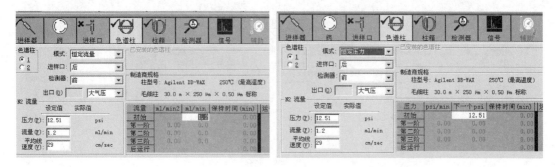

附录图 8-5

⑤ 编辑 Oven(炉温箱)参数,如附录图 8-6 所示。

⑥ 编辑 Detectors(检测器)参数,如附录图 8-7 所示。

⑦ 编辑 Signals(气相信号 1,2)参数,如附录图 8-8 所示。

⑧ 编辑 Options(选项)参数,如附录图 8-9 所示。

⑨ 最后按"OK"全部确定退出。

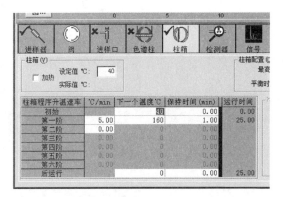

附录图 8-6

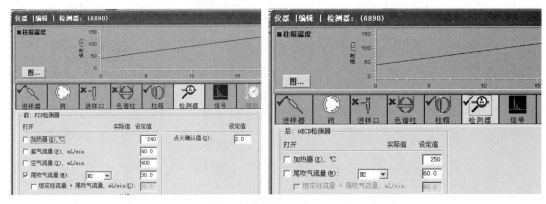

附录图 8-7

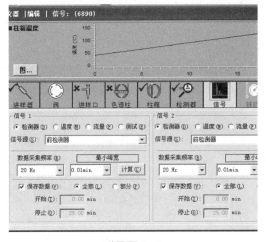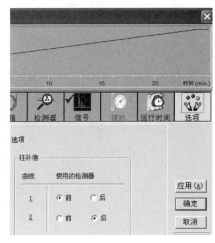

附录图 8-8   附录图 8-9

4. 数据分析——面积百分比报告及打印图谱

从菜单 View 中选"2.Data Analysis 数据分析":

(1) File — load signal … filename OK 调用数据信号文件。

(2) Graphics — signal Options …调整色谱图的显示,如附录图 8-10 所示。

(3) Integration — Intergration Events 优化积分参数,如附录图 8-11 所示。

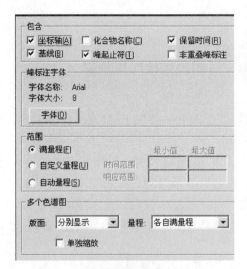

附录图 8-10   附录图 8-11

(4) Report — Specify Report 指定的报告格式或按图标 ,如附录图 8-12 所示。

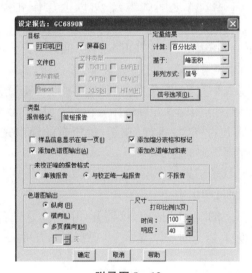

附录图 8-12

(5) 从 Report — Print Report 打印报告或打印预览 。

(6) 以上所设定的数据分析参数可以存入方法中,File — Save As — Methods。

5. 关机操作过程

(1) 根据仪器配备的情况把 FID/FPD 的 Flame Off、NPD 的 Bead Off、TCD 的 Filament Off。

(2) 再把前、后进样口和前、后检测器的温度关掉,设置炉温为 40℃。

(3) 等炉温降到 40℃后关掉。

(4) 等 20~30 min 后,进样口、检测器的温度降到 100℃以下,仪器冷却后,先退出 GC

化学工作站软件,再关掉 GC 的电源(若有 ECD,把 ECD 的排气管堵头堵住)。

(5) 退出电脑 Windows 系统,关掉电脑电源。

(6) 关掉载气、空气、氢气总阀。

附录 9　SP6800A 气相色谱仪操作规程

1. 首先打开氢气钢瓶,出口压力为 0.20~0.25 MPa。

2. 打开色谱仪的载气 1 和载气 2,根据需要调到所需压力(两路流速要一致),通气 15~30 min 后方可开启电源。

3. 打开电源,仪器显示"READY",说明仪器自检通过,然后按"温度参数",显示"DETE.—X X X",输入"000",再按"温度参数",显示"INJE.—X X X",输入"150",再按"温度参数",显示"AUXI.—X X X",输入"150",再按"温度参数",显示"OVEN.—X X X",输入"120",再按"温度参数"又回到"DETE.—000"。温度设置完毕(注:若输入两位数,如 95,请按"095")。

4. 按"加热",仪器加热指示灯亮,按"显示"可观看实际温度。待"恒温"灯亮时,按"TCD 桥流",显示"CURR.—X X X",输入"160",再按"TCD 桥流",桥流设置成功,按"TCD 衰减",显示"T.ATT.— X X X",按"001",再按"TCD 衰减"即可(TCD 衰减的输入为 001、002、004、008、016、032、064、128 等之间的数)。对以上操作规程若不太明白,请参阅说明书。

5. 打开"在线工作站",选"通道 1",按"OK",再按通道 1 窗口的"最大化按钮"。按"数据采集"选项,显示"数据采集"对话框,再按"查看基线"按钮,基线就会显示在窗口内,此时基线是单方向漂移的,等基线平直后,若为负值,通过"零点校正"按钮调到零点。再通过仪器上的"TCD 调零"旋钮调到零点以上,方可进样分析;进样后按"数据采集"按钮。

6. 若为倒峰,请按仪器上的"TCD 极性"按钮,等所有的峰出完后,按工作站上的"停止采集"按钮。谱图自动保存到指定的位置。

7. 按"预览"可观看结果(若结果看不清,请按屏幕左上端的放大镜图标进行调整)。

8. 按"打印"即可将谱图打印出来。

9. 实验结束后,按仪器上的"停止"按钮,仪器开始降温,等柱室温度(OVEN)和热导池检测器温度(AUXI)降到 60℃以下时(按"显示"可观看到),方可关闭电源和氢气。

第8章 液相色谱法

8.1 方法原理

8.1.1 基本原理

色谱法的分离原理：溶于流动相中的各组分经过固定相时，由于与固定相发生作用（吸附、分配、离子吸引、排阻、亲和）的大小、强弱不同，在固定相中滞留时间不同，从而先后从固定相中流出，又称为色层法、层析法。

液相色谱法开始阶段是用大直径的玻璃管柱在室温和常压下用液位差输送流动相，称为经典液相色谱法，此方法柱效低、时间长（常要几个小时）。高效液相色谱法是在经典液相色谱法的基础上，于20世纪60年代后期引入了气相色谱理论而迅速发展起来的。它与经典液相色谱法的区别是填料颗粒小而均匀，小颗粒具有高柱效，但会引起高阻力，需用高压输送流动相，故又称高压液相色谱法（High Pressure Liquid Chromatography，简称 HPLC）。

8.1.2 分析方法

一般情况下，我们把液相色谱法按分离机制的不同分为液固吸附色谱法、液液分配色谱法（正相与反相）、离子交换色谱法、离子对色谱法及分子排阻色谱法。

1. 液固吸附色谱法

液固吸附色谱法使用固体吸附剂，被分离组分在色谱柱上的分离原理是根据固定相对组分吸附力大小的不同而进行分离的。分离过程是一个吸附-解吸的平衡过程。常用的吸附剂为硅胶或氧化铝，粒度为 $5\sim10\ \mu m$，适用于分离相对分子质量为 $200\sim1\ 000$ 的组分，大多数用于非离子型化合物，离子型化合物易产生拖尾，常用于分离同分异构体。

2. 液液分配色谱法

液液分配色谱法使用将特定的液态物质涂于担体表面，或化学键合于担体表面而形成的固定相，分离原理是根据被分离的组分在流动相和固定相中溶解度不同而进行分离的。分离过程是一个分配平衡过程。

涂布式固定相应具有良好的惰性；流动相必须预先用固定相饱和，以减少固定相从担体表面流失；温度的变化和不同批号流动相的区别常引起柱子的变化；另外在流动相中存在的固定相也使样品的分离和收集复杂化。由于涂布式固定相很难避免固定液流失，现在已很少采用。现在多采用的是化学键合固定相，如 C18、C8、氨基柱、氰基柱和苯基柱。

液液分配色谱法按固定相和流动相的极性不同可分为正相色谱法（NPC）和反相色谱法（RPC）。

（1）正相色谱法

正相色谱法采用极性固定相（如聚乙二醇、氨基与腈基键合相）；流动相为相对非极性的疏水性溶剂（烷烃类如正己烷、环己烷），常加入乙醇、异丙醇、四氢呋喃、三氯甲烷等以调节组分的保留时间。正相色谱法常用于分离中等极性和极性较强的化合物（如酚类、胺类、羰基类及氨基酸类等）。

（2）反相色谱法

反相色谱法一般用非极性固定相（如 C18、C8）；流动相为水或缓冲液，常加入甲醇、乙腈、异丙醇、丙酮、四氢呋喃等与水互溶的有机溶剂以调节保留时间，适用于分离非极性和极性较弱的化合物。反相色谱法在现代液相色谱中应用最为广泛，据统计，它占整个 HPLC 应用的 80% 左右。

随着柱填料的快速发展，反相色谱法的应用范围逐渐扩大，现已应用于某些无机样品或易离解样品的分析。为控制样品在分析过程中的离解，常用缓冲液控制流动相的 pH。但需要注意的是，C18 和 C8 使用的 pH 通常为 2.5～7.5（2～8），太高的 pH 会使硅胶溶解，太低的 pH 会使键合的烷基脱落。有报道称新商品柱可在 pH 1.5～10 内操作。

正相色谱法和反相色谱法的比较见表 8-1。

表 8-1　正相色谱法与反相色谱法比较表

对 比 项	正相色谱法	反相色谱法
固定相极性	高～中	中～低
流动相极性	低～中	中～高
组分洗脱次序	极性小的先洗出	极性大的先洗出

从表 8-1 可看出，当极性为中等时，正相色谱法与反相色谱法没有明显的界线（如氨基键合固定相）。

3. 离子交换色谱法

离子交换色谱法的固定相是离子交换树脂，常用苯乙烯与二乙烯交联形成的聚合物骨架，在表面末端芳环上接上羧基、磺酸基（称阳离子交换树脂）或季氨基（阴离子交换树脂）。被分离组分在色谱柱上的分离原理是树脂上可电离离子与流动相中具有相同电荷的离子及被测组分的离子进行可逆交换，根据各离子与离子交换基团具有不同的电荷吸引力而分离。

缓冲液常用作离子交换色谱的流动相。被分离组分在离子交换柱中的保留时间除跟组分离子与树脂上的离子交换基团作用强弱有关外，还受流动相的 pH 和离子强度的影响。pH 可改变化合物的离解程度，进而影响其与固定相的作用。流动相的盐浓度大，则离子强度高，不利于样品的离解，导致样品较快流出。

离子交换色谱法主要用于分析有机酸、氨基酸、多肽及核酸。

4. 离子对色谱法

离子对色谱法又称偶离子色谱法，是液液分配色谱法的分支。它的分离原理是根据被测组分离子与离子对试剂离子形成中性的离子对化合物后，在非极性固定相中溶解度增大，从而使其分离效果改善,主要用于分析离子强度大的酸碱物质。

分析碱性物质常用的离子对试剂为烷基磺酸盐,如戊烷磺酸钠、辛烷磺酸钠等。另外,高氯酸、三氟乙酸也可与多种碱性样品形成很强的离子对。

分析酸性物质常用四丁基季铵盐,如四丁基溴化铵、四丁基铵磷酸盐。

离子对色谱法常用ODS柱(即C18),流动相为甲醇-水或乙腈-水,水中加入3~10 mmol/L的离子对试剂,在一定的pH范围内进行分离。被测组分保留时间与离子对性质、浓度、流动相组成及其pH、离子强度有关。

5. 分子排阻色谱法

分子排阻色谱法的固定相是有一定孔径的多孔性填料,流动相是可以溶解样品的溶剂。相对分子质量小的化合物可以进入孔中,滞留时间长;相对分子质量大的化合物不能进入孔中,直接随流动相流出。它利用分子筛对相对分子质量大小不同的各组分排阻能力的差异而完成分离。常用于分离高分子化合物,如组织提取物、多肽、蛋白质、核酸等。

本章主要讨论的是液固吸附色谱法和液液分配色谱法。

8.2 仪器结构与原理

高效液相色谱仪现在通常做成一个个单元组件,然后根据分析要求将各需要的单元组件组合起来,最基本的组件通常包括高压输液泵、进样器、色谱柱、检测器及数据处理系统五个部分。此外,还可以根据需要配置自动进样系统、流动相在线脱气系统和自动控制系统等。图8-1是普通的高效液相色谱仪示意图。

输液器将流动相以稳定的流速(或压力)输送至分析体系,在色谱柱之前将样品导入,流动相将样品带入色谱柱,在色谱柱中各组分被分离,并依次随流动相流至检测器,检测到的信号送到记录仪记录、处理和保存。

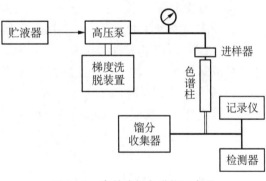

图8-1 高效液相色谱仪示意图

1. 高压输液泵

输液泵是HPLC系统中最重要的部件之一。泵的性能好坏直接影响整个系统的质量和分析结果的可靠性。

输液泵应具备如下性能:① 流量稳定,其 *RSD* 应小于0.5%,这对定性定量的准确性至关重要;② 流量范围宽,分析型应在0.1~10 mL/min内连续可调,制备型应能达到100 mL/min;③ 输出压力大,一般达150~300 bar[①];④ 液缸容积小;⑤ 密封性能好,耐腐蚀。

---

① 1 bar=100 kPa。

泵的种类很多,按输液性质可分为恒压泵和恒流泵。恒流泵按结构又可分为螺旋注射泵、柱塞往复泵和隔膜往复泵。恒压泵受柱阻影响,流量不稳定;螺旋泵缸体太大,这两种泵已被淘汰。目前应用最多的是柱塞往复泵。

2. 进样器

早期使用隔膜和停流进样器,装在色谱柱入口处。现在大都使用六通进样阀或自动进样器。进样装置要求:密封性好,死体积小,重复性好,保证中心进样,进样时对色谱系统的压力、流量影响小。HPLC进样方式可分为隔膜进样、停流进样、阀进样和自动进样。

(1)隔膜进样

隔膜进样用微量注射器将样品注入专门设计的与色谱柱相连的进样头内,可把样品直接送到柱头填充床的中心,死体积几乎等于零,可以获得最佳的柱效,且价格便宜,操作方便,但不能在高压下使用(如10 MPa以上)。此外,隔膜容易吸附样品产生记忆效应,使进样重复性只能达到1%~2%;加之能耐各种溶剂的橡皮不易找到,常规分析使用受到限制。

(2)停流进样

停流进样可避免在高压下进样,但在HPLC中由于隔膜的污染,停泵或重新启动时往往会出现"鬼峰";另一缺点是保留时间不准。在以峰的始末信号控制馏分收集的制备色谱中,效果较好。

(3)阀进样

一般HPLC分析常用六通进样阀(以美国Rheodyne公司的7725和7725i型最常见),其关键部件由圆形密封垫(转子)和固定底座(定子)组成。由于阀接头和连接管死体积的存在,柱效率低于隔膜进样(下降5%~10%),但耐高压(35~40 MPa),进样量准确,重复性好(0.5%),操作方便。

六通阀的进样方式有部分装液法和完全装液法两种(图8-2):① 用部分装液法进样时,进样量应不大于定量环体积的50%(最多75%),并要求每次进样体积准确、相同。此法进样的准确度和重复性决定于注射器取样的熟练程度,而且易产生由进样引起的峰展宽;② 用完全装液法进样时,进样量应不小于定量环体积的5~10倍(最少3倍),这样才能完全置换定量环内的流动相,消除管壁效应,确保进样的准确度及重复性。

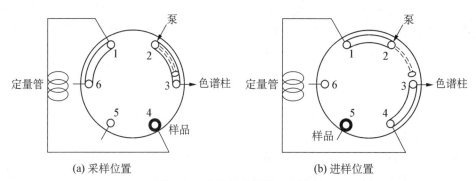

(a) 采样位置   (b) 进样位置

图8-2 六通阀进样器工作原理

操作时将阀柄置于采样位置,这时进样口只与定量管相通,处于常压状态,用微量注射器注入样品溶液,样品停留在定量管中。将进样阀柄转动60℃至进样位置,流动相与定量管接通,样品被流动相带到色谱柱中。

（4）自动进样

自动进样用于大量样品的常规分析。

3. 检测器

检测器是 HPLC 的三大关键部件之一，其作用是把洗脱液中组分的量转变为电信号。HPLC 的检测器要求灵敏度高、噪声低（即对温度、流量等外界变化不敏感）、线性范围宽、重复性好和适用范围广。

（1）紫外吸收检测器

这种检测器在液相色谱中应用最广，几乎是一切色谱仪的必备检测器。它噪声低、灵敏度高、结构简单。

紫外吸收检测器的工作原理是比尔定律。当一束紫外光通过样品池时，入射光的一部分被样品组分吸收，吸光度与组分浓度及光程长度有如下关系

$$A = \ln \frac{I_0}{I} = \ln \frac{1}{T} = \varepsilon b c \qquad (8-1)$$

式中，A 为组分吸光度；I_0 为入射光强度；I 为透射光强度；T 为组分透光率；ε 为摩尔吸光系数；b 为检测器光程长度；c 为组分物质的量浓度。

检测器有固定波长检测器和可变波长检测器两种：① 固定波长检测器用低压汞灯作光源，波长在 254 nm 附近，光源所发射其他波长的光经过滤光片消除；② 可变波长检测器采用氘灯和钨丝灯组合光源，波长在 190～800 nm 范围可调，从而增加了检测器的灵敏度和选择性。

紫外吸收检测器属于选择性检测器，凡是具有 π 键和孤对电子的分子，如烯烃、芳烃以及含有基团的化合物，在紫外光区都有吸收。

（2）示差折光检测器

不同的物质具有不同的折射率，当样品组分随流动相从柱中流出时，它的折射率与纯流动相不同。示差折光检测器以纯溶剂作参比，连续测定柱后洗脱物折射率的变化，并根据变化的差值确定样品中各组分的含量。

（3）荧光检测器

有两种类型的化合物可用荧光检测器检测，它们自身发射荧光或通过衍射的方法使原来不发荧光的化合物发射荧光。荧光检测器具有很高的灵敏度和选择性，是液相色谱常用的检测器之一。

（4）电化学检测器

电化学检测器是根据电化学分析方法而设计的。

电化学检测器主要有两种类型：一是根据溶液的导电性质，通过测定离子溶液电导率的大小来测量离子浓度；另一类是根据化合物在电解池中工作电极上所发生的氧化-还原反应，通过电位、电流和电量的测量，确定化合物在溶液中的浓度。

各种液相色谱检测器的比较见表 8-2。

4. 色谱柱

色谱是一种分离分析手段，分离是核心，因此担负分离作用的色谱柱是色谱系统的心脏。对色谱柱的要求是柱效高，选择性好，分析速度快等。

表 8-2 液相色谱检测器一览表

规　　格	紫外	示差折光	氢火焰	荧光	电导	红外
类型	选择型	普通	普通	选择型	选择型	选择型
可否梯度洗脱	能	否	能	能	否	能
线性动态范围上限	2.56	10^{-3}	10^{-8}	—	1 000	1.5
线性范围	5×10^{-4}	10^{-4}	10^{-5}	10^{-3}	2×10^{-4}	10^4
噪声下标灵敏度/$\pm\%$	0.005	10^{-5}	10^{-11}	0.005	0.005	0.01
对样品灵敏度/(g/mL)	5×10^{-10}	5×10^{-7}	10^{-8}	$10^{-10}\sim10^{-9}$	10^{-8}	10^{-6}
对流速的敏感性	无	无	有	无	有	无
对温度的敏感性	低	$10^{-4}/℃$	可忽略	低	$2\%/℃$	低

色谱柱由柱管、压帽、卡套(密封环)、筛板(滤片)、接头、螺丝等组成。柱管多用不锈钢制成,压力不高于 70 bar 时,也可采用厚壁玻璃或石英管,管内壁要求粗糙度很小。为提高柱效,减小管壁效应,不锈钢柱内壁多经过抛光。也有人在不锈钢柱内壁涂敷氟塑料以减小内壁的粗糙度,其效果与抛光相同。还有使用熔融硅或玻璃衬里的,用于细管柱。色谱柱两端的柱接头内装有筛板,是烧结不锈钢或钛合金,孔径取决于填料粒度,目的是防止填料漏出。

色谱柱按用途可分为分析型和制备型两类,尺寸规格也不同。

① 常规分析柱(常量柱),内径 2~5 mm(常用 4.6 mm,国内有 4 mm 和 5 mm),柱长 10~30 cm。

② 窄径柱又称细管径柱、半微柱,内径 1~2 mm,柱长 10~20 cm。

③ 毛细管柱(又称微柱),内径 0.2~0.5 mm。

④ 半制备柱,内径大于 5 mm。

⑤ 实验室制备柱,内径 20~40 mm,柱长 10~30 cm。

⑥ 生产制备柱,内径可达几十厘米。柱内径一般是根据柱长、填料粒径和折合流速来确定的,目的是避免管壁效应。

一份合格的色谱柱评价报告应给出柱的基本参数,如柱长、内径、填料的种类、粒度、色谱柱的柱效、不对称度和柱压降等。

5. 数据处理和计算机控制系统

早期的 HPLC 仪器是用记录仪记录检测信号,再手工测量计算。其后,使用积分仪计算并打印出峰高、峰面积和保留时间等参数。20 世纪 80 年代后,计算机技术的广泛应用使 HPLC 操作更加快速、简便、准确、精密和自动化,现在已可在互联网上远程处理数据。计算机的用途包括三个方面:① 采集、处理和分析数据;② 控制仪器;③ 色谱系统优化和专家系统。

在 HPLC 中,色谱柱及某些检测器都要求能准确地控制工作环境温度,柱子的恒温精度要求在 $\pm(0.1\sim0.5)℃$ 之间,检测器的恒温要求则更高。

温度对溶剂的溶解能力、色谱柱的性能、流动相的黏度都有影响。一般来说,温度升高,可提高溶质在流动相中的溶解度,从而降低其分配系数 K,但对分离选择性影响不大,还可使流动相的黏度降低,从而改善传质过程并降低柱压;但温度太高易使流动相产生气泡。

色谱柱的不同工作温度对保留时间、相对保留时间都有影响。在凝胶色谱中,使用软填料时温度会引起填料结构的变化,对分离有影响;但如使用硬质填料则影响不大。

不同的检测器对温度的敏感度不一样。紫外检测器一般在温度波动超过±0.5℃时,就会造成基线漂移起伏。示差折光检测器的灵敏度和最小检出量常取决于温度控制精度,因此需控制在±0.001℃以内,微吸附热检测器也要求在±0.001℃以内。

6. 实验技术

(1)波长选择

首先在紫外-可见分光光度计上测量样品液的吸收光谱,以选择合适的测量波长,如最灵敏的测量波长并避开其他物质的干扰。从紫外光谱中还可大体知道在 HPLC 中的响应值,如吸收度小于 0.5 时,HPLC 测定的面积将会很小。

(2)流动相选择

尽量采用不是弱电解质的甲醇-水流动相。

HPLC 对流动相的基本要求如下。

① 不与固定相发生化学反应且黏度小。

② 对样品有适宜的溶解度,要求 K 在 1~10(可用范围)或 2~5(最佳范围)。K 值太小,不利于分离;K 值太大,可能使样品在流动相中沉淀。

③ 必须与检测器相适应。如用紫外检测器时,不能选用截止波长大于检测波长的溶剂。

(3)流动相净化

① 脱气。通常采用不锈钢或聚四氟乙烯瓶装溶剂,用真空泵或水泵脱除溶剂中的气体。为加快除气速度,也可使用超声波发生器脱气。

脱气的目的主要是消除流动相从色谱柱到达检测器时,由气泡稀释产生的电噪声干扰。

② 过滤。流动相在使用之前必须过滤除去微小的固体颗粒,这种微粒可磨损泵的活塞、密封圈等部件,损坏泵并降低柱效、缩短柱的寿命。

除去机械杂质最简单的办法是使用真空泵的微膜过滤。

(4)流动相比例调整

由于我国药品标准中没有规定柱的长度及填料的粒度,因此每次新开检新品种时,几乎都须调整流动相(按经验,主峰一般应调至保留时间为 6~15 min 为宜)。所以建议第一次检验时请少配流动相,以免浪费。对于弱电解质的流动相,其重现性更不容易达到,请注意充分平衡柱。

(5)样品配制

① 溶剂:在液相色谱分析中,所选用的溶剂必须是色谱纯、优级纯或分析纯,如果用含有杂质的试剂,则会出现杂峰而影响测定结果。

② 容器:塑料容器常含有高沸点的增塑剂,可能释放到样品液中造成污染,而且还会吸附某些药物,引起分析误差。某些药物特别是碱性药物会被玻璃容器表面吸附,影响样品中药物的定量回收,因此必要时应将玻璃容器进行硅烷化处理。

(6)记录时间

第一次测定时,应先将空白溶剂、对照品溶液及供试品溶液各进一针,并尽量收集较长时间的图谱(如 30 min 以上),以便确定样品中被分析组分峰的位置、分离度、理论板数及是否还有杂质峰在较长时间内才洗脱出来,确定是否会影响主峰的测定。

（7）进样量

药品标准中常标明注入 10 mL,而目前多数 HPLC 系统采用定量环(10 mL、20 mL 和 50 mL),因此应注意进样量是否一致(可改变样液浓度)。

（8）计算

由于有些对照品标示含量的方式与样品标示量不同,有些是复合盐,有些是含水量不同,有些是盐基不同或有些是采用有效部位标示,检验时请注意。

（9）仪器的使用

① 流动相过滤后,注意观察有无肉眼能看到的微粒、纤维;有请重新过滤。

② 柱在线时,增加流速应以 0.1 mL/min 的增量逐步进行,一般不超过 1 mL/min;反之亦然。否则会使柱床下塌,叉峰。柱不在线时,要加快流速也需以每次 0.5 mL/min 的速率递增上去(或下来),勿急升(降),以免泵损坏。

③ 安装柱时,请注意流向,接口处不要留有空隙。

④ 样品液请注意过滤(注射液可不需过滤)后进样,注意样品溶剂的挥发性。

⑤ 测定完毕请用水冲柱 1 h,甲醇冲柱 30 min。如果第二天仍使用,可用水以低流速(0.1～0.3 mL/min)冲洗过夜(注意水要够量)。另外需要特别注意的是:对于含碳量高、封尾充分的柱,应先用含 5%～10% 甲醇的水冲洗,再用甲醇冲洗。

⑥ 冲水的同时请用水充分冲洗柱头(如有自动清洗装置系统,则应更换水)。

8.3 实验内容

实验一 高效液相色谱仪的结构认识及基本操作

一、目的及要求

1. 了解高效液相色谱仪的基本结构组成。

2. 初步了解流动相的选择、溶剂及样品处理方法。

3. 高效液相色谱仪的基本操作及维护方法。

二、实验原理

高效液相色谱法是继气相色谱之后,于 20 世纪 70 年代初期发展起来的一种以液体为流动相的现代色谱技术。高效液相色谱法引用了气相色谱的理论,将流动相改为高压输送(最高输送压强可达 4.9×10^7 Pa);色谱柱是以特殊的方法用小粒径的填料填充而成的,从而使柱效大大高于经典液相色谱(每米塔板数可达几万或几十万);同时,柱后连有高灵敏度的检测器,可对流出物进行连续检测。因此,高效液相色谱法具有分析速度快、分离效能高、自动化等特点。所以人们也称它为高压、高速或现代液相色谱法,已成为色谱法的一个重要分支。

高效液相色谱分离原理及分类和气相色谱一样,其分离系统也由两相——固定相和流动相组成。固定相可以是吸附剂、化学键合固定相(或在惰性载体表面涂上一层液膜)、离子交换树脂或多孔性凝胶;流动相是各种溶剂。被分离混合物是由流动相液体推动进入色谱柱,根据各组分在固定相及流动相中的吸附能力、分配系数、离子交换作用或分子尺寸大小的差异得到分离的。分离的实质是样品分子(以下称溶质)与溶剂(即流动相或洗脱液)以及固定相分子间的作用,作用力的大小决定了色谱过程的保留行为。根据分离机制不同,液相色谱可分为:液固吸附色谱、液液分配色谱、化学键合色谱、离子交换色谱以及分子排阻色谱等类型。

液相色谱所用基本概念如保留值、塔板数、塔板高度、分离度、选择性等与气相色谱一致,所用的基本理论:塔板理论、速率方程也与气相色谱基本一致;但所用的流动相与气相色谱不同。此外,液相色谱所用的仪器设备和操作条件也与气相色谱不同。所以,液相色谱与气相色谱在应用范围(高沸点化合物、非挥发性物质、热不稳定化合物、离子型化合物及高聚物的分离)、样品分离难度、柱外效应、样品制备与溶剂回收等方面有一定的差别。

三、仪器与试剂

1. 仪器

(1) Agilent LC1200 高效液相色谱仪[由 G1311A(四元泵),进样器,VWD 检测器和记录系统组成]。

(2) 色谱柱:25 cm×4.6 mm I.D.,Kromasil - $C_{18}H_{37}$(ODS),10 μm。

2. 试剂

(1) 流动相:甲醇/水(80/20)。

(2) 乙腈/水(80/20)。

四、实验步骤

1. 熟悉仪器结构组成。

2. 熟悉色谱操作软件。

3. 了解色谱柱的基本分类及构成。

4. 学会超声波及溶剂过滤器的使用方法。

5. 了解流动相的选择及溶剂处理方法。

6. 初步学会色谱仪器的操作。

五、思考题

1. 高效液相色谱与气相色谱在仪器结构及工作原理上有什么不同?

2. 为什么溶剂和样品要过滤?

3. 流动相使用前为什么要脱气?

4. 如何选择液相色谱分离的流动相?

实验二　果汁(苹果汁)中有机酸的分析

一、目的及要求

了解 HPLC 在食品分析中的应用。

二、实验原理

在食品中,主要的有机酸是乙酸、乳酸、丁二酸、苹果酸、柠檬酸和酒石酸等。这些有机酸在水溶液中有较大的离解度。食品中有机酸的来源有三个:一是从原料中带来的,二是在生产过程中(如发酵)生成的,三是作为添加剂加入的。有机酸在波长 210 nm 附近有较强的吸收。苹果汁中的有机酸主要是苹果酸和柠檬酸。有机酸可以用反相 HPLC、离子交换色谱、离子排斥色谱等多种液相色谱方法分析。除液相色谱外,还可以用气相色谱和毛细管电泳等其他色谱方法分析。

本实验按反相 HPLC 设计。在酸性(如 pH 2~5)流动相条件下,上述有机酸的离解得到抑制,利用分子状态的有机酸的疏水性,使其在 ODS 固定相中保留。不同有机酸的疏水性不同,疏水性大的有机酸在固定相中保留强。本实验采用外标法中的一点工作曲线法定量苹果汁中的苹果酸和柠檬酸。

三、仪器与试剂

1. 仪器

(1) 高效液相色谱仪(Agilent LC1200,美国);

(2) 紫外检测器;

(3) 超声器。

2. 试剂

(1) 苹果酸和柠檬酸标准溶液:准确称取优级纯苹果酸和柠檬酸,用蒸馏水分别配制 1 000 mg/L 的浓溶液,使用时用蒸馏水或流动相稀释 5~10 倍,两种有机酸的混合溶液(各含 100~200 mg/L)用它们的浓溶液配制。

(2) 磷酸二氢铵溶液(4 mmol/L):称取分析纯或优级纯磷酸二氢铵,用蒸馏水配制,然后用 0.45 μm 水相滤膜减压过滤。

(3) 苹果汁:市售苹果汁用 0.45 μm 水相滤膜减压过滤后,置于冰箱中冷藏保存。

四、实验步骤

1. 参照说明书开机,并使仪器处于工作状态。参考条件如下:Zorbax Eclipse XDB-C-18 150 mm×4.6 mm, 5 μm column P/N 993967-902;4 mmol/L 磷酸二氢铵水溶液作流动相;流速 1.0 mL/min;柱温 30~40℃;紫外检测波长 210 nm。

2. 待基线稳定后,分别进苹果酸和柠檬酸标准溶液。

3. 进苹果汁样品,与苹果酸和柠檬酸标准溶液色谱图比较,即可确认苹果汁中苹果酸和柠檬酸的峰位置。如果分离不完全,可适当调整流动相浓度或流速。

4. 进 100~200 mg/L 苹果酸和柠檬酸混合标准溶液。

5. 设置好定量分析程序。用苹果酸和柠檬酸混合标准溶液分析结果建立定量分析表或计算校正因子。

6. 按上述操作进苹果汁样品两次,如果两次定量结果相差较大(如 5%以上),则再进样一次,取 3 次的平均值。

五、数据处理

数据处理见表 8-3。

表 8-3　实验数据记录表

成　分	保留时间/min	测定值/(mg/L)			平均值/(mg/L)
		第1次	第2次	第3次	
苹果酸					
柠檬酸					

六、注意事项

1. 各实验室的仪器设备不可能完全一样,操作时一定要参照仪器的操作规程。

2. 色谱柱的个体差异很大,即使是同一厂家的同型号色谱柱,性能也有差异。因此,色谱条件(主要是流动相配比)应根据所用色谱柱的实际情况适当地调整。

七、思考题

1. 假设用 50% 的甲醇或乙醇作流动相,你认为有机酸的保留值是变大,还是变小? 分离效果会变好,还是变坏? 请说明理由。

2. 采用一点工作曲线的分析结果的准确性比采用多点工作曲线的好还是坏? 为什么?

3. 加入酒石酸作内标,定量分析苹果酸和柠檬酸的含量,对酒石酸有什么要求? 写出该内标法的操作步骤和分析结果的计算方法。

实验三　色谱柱的评价

一、目的及要求

1. 了解高效液相色谱仪的工作原理。

2. 学习评价液相色谱反相柱的方法。

二、实验原理

高效液相色谱是色谱法的一个重要分支。它采用高压输液泵和小颗粒的填料,与经典的液相色谱相比,具有很高的柱效和分离能力。色谱柱是色谱仪的心脏,也是需要经常更换和选用的部件,因此,评价色谱柱是十分重要的,而且对色谱柱的评价也可以检查整个色谱仪的工作状况是否正常。

评价色谱柱的性能参数主要有四个。

(1) 柱效(理论塔板数)n

$$n = 5.54(t_R/W_{1/2})^2$$

式中,t_R 为测试物的保留时间;$W_{1/2}$ 为色谱峰的半峰宽。

(2) 容量因子 k'

$$k' = (t_R - t_0)/t_0$$

式中，t_0 为死时间，通常用已知在色谱柱上不保留的物质的出峰时间作死时间。

(3) 相对保留值(选择因子)α

$$\alpha = k'_2/k'_1$$

式中，k'_1 和 k'_2 分别为相邻两峰的容量因子，而且规定峰1的保留时间小于峰2的。

(4) 分离度 R_s

$$R_s = 2(t_{R2} - t_{R1})/(W_{b1} + W_{b2})$$

式中，t_{R1}，t_{R2} 分别为相邻两峰的保留时间；W_{b1}，W_{b2} 分别为两峰的底宽，对于高斯峰来讲，$W_b = 1.70 W_{1/2}$。

为达到好的分离，我们希望 n、α 和 R_s 值尽可能大。一般的分离(如 $\alpha = 1.2$，$R_s = 1.5$)，需 n 达到 2 000。柱压一般为 10^4 kPa 或更小一些。本实验采用多核芳烃作测试物，尿嘧啶为死时间标记物，评价反相色谱柱。

三、仪器与试剂

1. 仪器

(1) Agilent LC1200 高效液相色谱仪：由 G1311A(四元泵)、进样器、VWD 检测器和记录系统组成。

(2) 色谱柱：25 cm×4.6 mm I.D.，Kromasil - $C_{18}H_{37}$(ODS)，10 μm。

(3) 超声波发生器。

(4) 溶剂过滤器。

2. 试剂

(1) 流动相：甲醇/水(80/20)。

(2) 乙腈/水(80/20)。

(3) 0.45 μm 耐有机溶剂微滤膜。

(4) 样品Ⅰ：含尿嘧啶(0.010 mg·mL^{-1})、萘 (0.010 mg·mL^{-1})、联苯 (0.010 mg·mL^{-1})、菲 (0.006 mg·mL^{-1})的甲醇混合溶液。

(5) 样品Ⅱ：尿嘧啶的甲醇溶液；萘的甲醇溶液；联苯的甲醇溶液；菲的甲醇溶液，溶液浓度约为 0.01 mg·mL^{-1}。

四、实验步骤

1. 准备流动相。将色谱纯甲醇和色谱纯水超声波脱气并过滤后分别加入对应的仪器贮液瓶中。

2. 检查电路连接和液路连接正确以后，接通高压泵、检测器和控制系统电源。设定操作条件为：流速 0.6～0.8 mL·min^{-1}，压力上限 3 000 psi，检测波长 254 nm(该仪器检测波长可调)，记录基线。并调节基线到合适位置。

3. 观察检测器的读数显示并观察计算机显示窗口，待基线平稳后，将进样阀手柄拨到

"Load"的位置,使用专用的液相色谱微量注射器取 5 μL 样品注入色谱仪进样口,然后将手柄拨到"Inject"位置,记录色谱图。

4. 重复 3 的操作两次。

5. 用同样方法进纯样品的甲醇溶液,确定出峰顺序。

6. 根据三次实验所得结果计算色谱峰的保留时间、半峰宽,然后计算色谱柱参数 n、k',以及相邻两峰的 α、R_s。

7. 用纯甲醇作流动相,流速 1.0 mL/min 冲洗色谱柱 10 min 左右。

8. 将流速降为 0,待压力降为 0 后关机。

五、思考题

1. 高效液相色谱与气相色谱相比有什么相同点和不同点?

2. 选择色谱流动相应从哪几个方面进行考虑?

3. 如何保护色谱柱以延长其使用寿命?

实验四　利用 HPLC 进行氨基酸分析

一、目的及要求

1. 了解高效液相色谱仪(HPLC)的结构和原理,掌握高效液相色谱的操作要点与外标法。

2. 了解植物氨基酸液的制备方法。

3. 掌握高效液相色谱仪(HPLC)对氨基酸进行分析的方法。

二、实验原理

高效液相色谱法是继气相色谱之后,于 20 世纪 70 年代初期发展起来的一种以液体作流动相的新色谱技术。它适用于分离分析稳定性差、相对分子质量(400 以上)大、沸点高的物质及具有生物活性的物质。高效液相色谱法具有高柱效、高选择性、分析速度快、灵敏度高、重复性好、应用范围广等优点。该法已成为现代分析技术的重要手段之一,目前在化学、化工、医药、生化、环保、农业等领域获得广泛的应用。高效液相色谱仪由高压输液系统、进样系统、分离系统、检测系统、记录系统等五大部分组成。

分析前,选择适当的色谱柱和流动相,开泵,冲洗柱子,待柱子达到平衡而且基线平直后,用微量注射器把样品注入进样口,流动相把试样带入色谱柱后,根据被测物质在色谱柱中的分配系数的不同进行分离,分离后的组分依次流入检测器的流通池,最后和洗脱液一起排入流出物收集器。当有样品组分流过流通池时,检测器把组分浓度转变成电信号,经过放大,用记录器记录下来就得到色谱图。色谱图是定性、定量和评价柱效高低的依据。

三、仪器与试剂

1. 仪器

Agilent 1200 液相色谱,色谱柱(4.6 mm×150 mm),ODS(5 μm),紫外可见检测器,定量管(20 μL),微量注射器(50 μL),精密酸度计,超声波振荡器,研钵,0.45 μm 滤膜(水系),减压抽滤系统,微量离心过滤管,烧杯,量筒,容量瓶及移液管等。

2. 试剂

(1) 衍生液:异硫氰酸苯:甲醇:三乙胺:水(体积比)=1:7:1:1。

(2) 正己烷。

(3) 氨基酸标样。

(4) 乙腈、乙酸、乙酸钠。

以上试剂中乙腈为色谱纯,水为二次蒸馏水,其他为分析纯。

四、实验步骤

1. 柱前衍生步骤

(1) 将 200 μL 衍生液加入 200 μL 氨基酸标样或样品中,振荡使混合均匀,室温放置 1 h。

(2) 反应液中加入 400 μL 正己烷,充分振荡后放置使分层。

(3) 取下层溶液用一次性滤膜过滤器(0.45 μL)过滤。

(4) 取滤液 5 μL 注入 HPLC。

2. 分离条件

(1) 色谱柱:Shim-pack VP - ODS 4.6 mm×15 cm。

(2) 保护柱:Shim-pack GVP - ODS 4.6 mm×1 cm。

(3) 流动相:

A 液:0.1 mol/L 乙酸钠,pH=6.5(用乙酸调整,500 mL 乙酸钠中约加 2 滴乙酸)。

B 液:乙腈/水=4/1(体积比)。

(4) 流量:1 mL/min。

(5) 柱温:36℃。

(6) 检测波长:254 nm。

(7) 梯度洗脱程序,见表 8-4。

表 8-4 梯度洗脱程序

TIME/min	FUNC	VALUE	TIME/min	FUNC	VALUE
0.01	BCONC	10	25	BCONC	80
3	BCONC	10	25.01	BCONC	10
21	BCONC	39	35	STOP	STOP
21.01	BCONC	80			

进样量可在 pmol 级别。为取得较高的重现性,建议在 nmol 级别进样,由于氨基酸相对分子质量在 130 左右,故通常进样浓度为 100~1 000 μg/g,对几个 μmol/mL 的样品可直接进行柱前衍生,太高浓度的样品最好稀释 10~100 倍再分析。

3. 样品处理

(1) 液体样品:清凉饮料、酒精饮料、咖啡溶液等,酱油、醋需稀释 10 倍以上。用 SEP-PAK C18 净化柱处理,收集馏出液,经 0.45 μL 微孔滤膜过后,备用。

(2) 固体或半固体样品:水果、蔬菜、腌制的农产品、蛋黄酱、咖啡等,将样品捣碎、均质后,加入一定量的 0.01 mol/L NaOH 溶液提取,经离心分离或过滤后收集提取液,用 SEP-

PAK C18 Cartridge 净化柱处理,收集馏收液,经 $0.45~\mu m$ 微孔滤膜过滤后备用。

4. 测定

注入氨基酸标准系列溶液各 $10~\mu L$,进行高效液相色谱分析;同时注入试样溶液 $10~\mu L$,进行高效液相色谱分析,以保留时间定性,以峰高或峰面积结合标准曲线定量。

五、注意事项

1. 为保证试样的代表性,可任取固体样品,研细、混匀、干燥、称量,再从中称取 1/10 质量进行实验。

2. 流动相、试液均应以 $0.45~\mu m$ 滤膜减压过滤,以免堵塞进样阀、毛细管和色谱柱。

3. 按照上述步骤可以确定试液色谱图中每个峰的归属并测定其含量,若配制标准溶液,则可一次测定 17 种氨基酸的含量。

实验五 萘、联苯、菲的高效液相色谱分析

一、目的及要求

1. 理解反相色谱的优点及应用。

2. 掌握归一化定量方法。

二、实验原理

在液相色谱中,采用非极性固定相(如十八烷基键合相、极性流动相)的色谱法称为反相色谱法。这种分离方式特别适合于同系物、苯并系物等。萘、联苯、菲在 ODS 柱上的作用力大小不等,它们的 k' 值不等(k' 为不同组分的分配比),在柱内的移动速率不同,因而先后流出柱子。根据组分峰面积大小及测得的定量校正因子,就可由归一化定量方法求出各组分的含量。归一化定量公式为:

$$P_i = \frac{A_i f_i'}{A_1 f_1' + A_2 f_2' + A_n f_n'} \times 100\% \qquad (8-4)$$

式中,A_i 为组分的峰面积,f_i' 为组分的相对定量校正因子。

采用归一化法的条件是:样品中所有组分都要流出色谱柱,并能给出信号。此法简便、准确,对进样量的要求不十分严格。

三、仪器与试剂

1. 仪器

(1) ShimadzuLC-10A 高效液相色谱仪;

(2) 紫外吸收检测器(254 nm);

(3) 柱 Econo-sphereC$_{18}$(3 μm),10 cm×4.6 mm;

(4) 微量注射器。

2. 试剂

(1) 甲醇(A. R.):重蒸馏一次。

（2）二次蒸馏水。

（3）萘、联苯、菲：均为 A.R.级。

（4）流动相：甲醇/水＝88/12。

四、实验步骤

1. 按操作说明书使色谱仪正常运行,并将实验条件调节如下：

（1）柱温：室温。

（2）流动相流量：1.0 mL/min。

（3）检测器工作波长：254 nm。

2. 标准溶液配制：准确称取萘约 0.08 g,联苯 0.02 g,菲 0.01 g。用重蒸馏的甲醇溶解并转移至 50 mL 容量瓶中,用甲醇稀释至刻度。

3. 在基线平直后,注入标准溶液 3.0 μL,记下各组分保留时间。再分别注入纯样对照。

4. 注入样品 3.0 μL,记下保留时间。重复两次。

5. 实验结束后,按要求关好仪器。

五、数据处理

1. 确定未知样中各组分的出峰次序。

2. 求取各组分的相对定量校正因子。

3. 求取样品中各组分的百分含量。

4. 计算以萘为标准时的柱效。

六、注意事项

1. 用微量注射器吸液时,要防止气泡吸入。将干净并用样品洗过的注射器插入样品页面后,反复提拉数次,驱除气泡,然后缓慢提升针芯到刻度。

2. 进样与按下计时按键要同步,否则影响保留值的准确性。

3. 温度较低时,为加速萘的溶解,可用红外灯稍微加热。

七、思考题

1. 观察分离所得的色谱图,解释不同组分之间分离差别的原因。

2. 高效液相色谱柱一般可在室温下进行分离,而气相色谐柱则必须恒温,为什么？高效液相色谱柱有时也实行恒温,这又为什么？

3. 说明紫外吸收检测器的工作原理。

实验六　高效液相色谱法测定人血浆中扑热息痛含量

一、目的及要求

1. 了解 Varian 5000 型高效液相色谱仪的流程和仪器的基本组成部件。

2. 了解从血浆中提取扑热息痛的方法。

3. 掌握用保留值定性及用标准曲线法进行定量的方法。

二、实验原理

扑热息痛为一非甾体抗炎药,常用来治疗感冒和发热。健康的人口服药物 15 min 以后,药物就已进入人的血液。1~2 h 内,在人的血液中药物的浓度达到极大值。用高效液相色谱法测定人的血液中经时血药浓度,可以研究药物在人体内的代谢过程及不同厂家的药物在人体内的吸收情况的差异。

本实验采用扑热息痛纯品来进行定性,找出在健康人体血浆中扑热息痛在图谱中的位置,然后以健康人血浆为本底作工作曲线。从工作曲线中查找并算出血浆中扑热息痛的含量。

三、仪器与试剂

1. 仪器

(1) Varian 5000 型高效液相色谱仪。

(2) 色谱柱：EconosphereC_{18}（3 μm）,10 cm×4.6 mm。

(3) 50 pL 平头注射器。

2. 试剂

(1) 扑热息痛纯品：由上海天平药厂提供(含量＞99.9%)。

(2) 三氯乙酸(A.R.)。

(3) 乙腈(色谱纯)。

(4) 甲醇(A.R.)。

四、实验步骤

1. 按操作说明书启动色谱仪。

2. 调节实验条件：

(1) 流动相：水：乙腈＝90：10；

(2) 流量：1 mL/min；

(3) 检测器工作波长：254 nm；

(4) 检测器灵敏度：0.05AUFS；

(5) 柱温：30℃。

3. 样品预处理：取健康人体血浆 0.50 mL,置于 10 mL 离心管中,加扑热息痛标准品使其含量分别为 0.5 $\mu g/mL$,1.0 $\mu g/mL$,2.0 $\mu g/mL$,5.0 $\mu g/mL$,10.0 $\mu g/mL$,再加 20% 三氯乙酸-甲醇溶液 0.25 mL,振荡约 1 min,离心 5 min。

4. 取离心后的上清液 20 μL,注入色谱仪,除空白血浆离心液外,每一浓度需进样三次。

5. 取未知血样 0.50 mL,分别按步骤 3、4 操作。

五、数据处理

1. 算出线性回归方程。

2. 由工作曲线算出未知血样浓度。

六、注意事项

1. 用注射器吸取样品时不要抽入气泡。

2. 用手拿离心后的血样时,注意不要振荡试管。

3. 实验完毕后请用蒸馏水清洗注射器,以防注射器生锈。

七、思考题

1. 若要知道本实验的回收率,应怎么算?

2. 为什么要做空白血样的分析?

3. 除用标准曲线法定量外,还可采用什么定量方法? 各有什么优缺点?

附录 10 LC1200 液相色谱仪(Agilent 公司)操作规程

1. 开机

(1) 开机前准备工作包括选择、纯化和过滤流动相;检查贮液瓶中是否具有足够的流动相,吸液砂芯过滤器是否已可靠地插入贮液瓶底部;废液瓶是否已倒空,所有排液管道是否已妥善插在废液瓶中。

(2) 开启 LC1200 真空脱气、四元泵、紫外检测器各模板电源,待各模块自检完成后,双击"仪器联机"图标,化学工作站自动与 1200LC 通信,如附录图 10-1 所示。

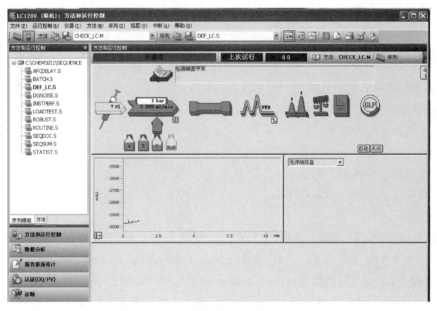

附录图 10-1

(3) 打开 "排气"阀,单击泵图标,单击"设置泵"选项,进入泵编辑画面,如附录图 10-2 所示。设流速为 3 mL/min,单击"OK"。单击泵图标,单击泵控制选项,选中"ON",单击"确定"(附录图 10-3),则系统开始"排气",直到管线内无气泡为止,切换通道继续 Purge,直到要用的所有的通道无气泡为止。

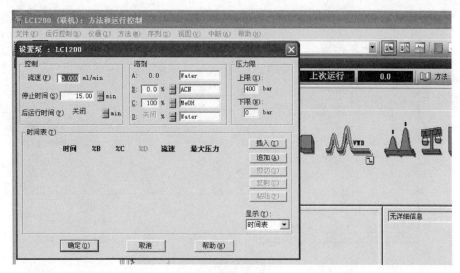

附录图 10-2

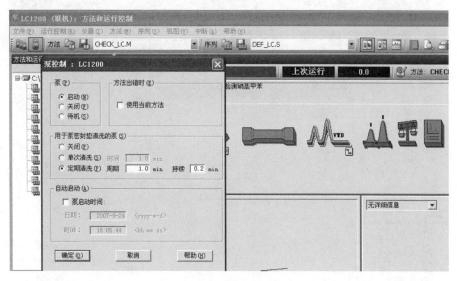

附录图 10-3

（4）单击泵下面的瓶图标，输入实际体积和瓶体积，也可输入阻止分析和关泵的体积。单击"OK"，如附录图 10-4 所示。

2. 数据采集方法编辑

（1）从"方法"菜单中选择"编辑完整方法"项，选中除"数据分析"外的三项，单击"确定"，进入下一画面。

（2）在"方法信息"中加入方法的信息（如方法的用途等），单击"确定"进入下一画面，见附录图 10-5。

（3）在"流量"处输入流量 1 mL/min，在溶剂 B 处输入 70.0（A＝100－B），也可"插入"一行"时间编辑表"，编辑梯度淋洗。"最大压力限"处输入柱子的最大耐高压，以保护柱子，单击"确定"进入下一画面。

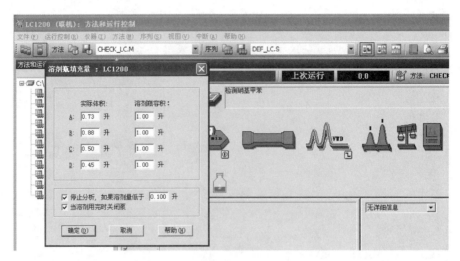

附录图 10－4

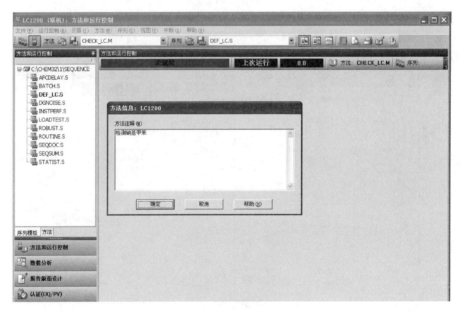

附录图 10－5

（4）在"波长"下方的空白处输入所需的检测波长，如 254 nm，在"峰宽"（响应时间）下方点击下拉式三角框，选择合适的响应时间，如＞0.1 min(2 s)，见附录图 10－6。

（5）从"运行控制"菜单中选择"样品信息"选项，输入操作者名称，在数据文件中选择"手动"或"前缀/计数器"。区别："手动"——每次做样之前必须给出新名字，否则仪器会将上次的数据覆盖掉。"前缀/计数器"——在"前缀"框中输入前缀，在"计数器"框中输入计数器的起始位，如附录图 10－7 所示。

（6）基线调节：待基线稳定后，按"Balance"键，使基线回至零点附近，准备进样。

（7）进样：将六通阀旋转至"Load"位置，用平头注射器进样后，转回至"Inject"位置，工作站上即出现竖直红线，计时开始，同时界面变成蓝色。

附录图 10-6

附录图 10-7

3. 数据分析方法编辑

(1) 从"视图"菜单中,单击"数据分析"进入数据分析画面。从"文件"菜单中选择"调用信号"选项,选中你的数据文件名,单击"确定",见附录图 10-8。

(2) 谱图优化,从"图形"菜单中选择"信号选项",再从"范围"中选择"自动量程"或"满量程"及合适的显示时间,单击"确定",或选择"自定义"调整,直到图的比例合适为止,见附录图 10-9。

(3) 积分:从"积分"中选择"自动积分",如积分结果不理想,再从菜单中选择"积分事件"选项,选择合适的"斜率灵敏度""峰宽""最小峰面积""最小峰高"。从"积分"菜单中选择"积分"选项,则数据被积分。单击左边☑图标,将积分参数存入方法,见附录

附录图 10-8

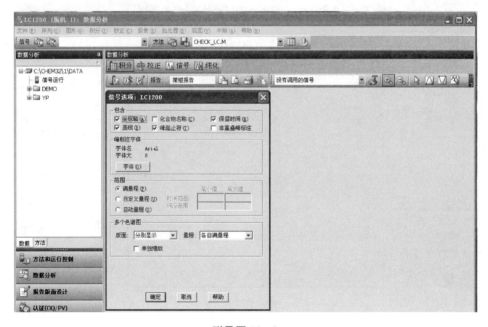

附录图 10-9

图 10-10。

(4) 打印报告:从"报告"菜单中选择"设定报告"选项(附录图 10-11),单击"定量结果"框中"定量"右侧的黑三角,选中"percent"(面积百分比),其他选项不变,单击"确定"。从"报告"菜单中选择打印报告,则报告结果将打印到屏幕上,若想输出到打印机上,则单击"报告"底部的"打印"按钮。

4. 关机

关机前,先关灯,用相应的溶剂冲洗系统。退出化学工作站,依提示关泵及其他窗口,关

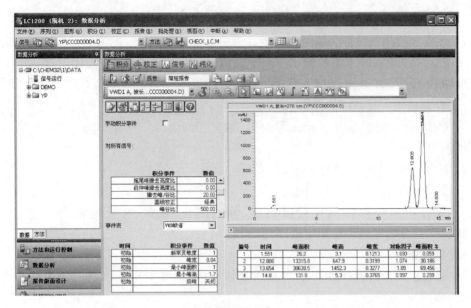

附录图 10－10

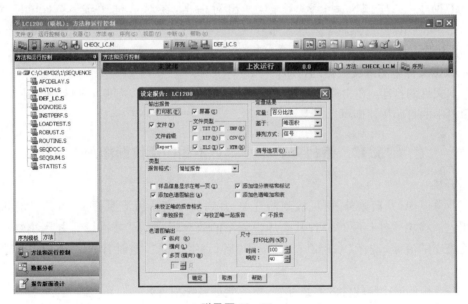

附录图 10－11

闭计算机。关闭 LC1200 各模块电源开关。

附录 11　岛津 LC‑20A 液相色谱仪操作规程

1. 开关机顺序

开机顺序：先打开泵、自动进样器、柱温箱、检测器电源开关，再打开系统控制器电源开关，点击电脑中 LC‑Solution 工作站联机，联上后能听到一声蜂鸣。

关机顺序：与开机顺序相反，即先关闭 LC‑Solution 工作站，再关闭系统控制器，然后关闭泵、自动进样器、柱温箱、检测器。

2. 流动相及样品的准备

流动相配制所用的试剂必须是色谱级。流动相须经 0.45 μm 的微孔滤膜过滤后方能进入 LC 系统。水和有机相所用的微孔滤膜不同,有机相(如甲醇)的过滤用 F 膜,水用水膜。样品溶液亦必须用 0.45 μm 的微孔滤膜过滤后才能进样。

3. 工作站的进入及系统的开启

(1) 双击桌面上的"Labsolution"图标,选择"Operation"项并单击,在弹出窗口后按"OK"进入工作站。

(2) 打开仪器上的排空阀(Open 方向旋转 180°)。

(3) 点击仪器面板上"Purge"钮开始清洗 5 个流路 3 min,自动进样器 25 min。

(4) 在分析参数设置页中设置流速、检测波长、柱温、停止时间等,完成后点击"Download",将分析参数传输至主机。

4. 进样准备

将样品瓶放入自动进样器中观察基线及柱压,待基线平直(−5~30 mV)、压力稳定(0.5 MPa)时方可进样。

5. 进样

点击助手栏中的"Single Start"键,弹出对话框,在对话框中输入"sample name""method""data file"等;然后填入进样瓶号(vial)、架号(tray)、进样体积(injection volumn),填完后点击"Start",仪器开始自动进样分析。

6. 数据文件中图谱及数据的打印

数据文件的打印:在文件搜索器中选择欲打印的数据文件,拖曳至报告模板中,然后点击助手栏中的打印按钮即可。

附录 12   依利特 P230 Ⅱ 高效液相色谱仪操作规程

1. 开机

打开总电源,开启紫外-可见检测器开关、开启两个高压恒流泵开关、开启计算机并打开液相色谱检测软件。顺时针拧开高压恒流泵的放空阀,按下"冲洗键",并用小烧杯接住放空管流出的液体,洗涤 30~60 s 后,按下"运行/停止键",逆时针拧紧高压恒流泵的放空阀。

单击液相色谱检测软件的系统配置,然后验证系统配置。

验证成功后,单击仪器控制,设定系统检测条件以及流动相流动条件,开始作基线,基线稳定后停止基线检测。

2. 采集数据

启动数据采集,插入微量进样器后将进样旋钮顺时针旋转至底进样,然后将进样旋钮逆时针旋转至底开始检测。

3. 关机

全部检测完毕后,单击"仪器控制"—"检测器",将氘灯关掉,然后用"甲醇"冲洗色谱柱至基线平直(一般运行 30 min)。用纯净水(或乙醇、甲醇)清洗进样插孔、针头。关掉紫外-可见检测器开关、两个高压恒流泵开关、关掉电脑,然后关掉总电源。

附录 13 Waters 1525－2414 凝胶渗透色谱(GPC)操作规程

1. 仪器启动

(1) 依次打开稳压电源、计算机、泵、柱温箱、示差折光检测器开关;启动 Breeze 软件,输入用户名"Breeze";选择 1515－2414 系统;在 Breeze 软件系统中点击运行样品,点击流量图标设置泵流量。

(2) 在示差折光检测器面板上,点击"Temp℃"设置温度为 40℃(set/control);再点击 Home—Shift 1—显示 Purge 图标,此时示差检测器为 Purge 流路,冲洗示差检测器的样品池及参比池;点击平衡系统/监视基线图标—调用 PS—Purge 方法,点击平衡/监视器,监控基线。

2. 样品测试

(1) 点击 Breeze 软件系统中的单进样图标—输入待测样品名—选择功能(宽分布进样)—选择方法组 PS—输入进样体积(20 μL)及样品测试时间(45 min)—点击单进样,准备进样。

(2) 将进样阀门拨到 Inject 位置(即垂直状态),将进样注射器插入进样器内并插到底(不用过于用劲),进样;进样结束后迅速将进样阀门拨到 Load 位置;到设定的运行时间后,仪器自动停止数据采集,此时窗口显示单进样结束。

3. 数据处理

在 Breeze 软件系统中点击查询数据;在通道界面选中要处理的宽分布未知样—右键点击查看;在查看窗口点击文件—打开—处理方法—(选择最新工作曲线的方法名)—点击处理参数图标—选择编辑现有的 GPC 方法并保留校正,确定—根据处理区间确定积分区域(其余不变)—点击"下一步"直至完成—复制曲线—点击工具栏中结果图标—查看样品的分子量、分子量分布指数、以及分布图,根据需要复制 GPC 曲线,以及调取相关数据(TEXT 文本格式)。

4. 关机

在样品测试结束后,必须在 1.0 mL/min 流速下让流动相继续流 0.5 h;设置变化时间(10 min),以 0.1 mL/min 缓慢递减,将泵流速从 1.0 mL/min 降至 0;关闭泵、示差检测器、柱温箱的电源开关。

附录 14 美国戴安 ICS1600 离子色谱仪操作规程

1. 打开变色龙软件 Chromeleon 7。

2. 在左侧选择仪器(Instrument),右侧出现仪器控制面板。

3. 设定流速,点击"On"开泵。若需要排气泡,则打开废液阀后,点"Prime"排气泡。

4. 开泵后,设定抑制器(Suppressor)电流值为 25 mA,打开抑制器开关。点击采集基线(Monitor Baseline),当基线平稳后,再点击采集基线(Monitor Baseline),停止采集。准备进样分析。

5. 建立仪器方法和处理方法,保存。

6. 建立序列,保存。

7. 数据处理,保存。

附录15　ICS-1100离子色谱操作规程

1. 开机

(1) 确认淋洗液的储量、抑制器再生液储量、基体冲洗液储液量是否满足需要充足,即测完样后剩余量≥2 500 mL。

(2) 若仪器超过1周以上未使用,需要活化抑制器,即分别从抑制器的Eluent out和Regin in两个孔注入5 mL以上的超纯水。

(3) 开启氮气瓶总开关,分压表调至0.3 MPa左右,淋洗液瓶上减压阀调至4～6 psi。

(4) 打开稳压电源开关,待稳压电源稳定后,再打开仪器电源开关、电脑开关。

2. 启动变色龙软件

电脑屏幕下方出现仪器连接成功的图标后,双击桌面上"变色龙软件"快捷键进入工作站,进入仪器的"控制面板"。

3. 运行前的准备工作

(1) 软件与仪器之间建立连接,打上"√"。

(2) 逆时针旋松右泵头上的快速冲洗阀(拧松2圈左右),点击控制面板左边"淋洗阀开关"模块下的"打开"键,排出管路中存在的气泡(约3 min),气泡排完后,旋紧右泵头快速冲洗阀(注意:不要拧得太紧,防止损坏密封圈)。

(3) 设定淋洗液流速为1.0 mL/min,依次打开泵,点击"RFC ONAXP ON",设置柱加热器温度、池温箱温度,输入抑制器类型(ASRS 4 mm),SRS模式选择为"ON"。

(4) 点击工具栏中图标"采集开始/停止",在弹出窗口中的"ECD_ Total"和"ECD_ 1"前打"I",然后按"确定"键,即可采集基线。

4. 进样

待基线平稳(20 min内的基线漂移应≤0.1 μS)后,且总电导在正常范围内(阴离子系统总电导值为15～20 μS),停止基线的采集,开始运行系列进行样品分析。

5. 关机

分析样品结束后,用淋洗液冲洗流路约20 min后,关抑制器电流、柱温、池温,然后关泵、冲洗泵,关主机电源,最后关压力表、气瓶主阀、气瓶减压阀、稳压电源。

第9章 质谱分析法

9.1 方法原理

质谱分析法到现在已经有 80 多年历史了，早期的质谱仪主要是用来进行同位素测定和元素分析。20 世纪 40 年代以后开始用于有机物分析。60 年代出现气相色谱-质谱联用仪，使质谱仪的应用领域发生了巨大的变化，其技术更加成熟，应用更加方便。后来又出现了一些新的技术，如快电子轰击、电喷雾电离、大气压化学电离、液相色谱-质谱联用仪及质谱-质谱联用仪等。这些技术使得质谱仪在生命科学领域发挥了巨大的作用。目前的质谱仪从应用角度可以分为有机质谱仪、无机质谱仪、同位素质谱仪和气体分析质谱仪。其中有机质谱仪种类最多，应用最广泛，仪器数量也最大。在进行有机物分析的质谱仪中，又分为气相色谱-质谱仪(GC-MS)和液相色谱-质谱仪(LC-MS)。前者主要分析相对分子质量小，容易挥发的有机物；后者主要分析难汽化，强极性的大分子有机化合物。GC-MS 仪器比较成熟，使用比较普遍，数量很多。LC-MS 是近年来发展起来的仪器，很有发展前途，但仪器数量较少，应用还不是特别普遍。因此，本章主要介绍质谱技术中 GC-MS 的相关技术。

9.1.1 基本原理

质谱分析法是通过对样品离子的质荷比的分析来实现对样品进行定性和定量分析的一种分析方法。样品被汽化后，气态分子经过等离子化器(如电离)，变成离子或打成碎片，所产生的离子(带电粒子)在高压电场中加速后，进入磁场，在磁场中带电粒子的运动轨迹发生偏转，然后到达收集器，产生信号，信号的强度与离子的数目成正比，质荷比(m/z)不同的碎片(或离子)偏转情况不同，记录仪记录这些信号就构成质谱图。不同的分子得到的质谱图不同，通过分析质谱图可确定相对分子质量及推断化合物分子结构。图 9-1 为某有机物的质谱图。

质谱图的横坐标是质荷比，纵坐标为离子的强度。离子的绝对强度取决于样品量和仪器的灵敏度；离子的相对强度和样品分子结构有关。因为质量是物质的固有特征之一，不同的物质有不同的质谱，利用这一性质，可以进行定性分析。目前，进行有机分析的质谱仪的数据系统中都存有几十万到上百万个化合物的标准谱图，得到一个未知物的谱图后，可以通过计算机进行库检索，查得该质谱图对应的化合物。但是如果质谱库中没有这种化合物的质谱图或谱图有其他组分干扰，检索会给出错误的结果。因此，我们还必须根据有机物的断裂规律，分析不同碎片和分子离子的关系，推测该质谱所对应的结构。

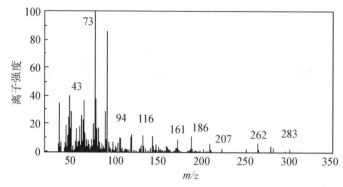

图 9－1　某有机化合物的质谱图

质谱分析过程可简单描述为图 9－2 的方式。

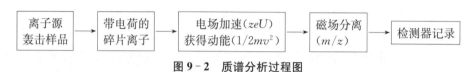

图 9－2　质谱分析过程图

(z 为电荷数；e 为电子电荷；U 为加速电压；m 为碎片质量；v 为电子运动速度)

用质谱法进行有机化合物定量分析通常是在把质谱仪看作一种检测器，与其他分离仪器联用，利用峰面积与含量成正比的关系进行定量。

9.1.2　分析方法

现在最常用的质谱联用仪器有：气相色谱-质谱联用仪(GC－MS)、液相色谱-质谱联用仪(LC－MS)和质谱-质谱联用仪(MS－MS)。

气相色谱是很好的分离装置，但是不能够对化合物定性，质谱仪是很好的定性分析仪器，但要求样品为纯品。将色谱与质谱联合起来，就可以使分离和鉴定同时进行，对于混合物的分析是比较理想的仪器。

GC－MS 主要由三部分组成：色谱部分、质谱部分和数据处理系统。色谱部分和一般的色谱仪相同。在色谱部分，混合样品在合适的色谱条件下分离成单个组分，然后进入质谱仪进行鉴定。

GC－MS 只适用于分析可以汽化的样品，为此发展了 LC－MS 联用仪。

色谱、电泳等分离方法与质谱分析相结合为复杂混合物的在线分离分析提供了有力的手段，GC－MS 联用技术的应用已得到充分的证明。近年来把液相色谱、毛细管电泳等高效分离手段与质谱连接已在分析强极性、低挥发性样品的混合物方面取得了进步。

如果把两台质谱仪串联起来，把第一台用作分离装置，第二台用作分析装置，这样不仅能把混合物的分离和分析集积在一个系统中完成，而且由于把电离过程和断裂过程分离开来，从而提供多种多样的扫描方式发展二维质谱分析方法来得到特定的结构信息。本法使样品的预处理减少到最低限度，而且可以抑制干扰，特别是化学噪声，从而大大提高检测极限。

串联质谱技术对于利用上述各种解吸电离技术分析难挥发、热敏感的生物分子也具有重要的意义。首先解吸电离技术一般都使用底物,因此造成强的化学噪声,用串联质谱可以避免底物分子产生的干扰,大大降低背景噪声。其次解吸电离技术一般都是软电离技术,它们的质谱主要显示分子离子峰,缺少分子断裂产生的碎片信息。如果采用串联质谱技术,可使分子离子通过与反应气体的碰撞来产生断裂,因此能提供更多的结构信息。

近年来把质谱分析过程中的电离和碰撞断裂过程分离开来的二维测定方法发展很快,主要的仪器方法有以下几种。

(1) 串联质谱法(Tandem MS)　常见的形式有串联(多级)四极杆质谱,四极杆和磁质谱混合式(Hybride)串联质谱和采用多个扇形磁铁的串联磁质谱。

(2) 傅里叶变换质谱(FT-MS)　又叫离子回旋共振谱,它利用电离生成的离子在磁场中回旋共振,通过傅里叶变换得到这些离子的质谱,这种谱仪过去由于电离造成真空降低与回旋共振要求高真空条件相矛盾,性能不能过关。近年来由于分离电离源技术日趋成熟,这种分析方法得到了较大发展,它的优点是很容易做到多级串联质谱分析,目前可分析质量范围已达 5 万左右,分辨力也可达 1 万。

(3) 整分子汽化和多光子电离技术(LEIM-MUPI)　它是在微激光解吸电离技术的发展中最近出现的一种新方法。它把解吸和电离两个环节在时间和空间上分离开来,分别用两个激光器进行解吸和电离。使用红外激光器来实现整分子汽化,使用可调谐的紫外激光器对电离过程实行宽范围的能量控制,从而得到从电离(只显示分子离子)到各种程度不同的硬电离质谱,并成功地用于生物大分子的序列分析。

9.2　仪器结构与原理

一台质谱仪的分析系统一般由四个部分组成,如图 9-3 所示。进样系统按电离方式的需要,将样品无分馏地送入离子源的适当部位。离子源是用来使样品分子或原子电离生成离子的装置,除了使样品电离外,离子源还必须使生成的离子会聚成有一定能量和几何形状的离子束后引出。质量分析器是利用电磁场(包括磁场、磁场与电场组合、高频电场、高频脉冲电场等)的作用将来自离子源的离子束中不同质荷比的离子按空间位置、时间先后或运动轨道稳定与否等形式分离的装置。检测器是用来接收、检测和记录被分离后的离子信号的装置。样品由进样装置导入离子源,在离子源中被电离成正离子或负离子,离子按质荷比大小由质量分析器分离后,被检测系统接收并记录获得质谱图。

图 9-3　质谱仪分析系统的基本组成

一台完整的质谱仪器,除了分析系统之外还有电学系统和真空系统。电学系统为质谱仪器的每一个部件提供电源和控制电路。真空系统提供和维持质谱仪器正常工作所需要的高真空,通常为 $10^{-9} \sim 10^{-3}$ Pa。另外,现代质谱仪器均配有计算机数据处理系统。随着计算机技术的飞速发展,计算机也越来越多地承担起仪器控制的任务,质谱仪器的控制和操作的自动化程度大大提高。

1. 进样系统

通常的质谱仪器都是在高真空条件下工作的,而被分析的样品则处于常压环境下。将样品无分馏、快速、安全和方便地送入质谱仪器的离子源是进样系统的主要任务。

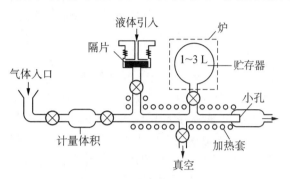

图 9-4　间歇式进样示意图

进样方式有如下三种。

(1) 间歇式进样　适用于气体、沸点低且易挥发的液体、中等蒸气压固体,如图 9-4 所示。进样程序为:注入样品(10~100 μg)—贮样器(0.5~3 L)—抽真空(10~2 Torr①)并加热—样品蒸气分子(压力陡度)—漏隙—高真空离子源。

(2) 直接探针进样　适用于高沸点液体及固体。探针杆通常是一根规格为 25 cm×6 mm,末端有一装样品的黄金杯(坩埚),将探针杆通过真空闭锁系统引入样品。

(3) 色谱进样　利用气相和液相色谱的分离能力,与质谱仪联用,进行多组分复杂混合物的分析。

2. 离子源

离子源是质谱仪器最主要的组成部件之一。其作用是使被分析的物质电离成为离子,并将离子会聚成有一定能量和一定几何形状的离子束。由于被分析物质的多样性和分析要求的差异,物质电离的方法和原理也各不相同。在质谱分析中,常用的电离方法有电子轰击、离子轰击、原子轰击、真空放电、表面放电、场致电离、化学电离和光致电离等。各种电离方法是通过对应的各种离子源来实现的,不同离子源的工作原理、组成结构各不相同。

最常使用的离子源是电子轰击源,其作用过程如图 9-5 所示。

在电离室内,气态的样品分子受到高速电子的轰击后,该分子就失去电子成为正离子(分子离子),分子离子继续受到电子的轰击,使一些化学键断裂,或引起重排以瞬间速度裂解成多种碎片离子(正离子)。在排斥极上施加正电压,带正电荷的阳离子被排挤出离子化室而形成离子束,离子束经过加速极加速,进入质量分析器。多余的热电子被钨丝对面的电子收集极(电子接收屏)捕集。

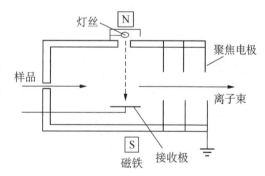

图 9-5　电子轰击离子源

3. 质量分析器

质量分析器是质谱仪器的主体部分,又称离子分析器。它把不同质荷比的正离子,按质荷比的大小进行分离。质量分析器有单聚焦分析器、双聚焦分析器、四极杆分析器、离子阱分析器、飞行时间分析器等。

---

①　1 Torr=133.322 4 Pa。

一个理想的质量分析器应具备分辨率高、质量范围宽、分析速度快、灵敏度高及无质量歧视效应等特点。

4. 离子检测系统

在质谱仪器中,离子源内生成的离子经过质量分析器的分离后,由离子检测系统按离子质荷比大小接收和检测。作为质谱仪器的检测器,主要使用电子倍增器,也有的使用光电倍增管。一定能量的离子轰击阴极导致电子发射,电子在电场的作用下,依次轰击下一级电极而被放大,电子倍增器的放大倍数一般为 $10^5 \sim 10^8$。电子倍增器中电子通过的时间很短,利用电子倍增器可以实现高灵敏、快速测定。但电子倍增器存在质量歧视效应,且随使用时间增加,增益会逐步减小。

出来的电信号被送入计算机贮存,这些信号经过计算机处理后可以得到色谱图、质谱图和其他各种信息。

5. 真空系统

为了保证离子源中灯丝的正常工作,保证离子在离子源和分析器中正常运行,消减不必要的离子碰撞、散射效应、复合反应和离子-分子反应,减少本底与记忆效应,因此,质谱仪的离子源和分析器都必须处在优于 10^{-3} Pa 的真空中才能工作。一般真空系统由机械真空泵和扩散泵或涡轮分子泵组成。涡轮分子泵直接与离子源或分析器相连,抽出的气体再由机械真空泵排到体系之外。近年来有些仪器不用扩散泵改用分子涡轮泵。

9.3 实验内容

实验一 GC-MS 法测定多环芳烃样品

一、目的及要求

1. 掌握 GC-MS 工作的基本原理。
2. 了解仪器的基本结构及操作。
3. 初步学会分离检测条件的优化。
4. 初步学会谱图的定性定量分析。

二、实验原理

1. 气相色谱(GC)

GC 是一种分离技术。在实际工作中要分析的样品通常很复杂,因此,对含有未知组分的样品,首先必须要将其分离,然后才能对有关组分做进一步的分析。混合物中各个组分的分离性质在一定条件下是不变的,因此,一旦确定了分离条件,就可用来对样品组分进行定量分析。

GC 主要是利用物质的沸点、极性及吸附性质的差异来实现混合物的分离。待分析样品在气化室汽化后被惰性气体(即载气,也叫流动相)带入色谱柱,柱内含有固定相,由于样品中各个组分的沸点、极性或吸附性能不同,每种组分都倾向在流动相和固定相之间形成分配或吸附平衡。载气在流动,使得样品组分在运动中进行反复多次的分配或吸附-解吸,结果使在载气中分配浓度大的组分先流出色谱柱进入检测器,检测器将样品组分的存在与否转变为电信号,电信号的大小与被测组分的量或者浓度成比例,这些信号放大并记录下来就成了通常我们看到的色谱图。

2. 质谱(MS)

质谱法是通过将样品转化为运动的气态离子并按照质荷比(m/z)大小进行分离记录的分析方法,根据质谱图提供的信息可以进行多种有机物及无机物的定性定量及结构分析。其早期主要用于分析同位素,现在已经成为鉴定有机化合物结构的重要工具之一。MS可以提供相对分子质量信息以及丰富的碎片离子信息,从而根据碎裂方式和碎裂理论深入研究质谱碎裂机理,为分析鉴定有机化合物结构提供数据,对于离子结构对应的分子组成、精确质量的测定可以给出有力的证明。对于一个未知物而言,可以在一定程度上通过质谱来确定其可能的结构特征。

本实验用的仪器是电子轰击离子源[离子源为灯丝(70 eV),可以发出电子],有机化合物在高真空中受热汽化后,受到具有一定能量的电子束轰击,可使分子失去电子而形成分子离子。这些离子经离子光学系统聚焦后,进入离子阱质量分析器,通过射频电压扫描,不同质荷比的离子相继排出离子阱而被电子倍增器检测。

3. 气质联用(GC-MS)

色谱法对有机化合物是一种有效的分离分析方法,但有时候定性分析比较困难,而质谱法虽然可以进行有效的定性分析,但对复杂的有机化合物就很困难了,因此色谱法和质谱法的结合为复杂有机化合物的定量、定性及结构分析提供了一个良好的平台。气质联用仪是分析仪器中较早实现联用技术的仪器,在所有联用技术中气质联用发展最完善,应用最为广泛。两者的有效结合既充分利用了气相色谱的分离能力,又发挥了质谱定性的专长,优势互补,结合谱库检索,对容易挥发的混合体系,一般情况下可以得到满意的分离及鉴定结果。

气相色谱仪分离样品中各个组分,起着样品制备的作用;接口把气相色谱流出的各个组分送入质谱仪进行检测;质谱仪对接口引入的各个组分进行分析,成为气相色谱的检测器;计算机系统控制气相色谱、接口和质谱仪,进行数据采集和处理。

三、仪器与试剂

1. 仪器

(1) GC-MS气相色谱质谱联用仪(美国 Agilent 6890/5975)。

(2) 毛细管气相柱:Agilent DB-5 MS 30 m×0.25 mm×0.25 μm。

2. 试剂

(1) 标准样品:多环芳烃混合样品,萘、苊烯、苊、芴、菲、蒽、荧蒽、芘、苯并蒽、苯并荧蒽、苯并芘、茚并芘、二苯并蒽、苯并苝。

(2) 测试样品:环境中萃取出来的多环芳烃混合物。

四、实验步骤

1. 进样操作:优化一个 GC 条件来测定环境中萃取出来的多环芳烃。

2. 图谱搜索与解析:从标准样品图谱中寻找并确定目标化合物;实际样品中鉴定不同

的多环芳烃。

五、数据处理

1. 利用质谱图对色谱流出曲线上的每一个色谱峰对应的化合物进行定性鉴定。

2. 利用标准品对环境中萃取出来的多环芳烃混合物中的每一种多环芳烃进行定量分析。

六、注意事项

1. 小心不要碰到 GC 进样口,以免烫伤。

2. 不要随意按动仪器面板上的按钮,以免出现不可预知的故障与危险,否则酌情扣分。

3. 做实验之前请认真预习相关知识,可参考教材中的色谱法引论、气相色谱法和质谱法中的相关内容。

4. 进样时要使针头垂直插入进样口,小心不要把进样针弯折。

5. 多环芳烃多有致癌作用,实验完毕请及时洗手。

七、思考题

1. 在气相色谱仪上分析的样品有何特点?

2. 质谱仪的主要功能是什么? 如何达到这个目的?

3. 本实验有何注意事项?

实验二 紫苏挥发油 GC - MS 分析

一、目的及要求

了解 GC - MS 定量分析方法、特点及注意事项。

二、实验原理

紫苏为常用的辛温解表药,具有解表散寒、行气和胃等功效,用于风寒感冒,咳嗽呕恶,妊娠呕吐,鱼蟹中毒等症。其药源为一年生草本唇形科植物皱紫苏 *Perilla frutescens*(*L.*) *Britt* 的干燥叶、茎、果。传统认为紫苏以湖北为道地产区。本实验采用湖北产紫苏,以水蒸气蒸馏法提取其有效成分挥发油,并利用气-质联用技术对其化学成分进行分析,通过计算机检索与标准图谱对照鉴定化合物,用面积归一化法确定各化合物在挥发油中的相对含量,为进一步对紫苏挥发油进行成分分析提供科学依据。

三、仪器与试剂

1. 仪器

(1) HP6890 气相色谱;

(2) HP5975 质谱联用仪。

2. 试剂

紫苏全草,购自湖北省药材公司。

四、实验步骤

1. 取干燥紫苏粉末(过 40 目筛)100 g,置于圆底烧瓶中,照中国药典中挥发油测定方法测得油率。

2. 取挥发油测定所得紫苏油适量,用 ψ(正己烷∶无水乙醇)=1∶1 制成 10 mg/mL 供试溶液,依法进行挥发油成分分析,所得图谱经计算机峰纯度检测,并将得到的质谱数据经 Wiley138 质谱数据库检索。用面积归一化法确定各成分的相对百分含量。

3. 实验条件

(1) 色谱条件:BP1(non polar)60 m×0.22 mm×0.25 μm 石英毛细管柱。

(2) 柱温:80℃保持3 min,以 5℃/min 速率一阶升温至 110℃保持 10 min,以 2℃/min 速率二阶升温至 160℃保持 20 min,再以 5℃/min 速率三阶升温至 220℃保持 20 min。

(3) 载气:氦气,流量 1 mL/min。

(4) 进样口温度:240℃。

(5) 进样方式:1 μL 不分流进样。

(6) 延时:7 min。

(7) 电压:1972 mV。

(8) 质谱温度:173℃。

(9) 扫描范围:50~550 amu。

五、数据处理

1. 对紫苏挥发油中分离出的色谱峰进行鉴定,把鉴定出的色谱峰的成分及其含量列表标出,并确定挥发油的总量。

2. 从中药现代化角度考虑,了解紫苏挥发油的主成分的作用,为其开发成不同治疗作用的药物提供依据。

六、思考题

1. 在分析挥发油的过程中有哪些注意事项?

2. 用面积归一化法确定挥发油的各成分的含量时必须符合什么样的条件?

实验三　GC-MS 法分析焦化废水中的有机污染物

一、目的及要求

1. 了解 GC-MS 分析的一般过程和主要操作。

2. 了解 GC-MS 分析条件的设置。

3. 了解 GC-MS 数据处理方法。

二、实验原理

焦化废水是煤制焦炭、煤气净化及焦化产品回收过程中产生的废水,其成分复杂多变,是一种难处理的工业废水。废水中含有大量有机污染物,如酚类、多环芳烃、含氮有机物及杂环化合物等,这些组分对环境会造成严重染物,特别是酚类化合物,可使蛋白质凝固。有的物质还是强致癌物质,对人和农作物带来极大的危害。目前焦化废水一般采用活性污泥法进行处理。分析了解焦化废水处理前后水质情况,为建立更好的废水处理方法提供指导和依据,有着非常重要的意义。

本实验用气相色谱-质谱联用仪器对超声波处理焦化废水前后水质情况进行了分析,建立一种静态顶空——GC-MS全自动分析方法,方法简单、快速、有效,为焦化废水实现在线监测提供了确实可行的新分析方法。

三、仪器与试剂

1. 仪器

(1) HP6890 气相色谱。

(2) HP5975 质谱联用仪。

2. 试剂

(1) KD 浓缩仪(500 mL)。

(2) 二氯甲烷(色谱纯)。

(3) 硫酸、氢氧化钠、无水硫酸钠:均为分析纯。

(4) 水样:取自江苏盐城某化工厂。

四、实验步骤

1. 在纯净水中加入一定量的苯酚标准物,并进行超声波净化处理。然后与没超声处理的样品分别进样分析。

2. 500 mL 水样放入 1 L 分液漏斗中(pH≈7)。加入 10 mL 二氯甲烷混合振动,静置分层,再重复萃取 1 次。然后用 10 mol/L 氢氧化钠调 pH 大于 11,以 10 mL 重复萃取 3 次,加 1∶1 硫酸调 pH 小于 2,以 10 mL 重复萃取 3 次。将中性、碱性、酸性条件下萃取后的有机相合并,加入无水硫酸钠吸收水分,过滤转移入 500 mL KD 浓缩仪,浓缩至 1 mL 备用。取 1 μL 做 GC-MS 分析。

取 10 mL 水样加入 25 mL 顶空瓶,自动放入 60 炉中加热,取 1 mL 液上气体进 GC-MS 分析。所有操作均由仪器自动完成。

3. 实验条件

(1) GC 条件:色谱柱 DB25MS 30 m×0.25 mm×0.25 μm 石英毛细管柱。

(2) 程序升温:40℃恒温 2 min, 5℃/min 到 250℃恒温 5 min。

(3) 进样条件:进样量 1 μL,进样口温度 250℃,载气流速 1 mL/min。

(4) MS 条件:发射电流 150 eV;离子源温度 200℃。

(5) 电离方式 EI:电子能量 70 eV;扫描范围 45~465 amu;倍增器电压 2 000 V。

(6) HS 条件:40℃保温 5 min,注射器温度 60℃,进样量 1 mL。

五、数据处理

1. 对处理前的苯酚色谱图和处理后的色谱图进行比较,计算去除率。

2. 对废水经过 L-L 萃取和 K-D 浓缩后,对水样进行分析,得到总离子流图。利用谱图库鉴定出有哪些有机物,并对超声前后的有机物的数量和种类进行分析,并分析原因。

六、思考题

对 L-L 萃取、静态顶空两种不同的前处理方法进行分析比较,各有什么优缺点?

实验四　可乐饮料中咖啡因的 GC-MS 定量测定

一、目的及要求

1. 了解 GC-MS 定量分析方法、特点及注意事项。
2. 了解 GC-MS 分析条件的设置。

二、实验原理

目前我国市场上出售的可乐饮料,一般都含有咖啡因,但是含量高低不一。咖啡因为黄嘌呤结构化合物,相对分子质量为194,是提高中枢神经系统兴奋的药物。饮料中若含有过多的咖啡因,对某些中枢神经系统有疾患的人或少儿不宜。因此,对这些饮料中的咖啡因作定量检测是非常必要的。

用 GC-MS 进行有机物定量分析,其基本原理和 GC 法相同,即样品量与总离子流色谱图峰面积成正比。但是,由于质谱仪对不同化合物的响应值不同,因此需要进行校正,测不同组分的校正因子。如果测一个组分的含量,可以用标准曲线方法或者单点标准法。

单点标准法原理:制备具有合适浓度的待测样品 1 和具有一定浓度的标准样品 2,在两个样品中分别加入内标物,然后进行测定,对于样品 1(浓度为 $c_{未}$),面积分别为 $A_{未}$ 和 $A_{内标物1}$,对于样品 2(浓度为 $c_{标}$),面积分别为 $A_{标}$ 和 $A_{内标物2}$,考虑到两次进样量的影响,利用内标物进行校正,有

$$c_{未} = \frac{A_{未}}{A_{标}} \frac{A_{内标物2}}{A_{内标物1}} c_{标}$$

$$W_{未} = \frac{A_{未}}{A_{标}} \cdot \frac{A_{内标物2}}{A_{内标物1}} W_{标}$$

式中,$W_{未}$ 为待测组分的质量;$W_{标}$ 为标准物的质量。

三、仪器与试剂

1. 仪器

美国 HP5890(GC)-5970(MSD)。

2. 试剂

(1) 咖啡因标准物:进口分装白色结晶,熔点为 233~235℃,全合成产品。

(2) 内标物:对-溴酰苯胺(简称 PBA),进口分装,相对分子质量为 213。

(3) 可乐 1 号,可乐 2 号,可乐 3 号饮料均系市售。

四、实验步骤

1. 标准品和内标物的配置方法(PBA 为内标准物):先制备 1 mg/mL 的四氢呋喃溶液

标准品溶液(A)和内标物的标准溶液(B),分别取出 A 和 B 溶液各 $100\ \mu L$ 混合成 $200\ \mu L$ 标准混合液(C),进样 $2\ \mu L$。

2. 取 40 mL 可乐饮料,加入适量硫酸钠至饱和,各用 20 mL 乙醚振摇提取两次,合并乙醚液,加入适量无水硫酸钠干燥一夜,低温下减压旋转蒸发干乙醚,待 GC - MS 分析。测定用溶液为重蒸四氢呋喃。在已经蒸干乙醚的试管内加入 $100\ \mu L$ 内标溶液,加入 $100\ \mu L$ 四氢呋喃,形成 $200\ \mu L$ 待测液(D),进样 $2\ \mu L$,其中含有和标准混合液中相同数量的内标物。

3. 实验条件

(1) GC 条件:OV - 1($30\ m \times 0.25\ mm \times 0.25\ \mu m$ 弹性毛细管柱)。

(2) 程序升温:160℃,12℃/min 至 200℃,5℃/min 至 225℃。

(3) 进样口温度:280℃;载气:氦气;柱头压:10 psi。

(4) MS 条件:溶剂滞留时间 4.5 min,扫描范围为 40～220 amu,离子源聚焦电压 4 V,倍增器电压 1 800 V。

五、数据处理

1. 对三种可乐得出的总离子流色谱图和标准溶液的质谱图进行比较,考察是否相同。

2. 根据实验原理中的公式,计算咖啡因含量(以每 1 mL 饮料中含咖啡因的微克列表做比较),见表 9 - 1。

表 9 - 1 不同饮料中咖啡因的含量

饮　　料	可乐 1 号	可乐 2 号	可乐 3 号
咖啡因/($\mu g/mL$)			

六、思考题

1. 色谱法的内标法和外标法比较,各有什么优缺点?

2. 用 GC - MS 定量分析与 GC 法定量分析有什么相同之处和不同之处?

附录 16 Agilent 6890/ 5975 气质联用仪操作规程

1. 适用范围

空气,水质,固体样品中有机物的定性定量分析。

2. 开机

(1) 开载气,开稳压器电源。

根据待测样品选择合适的毛细管柱,并将其两端分别连接进样口及质谱检测器。

(2) 依次开启色谱仪、质谱仪及工作电源,在 MSD 的油泵连续抽真空 3～4 h 后,双击桌面上的图标"SHGCMS♯1",打开 MSD 的化学工作站,如附录图 16 - 1 所示。

(3) 由主菜单上"Instrument→MS Temperatures …"窗口,对 MS 的四极杆及离子源的温度进行设定。由"Instrument→GC Edit Parameters …"窗口,对 GC 的载气模式、流量、分流比、进样口温度、柱温、程序升温等参数进行设定。

由"Instrument→MS SIM/Scan Parameters …"窗口分别设定溶剂延长时间、EM 电压、

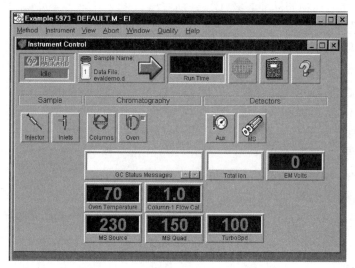

附录图 16－1

扫描方式等参数。

（4）待仪器运行达到各项设定的参数后，由"Instrument→tune MSD→OK"，点击"OK"进行 MS 的自动调谐。

（5）待 MS 调谐通过后，点击主菜单上"Sequence→Edit Sequence …"进入样品信息窗口，输入样品的各项信息。

（6）输完样品信息后，由主菜单"Sequence→Run Sequence"进入样品自动运行并检测阶段。

3. 手动进样

（1）在进样和注样参数对话框中选择"Manual"作为注样源。

（2）在 GC 键盘上按"Run"键，将删去节气器气流，进去流导入到设置点阀，并关闭吹扫阀（只针对无分流注样）。

（3）从主视窗或仪器控制窗口中的"Method"菜单中选择"Run"。

（4）出现开始运行对话框后，核实样品信息。

（5）单击"Run Method"来初始化运行，如果温度稳定，将出现准备注样对话框；否则，将显示等待 GC 准备好。

（6）当 GC 温度稳定后（GC 上的"Pre Run"等稳定），开始进样，同时按 GC 上的"Start"键。

4. 分析

（1）待仪器运行完所有的样品后，由主菜单上"View→Date Analysis(Offline)"进入离线色谱工作站界面。

（2）调用数据分析文件

① 在数据分析菜单，从"File"菜单中选择"Load"。

② 选择一个数据文件（双击文件名），这个数据文件的色谱图被调用并显示在窗口。

（3）积分色谱图

① 如果使用的积分器并非当前选项，打开"Chromatogram"菜单，单击"Select

Integrator"选项,选中一个积分器并单击"OK"即可。

② 从"Chromatogram"菜单中选择"Integrate"。

③ 从"Chromatogram"中选择"List Results",结果将转化为表格显示在屏幕上,查看完毕后,单击"Done"。

(4) 选择质谱图并使用质谱库检索

用鼠标右键双击色谱图中感兴趣的时间点,质谱图将显示于窗口。通过在质谱窗口中双击鼠标右键来开始库检索。当检索完成后,检索结果显示在屏幕上。对于未知物质谱,我们从显示的结果列表中选择参考质谱,如果可能,参考化合物的化学结构也将被显示出来。

5. 关机

(1) 在"SH GCMS♯1"窗口下,由"View→Tune and Vacuum Control"进入"SH GCMS♯1 Tune→EI mode→atune.u"窗口。在该窗口下由"Vacuum→Went→OK",仪器在一定的时间内降低真空度、四极杆和离子源温度(小于 100℃)的同时也会降低色谱仪的柱温,进样口温度降至室温。

(2) 关闭工作站,计算机电源,色谱仪电源,质谱仪电源,最后关闭稳压器电源,关闭气体(条件允许,载气不关更好)。

6. 注意事项

(1) 机器正在运行时,必须避免突然断电,否则将大大缩短真空泵的寿命。

(2) 温度设定不准超过各部件的最高使用温度(特别是毛细管柱子)。

(3) 应在开机 3～4 h 系统稳定后进行自动调谐。

7. 仪器维护

(1) 每次开机前检查套筒和柱螺帽等的松紧。

(2) 每周根据需要更换玻璃套管,O 形圈以及进样垫。

(3) 经常观察油泵内的油是否变黑,如果变黑要及时更换。

(4) 根据要求定期老化毛细管柱子。

(5) 每月根据需要清理分流和不分流进样口出口管线的进化器,进行氦气检漏,检查所有接点,在供气端对进样口和色谱柱两头及检测器的接头进行检漏。

(6) 每半年清洗一次离子源、检测器。

(7) 进行仪器维护后,要按时做好相应的记录。

第 10 章 电 位 分 析 法

10.1 方法原理

电位分析方法是以测定原电池的电动势为基础的分析方法。测定的基本方法是将一个对被测离子敏感的指示电极插入试样溶液中,它的电极电位只随溶液中待测离子的活度(或浓度)而变化;再用一个参比电极插入溶液,但是它的电极电位不随待测离子浓度而变化,在测定条件下保持恒定。由插入溶液的两支电极和溶液构成原电池,其电动势就是两电极引出导线间的电位差,可以由一个高输入阻抗的电位差计(如酸度计、离子计等)测量出来。所测得的电动势与溶液中待测离子活度(或浓度)之间有确定的对应关系,故可以应用于溶液中某种离子活度或浓度的定量。

电位分析法简称电位法,它是利用化学电池内电极电位与溶液中某种组分浓度的对应关系实现定量测定的一种电化学分析法。电位分析法分为直接电位法和电位滴定法两类。直接电位法是通过测量电池电动势来确定物质浓度的方法;电位滴定法是通过测量滴定过程中电池电动势的变化来确定终点的滴定分析法。

10.1.1 基本原理

在直接电位法中,电极电位是在零电流(即通过指示电极的电流为零)下测得的平衡电位,此时,电极上的电极过程处于平衡状态。在此状态下,电极电位与溶液中参与电极过程的物质的活度之间的关系服从能斯特方程,这就是电位分析法的理论基础。

1. 直接电位法定量分析的基本理论基础

被测离子的活度 $\alpha_{M^{n+}}$ 可通过测量电池电动势而求得

$$E = K - \frac{RT}{nF} \ln \alpha_{M^{n+}} \tag{10-1}$$

2. 电位滴定法的基本理论基础

若 M^{n+} 是被滴定的离子,在滴定过程中,指示电极的电极电位 $\varphi_{M^{n+}/M}$ 将随 $\alpha_{M^{n+}}$ 变化而变化,电池电动势 E 也随之变化。在化学计量点附近,$\alpha_{M^{n+}}$ 将发生突变,相应的 E 也有较大的变化。通过 E 的变化就可以确定滴定的终点,根据所需滴定试剂的量可计算被测物的含量。

这里简要介绍一下参比电极和指示电极。

1）参比电极

参比电极是测量电池电动势、计算电极电位的基准,常用的参比电极有氢电极、甘汞电极和银-氯化银电极等。

(1) 氢电极

将镀上一层铂黑的铂片,插入氢离子活度为 1 mol/L 的溶液中,不断通入氢气,使其压力为 $1.013\ 3 \times 10^5$ Pa,铂黑吸附氢气形成氢电极。在上述条件下,规定它的电位为零,作为标准电位。图 10-1 为标准氢电极。

(2) 甘汞电极

甘汞电极(图 10-2)属于金属-金属难溶盐电极。甘汞电极有两个玻璃套管,内套管封接一根铂丝,铂丝插入厚度为 0.5～1.0 cm 的纯汞中,汞下装有甘汞(Hg_2Cl_2)和汞的糊状物;外套管装入 KCl 溶液。电极下端与待测溶液接触处熔接玻璃砂芯或陶瓷芯等多孔物质。

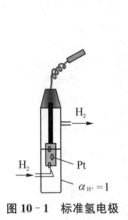

图 10-1　标准氢电极

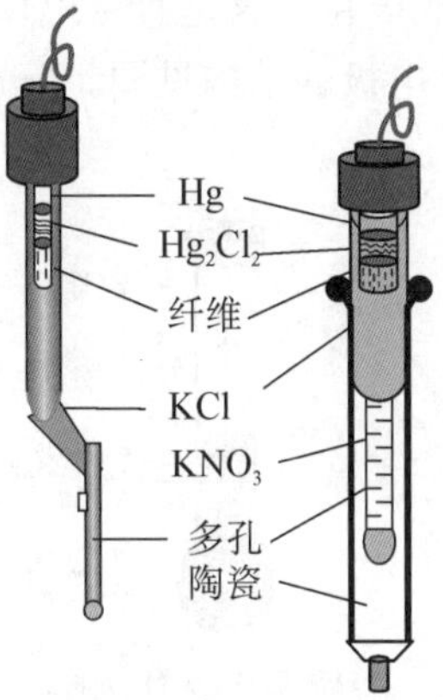

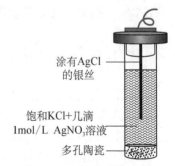

图 10-2　甘汞电极

当温度一定时,甘汞电极的电极电位与 KCl 溶液的浓度有关;当 KCl 溶液的浓度一定时,其电极电位是个定值。

饱和甘汞电极是最常用的一种参比电极。在使用饱和甘汞电极时需要注意以下几个问题:① KCl 溶液必须是饱和的,在甘汞电极的下部一定要有固体 KCl 存在,否则要补加 KCl;② 内部电极必须浸泡在 KCl 饱和溶液中,且无气泡;③ 使用时将橡皮帽去掉,不用时戴上。

(3) 银-氯化银电极

银-氯化银电极属于金属-金属难溶盐电极。将表面镀有氯化银层的金属银丝,浸入一定浓度的 KCl 溶液中,即构成银-氯化银电极,见图 10-3。

图 10-3　银-氯化银电极

2）指示电极

在电位分析中,能指示被测离子活度的电极称为指示电极。常用的指示电极主要是一些金属基电极及各种离子选择性电极。

(1) 金属基电极

金属基电极是以金属为基体,其共同的特点是电极上有电子交换反应,即氧化还原反应发生。它可以分成下述四种。

① 金属-该金属离子电极(第一类电极)。

② 金属-该金属难溶盐电极(第二类电极)。

③ 金属-该金属的难溶盐、此难溶盐的阴离子组成的电极(或难电离的配合物)(第三类电极)。

④ 惰性金属电极(零类电极)。

指示电极的电极电位由于来源于电极表面的氧化还原反应,故选择性不高,因而在实际工作中更多使用的是离子选择性电极。

(2) 离子选择性电极

离子选择性电极是一种电化学传感器,它是由对某种特定离子具有特殊选择性的敏感膜及其他辅助部件构成的。在敏感膜上并不发生电子得失,而只是在膜的两个表面上发生离子交换,形成膜电位。这是直接电位法中应用最广泛的一类指示电极。

离子选择性电极的结构见图 10 - 4。

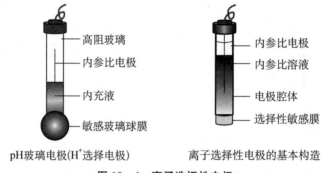

pH玻璃电极(H⁺选择电极)   离子选择性电极的基本构造

图 10 - 4　离子选择性电极

各种离子选择性电极的构造虽各有其特点,但它们的基本形式是相同的。将离子选择性敏感膜封装在玻璃或塑料管的底端,管内装有一定浓度的被响应离子的溶液作为参比溶液,插入一支银-氯化银电极作内参比电极,这就构成了离子选择性电极。

10.1.2　分析方法

分析方法有直接电位法和电位确定法。

1. 直接电位法

用离子选择性电极直接测定溶液中的 pH 和离子活度的方法,称为直接电位法。

(1) 电池电动势与离子活(浓)度的关系

直接电位法通常是以饱和甘汞电极为参比电极,以离子选择性电极为指示电极,插入待测溶液中组成一个化学电池。用精密酸度计、数字毫伏计或离子计测量两电极间的电动势(或直读离子活度)。

测量溶液的 pH 时,参比电极为电池的正极,玻璃电极为负电极,电池的电动势为

$$E = \varphi_{SCE} - \varphi_{玻} = \varphi_{SCE} - K + \frac{2.303RT}{F}\mathrm{pH} = K' + \frac{2.303RT}{F}\mathrm{pH} \tag{10-2}$$

测量其他离子活度时,离子选择性电极为电池的正极,参比电极为负极,电池电动势为

$$E = \varphi_{离} - \varphi_{SCE} = K \pm \frac{2.303RT}{nF}\lg\alpha_i - \varphi_{SCE} = K' \pm \frac{2.303RT}{nF}\lg\alpha_i \qquad (10-3)$$

根据以上两式就可以进行溶液 pH 或其他离子活度的测量。

直接电位法测量的是溶液中离子的活度,而分析测试的目的常常是要确定离子的浓度,为了将活度和浓度联系起来,必须控制离子强度,为此,需加入惰性电解质。一般将含有惰性电解质的溶液称为总离子强度调节剂。目前常用的有 HAC‑NaAC‑NaCl‑柠檬酸钠,磷酸盐‑柠檬酸盐‑EDTA 等。

(2) 测定离子活(浓)度的定量分析方法

① 直读法(标准比较法)。直读法是能够在离子计(或 pH 计)上直接读出待测离子活(浓)度的方法。直读法可分为单标准比较法和双标准比较法。

单标准比较法是先选择一个与待测离子活度相近的标准溶液,在相同的测试条件下,用同一对电极分别测定标准试液和待测试液电池的电动势。

实验的具体做法:在标准溶液及待测试液中分别加入等量的离子强度调节剂,先用标准溶液校正电极和仪器,通过调节电位旋钮,使仪器的读数与标准溶液的浓度一致,随即用校正后的电极测定待测试液,即可从仪器上直接读出被测离子的浓度。

双标准比较法是通过测量两个标准溶液 α_{s_1} 和 α_{s_2} 及试液 α_x 的相应电池的 E_{s_1} 和 E_{s_2} 和 E_x 来测定试液中待测离子的活度。由两个标准溶液中待测离子活度和测量的两个相应电动势,可以确定电极的斜率 S。

代入 $\lg\alpha_x = \pm\dfrac{\Delta E}{S} + \lg\alpha_s$ 得

$$\lg\alpha_x = \frac{\Delta E}{\Delta E_s}\lg\left(\frac{\alpha_{s_2}}{\alpha_{s_1}}\right) + \lg\alpha_s \qquad (10-4)$$

利用上式可计算试液中待测离子的活度。

双标准比较法电极的响应斜率是通过实验测得的,所以更接近真实值。因此,双标准比较法的准确度比单标准比较法高。

② 标准曲线法。标准曲线法是直接电位法中最常用的定量分析方法,它与一般的标准曲线法相同。

首先,用待测离子的纯物质配制一系列不同的标准溶液,其离子强度用惰性电解质进行调节。然后,在相同的测试条件下,用选定的指示电极和参比电极按浓度从低到高的顺序分别测定各标准溶液的电池电动势,作 $E\text{-}\lg c$ 或 $E\text{-}pM$ 图,在一定范围内它是一条直线。待测试液进行离子强度调节后,用同一种电极测其电动势。从 $E\text{-}\lg c$ 图上找出与 E_x 相对应的浓度 c_x。

标准曲线法只适用于测定简单的试样及游离离子的浓度。

③ 标准加入法。如果试样组成复杂,或溶液中存在配合剂时,若要测定金属离子总浓度(包括游离的和配合的),则可采用标准加入法,即将标准溶液加入样品溶液中进行测定。标准加入法的操作过程及基本原理如下。

用选定的参比电极和离子选择性电极,先测定体积为 V_x,浓度为 c_x 的待测试液的电池

电动势 E_1；然后向试液中加入浓度为 c_s，体积为 V_s（$V_s \ll V_x$）的待测离子标准溶液，再测其电动势 E_2，则

$$\Delta c = \frac{V_s c_s}{V_x + V_s} \tag{10-5}$$

$$c_x = \Delta c (10^{\Delta E / \pm S} - 1)^{-1} \tag{10-6}$$

式中，S 为电极的响应斜率，待测离子为阳离子时，S 前取正号；阴离子时取负号。Δc 为加入标准溶液后试液浓度的增加量。Δc 的最佳范围为 $c_s \sim 4c_s$。一般 V_x 为 100 mL；V_s 为 1 mL，最多不超过 10 mL。

标准加入法的优点是仅需一种标准溶液，操作简便快速，适用于组成复杂样品的分析，不足之处是精密度比标准曲线法低。

2. 电位滴定法

电位滴定法是基于滴定过程中电极电位的突跃来指示滴定终点的一种容量分析方法。

电位滴定就是在待测试液中插入指示电极和参比电极，组成一个化学电池。随着滴定剂的加入，由于发生化学反应，待测的离子浓度不断发生变化，指示电极的电位也相应发生变化。在化学计量点附近，离子浓度发生突跃，指示电极的电位也相应发生突跃。因此，测量电池电动势的变化，就可确定滴定终点，待测组分的含量仍通过耗用滴定剂的量来计算。

电位滴定法可以通过绘制曲线来滴定终点，具体方法有三种，即 $E\text{-}V$ 曲线法、$\Delta E/\Delta V\text{-}V$ 曲线法和 $\Delta^2 E/\Delta V^2\text{-}V$ 曲线法。

（1）$E\text{-}V$ 曲线法

$E\text{-}V$ 曲线的拐点，即为滴定终点。

（2）$\Delta E/\Delta V\text{-}V$ 曲线法（一阶微商法）

以一阶微商值 $\Delta E/\Delta V$ 对平均体积 V 作图，曲线中的极大值即为滴定终点。

（3）$\Delta^2 E/\Delta V^2\text{-}V$ 曲线法（二阶微商法）

以二阶微商值 $\Delta^2 E/\Delta V^2$ 对 V 作图，曲线最高与最低点连线与横坐标的交点即为滴定终点。

10.2　仪器结构与原理

1. 直接电位法常用仪器

直接电位法常用 pH 计或离子计测定溶液的 pH 或电位值。由于许多电极具有很大的电阻，因此，pH 计或离子计均需要很高的输入阻抗。例如，美国生产的 PRION 微处理器离子计及其配套电极。该仪器具有测量精度高，输入阻抗大，并带有自动温度测定与补偿功能。还有如国产的 pH-2 或 pH-3 型酸度计等。pH 玻璃电极与离子选择电极可以根据条件用其他型号代替。

2. 电位滴定法常用仪器

电位滴定法所用的基本仪器装置包括滴定管、滴定池、指示电极、参比电极、搅拌器、测量电动势用的电位计等。

在滴定过程中,每加一次滴定剂,测定一次电动势,直到超过化学计量点为止,这样就得到一系列滴定剂用量(V)和相应的电动势(E)的数值。

电位滴定法又分为手动滴定法和自动滴定法。手动滴定法所需仪器简单,为上面所述 pH 计或离子计,但是操作不方便。随着计算机技术与电子技术的发展,各种自动电位仪也相应出现,使滴定更加准确、快速和方便。

自动电位滴定仪是借助于电子技术以实现电位滴定自动化的仪器。自动电位滴定仪可分为两类:一类为自动记录滴定曲线的电位滴定仪,它是利用电子仪器自动滴加滴定剂使滴定速度与记录仪中记录纸的速度同步,记录纸横坐标表示滴定剂的体积,纵坐标表示电池的电动势。另一类为自动控制滴定终点的电位滴定仪,它又分为两种:一种是滴定到预定终点电位即自动停止滴定;另一种是利用二次微商 $\Delta^2 E/\Delta V^2$ 电信号的突降以确定终点。

10.3　实验内容

实验一　乙酸的电位滴定分析及其离解常数的测定

一、目的及要求

1. 学习电位滴定的基本原理和操作技术。
2. 运用 pH-V 曲线和(ΔpH/ΔV)-V 曲线与二级微商法确定滴定终点。
3. 学习测定弱酸离解常数的方法。

二、实验原理

乙酸 CH_3COOH(简写作 HAc)为一弱酸,其 $pK_a = 4.74$,当以标准碱溶液滴定乙酸试液时,在化学计量点附近可以观察到 pH 的突跃。

以玻璃电极和饱和甘汞电极插入试液即组成如下的工作电池:

$$\text{Ag, AgCl} \left| \begin{array}{c} \text{HCl} \\ (0.1 \text{ mol} \cdot \text{L}^{-1}) \end{array} \right| \text{玻璃膜} \mid \text{HAc 试液} \mid \left| \begin{array}{c} \text{KCl} \\ (\text{饱和}) \end{array} \right| \text{Hg}_2\text{Cl}_2, \text{Hg}$$

该工作电池的电动势在酸度计上反映出来,并表示为滴定过程的 pH,记录加入标准碱溶液的体积 V 和相应被滴定溶液的 pH,然后由 pH-V 曲线或(ΔpH/ΔV)-V 曲线求得终点时消耗的标准碱溶液的体积;也可用二阶微商法,于 $\Delta^2 \text{pH}/\Delta V^2 = 0$ 处确定终点。根据标准碱溶液的浓度,消耗的体积和试液的体积,即可求得试液中乙酸的浓度或含量。

根据乙酸的离解平衡

$$\text{HAc} \rightleftharpoons \text{H}^+ + \text{Ac}^-$$

其离解常数

$$K_a = \frac{[\text{H}^+][\text{Ac}^-]}{[\text{HAc}]}$$

当滴定分数为 50% 时，$[Ac^-]=[HAc]$，此时

$$K_a = [H^+] \qquad 即 \ pK_a = pH$$

因此在滴定分数为 50% 的 pH，即为乙酸的 pK_a 值。

三、仪器与试剂

1. 仪器

(1) ZD-2 型自动电位滴定计。

(2) 玻璃电极。

(3) 甘汞电极。

2. 试剂

(1) 1.000 $mol \cdot L^{-1}$ 草酸标准溶液。

(2) 0.1 $mol \cdot L^{-1}$ NaOH 标准溶液(浓度待标定)。

(3) 乙酸试液(浓度约为 1 $mol \cdot L^{-1}$)。

(4) 0.05 $mol \cdot L^{-1}$ 邻苯二甲酸氢钾溶液，pH=4.00(20℃)。

(5) 0.05 $mol \cdot L^{-1}$ Na_2HPO_4 + 0.05 $mol \cdot L^{-1}$ KH_2PO_4 混合溶液，pH=6.88(20℃)。

四、实验步骤

1. 按照 ZD-2 型自动电位滴定仪操作步骤调试仪器，将选择开关置于 pH 滴定挡。

摘去饱和甘汞电极的橡皮帽，并检查内电极是否浸入饱和 KCl 溶液中，如未浸入，应补充饱和 KCl 溶液。在电极架上安装好玻璃电极和饱和甘汞电极，并使饱和甘汞电极稍低于玻璃电极，以防止烧杯底碰坏玻璃电极薄膜。

2. 将 pH=4.00(20℃)的标准缓冲溶液置于 100 mL 小烧杯中，放入搅拌子，并使两支电极浸入标准缓冲溶液中，开动搅拌器，进入酸度计定位，再以 pH=6.88(20℃)的标准缓冲溶液校核，所得读数与测量温度下的缓冲溶液的标准 pH 之差应在 ±0.05 单位之内。

3. 准确吸取草酸标准溶液 10 mL，置于 100 mL 容量瓶中用水稀释至刻度，混合均匀。

4. 准确吸取稀释后的草酸标准溶液 5.00 mL，置于 100 mL 烧杯中，加水至 30 mL，放入搅拌子。

5. 将待标定的 NaOH 溶液装入微量滴定管中，使液面在 0.00 mL 处。

6. 开动搅拌器，调节至适当的搅拌速度，进行粗测，即测量在加入 NaOH 溶液 0 mL、1 mL、2 mL、…、8 mL、9 mL、10 mL 时的各点的 pH。初步判断发生 pH 突跃时所需的 NaOH 体积范围(ΔV_{ex})。

7. 重复步骤 4、步骤 5 操作，然后进行细测，即在化学计量点附近取较小的等体积增量，以增加测量点的密度，并在读取滴定管读数时，读准至小数点后第二位。如在粗测时 ΔV_{ex} 为 8~9 mL，则在细测时以 0.10 mL 为体积增量，测量加入 NaOH 溶液 8.00 mL、8.10 mL、8.20 mL、…、8.90 mL 和 9.00 mL 各点的 pH。

8. 吸取乙酸试液 10.00 mL，置于 100 mL 容量瓶中，稀释至刻度，摇匀。吸取稀释后的乙酸溶液 10.00 mL，置于 100 mL 烧杯中，加水至约 30 mL。

9. 仿照标定 NaOH 时的粗测和细测步骤，对乙酸进行测定。

在细测时于 $1/2\Delta V_{ex}$ 处,也适当增加测量点的密度,如 ΔV_{ex} 为 4～5 mL,可测量加入 2.00 mL,2.10 mL,…,2.40 mL 和 2.50 mL NaOH 溶液时各点的 pH。

五、数据处理

1. NaOH 溶液浓度的标定

(1) 实验数据及计算

实验数据请记录在表 10-1 和表 10-2 中。

表 10-1 粗测实验数据记录表(NaOH)

V/mL	0	1	2	3	…	8	9	10
pH								

$$\Delta V_{ex} = \underline{\qquad} \text{mL}$$

表 10-2 细测实验数据记录表(NaOH)

V/mL	
pH $\Delta\text{pH}/\Delta V$ $\Delta^2\text{pH}/\Delta V^2$	

根据实验数据,计算 $\Delta\text{pH}/\Delta V$ 和化学计量点附近的 $\Delta^2\text{pH}/\Delta V^2$,填入表 10-2 中。

(2) 于方格纸上作 pH-V 和($\Delta\text{pH}/\Delta V$)-V 曲线,找出终点体积 V_{ep}。

(3) 用内插法求出 $\Delta^2\text{pH}/\Delta V^2 = 0$ 处的 NaOH 溶液的体积 V_{ep}。

(4) 根据(2)(3)所得的 V_{ep},计算 NaOH 标准溶液的浓度。

2. 乙酸浓度及离解常数 K_a 的测定

(1) 实验数据及计算

实验数据请记录在表 10-3 和表 10-4 中。

表 10-3 粗测实验数据记录表(乙酸)

V/mL	0	1	2	3	…	8	9	10
pH								

$$\Delta V_{ex} = \underline{\qquad} \text{mL}$$

仿照上述 NaOH 溶液浓度标定的数据处理方法,画出曲线,求出终点 V_{ep}。

表 10-4 细测实验数据记录表(乙酸)

V/mL	
pH $\Delta\text{pH}/\Delta V$ $\Delta^2\text{pH}/\Delta V^2$	

(2) 计算原始试液中乙酸的浓度,以 $g \cdot L^{-1}$ 表示。

在 $pH - V$ 曲线上,查出体积相当于 $1/2V_{ep}$ 时的 pH,即为乙酸的 pK_a 值。

六、思考题

1. 如果本次实验只要求测定 HAc 含量,不测定 pK_a,实验中哪些步骤可以省略?

2. 在标定 NaOH 溶液浓度和测定乙酸含量时,为什么都采用粗测和细测两个步骤?

实验二 水中 I^- 和 Cl^- 的连续测定——电位滴定法

一、目的及要求

1. 学会电位滴定中的 pHS-2C 型酸度计或 ZD-2 型自动电位计的使用方法。

2. 掌握电位滴定法连续测定水样中 I^-、Br^-、Cl^- 的原理和方法。

二、实验原理

当滴定剂与水中数种被测离子生成的沉淀的溶度积差别较大时,可不预先分离而进行连续滴定。以银电极为指示电极,饱和甘汞电极为参比电极,用 $AgNO_3$ 标准溶液连续滴定水中同时存在的 I^-、Br^-、Cl^-。由于 $K_{sp \cdot AgI} = 8.3 \times 10^{-17}$,$K_{sp \cdot AgBr} = 4.95 \times 10^{-13}$,$K_{sp \cdot AgCl} = 1.77 \times 10^{-10}$,故滴定突跃的先后顺序是 I^-、Br^-、Cl^-。

本实验以水中同时存在 I^- 和 Cl^- 为例,学习这种方法。从它们的溶度积可知,当用 $AgNO_3$ 标准溶液滴定时,首先生成沉淀的是 AgI

$$Ag^+ + I^- \Longrightarrow AgI \downarrow (黄色)$$

随着 $AgNO_3$ 标准溶液的加入,当 $[Ag^+][Cl^-] \geqslant K_{sp \cdot AgCl}$,且水中 Cl^- 的含量不太高时,可认为 AgI 沉淀完全后,AgCl 才开始沉淀

$$Ag^+ + Cl^- \Longrightarrow AgCl \downarrow (白色)$$

用银电极为指示电极时,25℃时溶液中 Ag^+ 的活度(a_{Ag^+})与电极电位的关系是

$$\varphi_{Ag^+/Ag} = \varphi^0_{Ag^+/Ag} + 0.059 \lg[Ag^+] = \varphi^0_{Ag^+/Ag} - 0.059 pAg$$

滴定至计量点附近 pAg 发生突跃,而引起银电极电位突变。如用饱和甘汞电极作参比电极与之组成原电池,则滴定过程中,计量点附近的 pAg 两次突跃便会引起电池的电动势两次突变而指示 I^- 和 Cl^- 的滴定终点。

应该指出,为了抑制卤化银对水中 Ag^+ 和卤素离子的吸附作用,可以在水样中加入 $Ba(NO_3)_2$ 或 KNO_3 溶液。

三、仪器与试剂

1. 仪器

(1) pHS-2C 型酸度计或 ZD-2 型自动电位滴定计;

(2) 电磁搅拌器;

(3) 铁芯玻璃搅拌棒若干;

（4）银电极；

（5）双盐桥饱和甘汞电极；

（6）酸式滴定管 50 mL 1 支。

2. 试剂

0.05 mol/L $AgNO_3$ 标准溶液、$Ba(NO_3)_2$ 或 KNO_3（分析纯）。

四、实验步骤

1. 准备

（1）认真仔细阅读仪器使用说明书。接通电源，预热。

（2）用移液管吸取 25 mL 含 Cl^-、I^- 的水溶液，放入 100 mL 烧杯中，加入 25 mL 去离子水，加入 0.5 g $Ba(NO_3)_2$ 固体，放入铁芯玻璃搅拌棒一根。

2. pHS - 2C 型酸度计测定的步骤

（1）仪器调零、校正

按下"－mV"键，将分挡开关放在"0"位，调节零点调节器，使电表指针在 1.00。将分挡开关拨到"校正"位置，调节校正调节器使电表指针在满度 2.00。将分挡转回"0"位。

（2）定位：按下读数开关，调节定位调节器，使电表指针停在"－mV"的零点即右边 0.00 处。定位结束松开读数开关。

（3）mV 测定

① 起始电池电动势的测定。将 Ag 电极和饱和甘汞电极用电极夹固定，分别与仪器的"＋"端和"－"端相连并插入水溶液中，仪器置于"－mV"挡；开动电磁搅拌器，搅拌数分钟。按下读数开关调节分挡开关位置，使电表能指示－mV 读数。分挡开关指示值加上电表指示值乘以 100 即为测定的毫伏数——起始电池电动势。

② 测量完毕，松开读数开关。

③ 初测突跃范围：搅拌下，自滴定管缓慢滴入 0.05 mol/L $AgNO_3$ 溶液，仔细观察电池电动势的变化和 $AgNO_3$ 溶液的用量。当电池电动势变化较大时，放慢滴定速度，求出计量点的大致范围（准确到 1 mL 范围内）。

④ 滴定完毕，用去离子水清洗电极。

⑤ 另外取含 I^-、Cl^- 的水样，根据初测计量点的大致范围，在电池电动势突跃范围前后，每次滴加 0.1 mL 0.05 moL/L $AgNO_3$，搅拌片刻，读取并记录相应的电池电动势，这样可准确地测出两个电位突跃所对应的消耗 $AgNO_3$ 溶液的体积。再重复测定一份水样。

3. 用 ZD - 2 型自动电位滴定计测定的步骤

ZD - 2 型自动电位滴定计的面板结构如图 10 - 5 所示。

（1）将银电极和饱和甘汞电极用电极夹固定，分别与仪器的"＋"端及"－"端相连，将滴定开关放在"－"位置上。把滴定毛细管插入水样中，管端与电极下端应在同一水平位置。用电磁搅拌器搅拌数分钟，测定起始电池电动势。

（2）采用手动操作方式（同使用 pHS - 2C 操作步骤）进行初测。根据所得数据，用作图法或计算法，求出两个计量点的电池电动势 E_{sp-1} 和 E_{sp-2}，即可对一批同样的水样进行自动电位滴定。

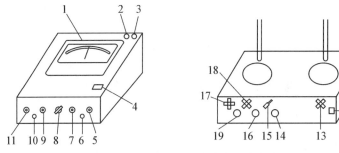

图 10 - 5　ZD - 2 型自动电位滴定计

1—指示电表;2—甘汞电极接线柱;3—玻璃电极插孔;4—读数开关;5—校正器;
6—电源指示灯;7—温度补偿调节器;8—选择器;9—预定终点调节器;10—滴液开关;
11—预控制调节器;12—滴定开始按钮;13—工作开关;14—终点指示灯;15—转速调节器;
16—滴定指示灯;17—搅拌开关;18—电磁阀选择开关;19—搅拌指示灯

（3）自动电位滴定法的操作步骤

① 将选择器旋到"终点"位置,按下读数开关,旋转预定终点调节器,使电表指针在 E_{sp-1} 值,然后将旋钮转到 mV 位置。

② 将滴定装置的工作开关调到"滴定"位置。

③ 取一份水样,将电极和毛细管一起插入水样中,开始搅拌。

④ 按下滴定开始开关至滴定指示灯和终点指示灯同时亮,自动滴定开始。

⑤ 当滴定器终点指示灯熄灭,读取并记录消耗 $AgNO_3$ 溶液的体积 V_1,即为滴定 I^- 的 $AgNO_3$ 溶液用量。

⑥ 按同样方法,预设第二个计量点的电池电动势 E_{sp-2} 值。使仪器自动滴定至终点,读取并记录 $AgNO_3$ 溶液的用量 V_2,即为滴定 Cl^- 的 $AgNO_3$ 溶液的用量。

按同样方法重复测定一次。

4. 测定结束后操作

测定结束后,切断仪器电源,清洗电极和滴定管,用滤纸擦干银电极,放回电极盒。

五、数据处理

1. 按表 10 - 5 的内容逐项记录与计算。

表 10 - 5　实验数据记录及处理表

V_{AgNO_3}/mL	E/mV	ΔE/mV	ΔV/mL	$\Delta E/\Delta V$	$\Delta^2 E/\Delta V^2$

2. 绘制滴定曲线与水样中 I^- 和 Cl^- 的含量计算:以滴入 $AgNO_3$ 标准溶液的用量 V(mL) 为横坐标,相应的电池电动势 E(mV) 为纵坐标绘制滴定曲线。用二阶微商法确定两个计量点对应的 $AgNO_3$ 标准溶液体积(mL),计算水样中 I^- 和 Cl^- 的浓度或含量(mol/L 或 mg/L)。

3. 应用自动电位滴定法测得的 $AgNO_3$ 标准溶液体积,直接计算水样中 I^- 和 Cl^- 的含量或浓度。

六、注意事项

1. 每次滴定结束,均需清洗电极。当银电极表面变黑时,用稀 HNO_3 溶液浸泡几秒钟,然后用去离子水冲洗,再用滤纸擦去附着物。

2. 滴定过程中,接近计量点时,往往电位平衡比较慢,要注意读取平衡电位值。

七、思考题

1. 本实验中,$K_{sp\text{-}AgI} < K_{sp\text{-}AgCl}$,所以用 $AgNO_3$ 溶液滴定水中 I^- 和 Cl^- 时,AgI 首先沉淀,而 AgCl 后沉淀。能否得出凡溶度积小的就先沉淀的结论? 为什么?

2. 一阶微商法与二阶微商法求算滴定计量点时对应的滴定剂体积有何异同?

实验三 pH 计使用及工业废水的 pH 测定

一、目的及要求

1. 掌握电位分析法的基本原理。

2. 了解酸度计的工作原理,学会校正仪器斜率。

3. 掌握酸度计的使用方法,学会测定溶液 pH 的方法。

二、实验原理

工业废水 pH 的测定是环境监测的一项重要指标。玻璃电极的电位是随测试液中 H^+ 浓度变化而变化的,通过测量电池的电动势便可求出溶液的 pH。

在一定的溶液温度下,每相差一个 pH 单位,即产生约 59 mV 电势差。因此,可以在酸度计上直接读出溶液的 pH。

三、仪器与试剂

1. 仪器

(1) pHS - 3C 型酸度计;

(2) pH 复合电极;

(3) 微型磁力搅拌器。

2. 试剂

(1) pH=4.00,pH=6.86,pH=9.18 标准缓冲液(25℃);

(2) 待测工业废水试样①②③。

四、实验步骤

1. 用量筒量取待测工业废水试样①40 mL,置于 80 mL 的烧杯中。

2. 取一份与待测工业废水试样①pH 相近的标准缓冲溶液置于另一个烧杯中。

3. 用温度计测量待测工业废水试样①和标准缓冲液的温度,调节温度补偿器,对酸度计进行温度补偿。

4. 用以上标准缓冲液对酸度计进行定位,再用另外一种标准缓冲溶液进行斜率调整。

5. 用已经温度补偿、定位和斜率调整的酸度计测定待测工业废水试样①的 pH。

6. 重复以上的步骤测量待测工业废水试样②③的 pH。

五、数据处理

1. 原始数据记录

水样①：$pH_1 =$ _____；$pH_2 =$ _____；$pH_3 =$ _____。

水样②：$pH_1 =$ _____；$pH_2 =$ _____；$pH_3 =$ _____。

水样③：$pH_1 =$ _____；$pH_2 =$ _____；$pH_3 =$ _____。

2. 数据处理

计算 3 种水样的 pH 平均值。

六、思考题

1. 酸度计斜率与电极斜率不一致时应如何调节？

2. 测定前后电极如何处理？

实验四　饮用水中氟含量测定——工作曲线法

一、目的及要求

1. 巩固离子选择性电极法的理论。

2. 了解 pHS-3 型酸度计的使用方法。

3. 学会标准曲线的分析方法。

4. 了解 F 离子电极测定 F^- 的条件。

二、实验原理

氟是人体必需的微量元素,摄入适量的氟有利于牙齿的健康。但摄入过量对人体有害,轻者造成斑釉牙,重者造成氟胃症。

测定溶液中的氟离子,一般由氟离子选择性电极作指示电极,饱和甘汞电极作参比电极。它们与待测液组成电池,可表示为

$$Hg \mid Hg_2Cl_2, KCl(饱和) \parallel 试液 \mid LaF_3 膜 \mid NaF, NaCl, AgCl \mid Ag$$

其电池电动势为

$$E = \varphi_{F^-} - \varphi_{SCE} + \varphi_{液接}$$

$$= \left(\varphi_{AgCl/Ag} + K' - 2.303 \frac{RT}{F} \lg a_{F^-} + \varphi_{不对称} \right) - \varphi_{SCE} + \varphi_{液接} \qquad (10-7)$$

合并常数得:

$$a_{F^-}^{'} = \gamma_{F^-} \cdot c_{F^-}$$

$$\qquad (10-8)$$

$$E = K - 2.303 \frac{RT}{F} \lg a_{F^-}$$

活度系数 γ 一定时：

$$E = K' - 2.303 \frac{RT}{F} \lg c_{F^-} \qquad (10-9)$$

在 25℃时，$E_{电池}$ 表示为

$$E_{电池} = K' + 0.059 \, 2 \lg \alpha_{F^-} = K' - 0.059 \, 2pF \qquad (10-10)$$

式中，K' 为含有内外参比电极电位及不对称电位的常数；pF 为氟离子浓度的负对数。

这样通过测量电位值，便可得到 pF 的对应值。本实验采用工作曲线法：配制一系列已知浓度的含 F^- 的标准溶液，加入总离子强度调节缓冲剂，测相应的 E 值，作 $E-pF$ 工作曲线。未知样品测得 E 值后，在工作曲线上查出对应的 pF 值，即得分析结果。

TaF_3 单晶敏感膜电极，在 F^- 离子浓度为 $10^{-6} \sim 1 \, mol/L$ 时，氟电极电位与 pF 呈线性关系。

三、仪器与设备

1. 仪器

(1) pHS-3C 型酸度计；

(2) 分析天平；

(3) 232 饱和甘汞电极；

(4) 氟离子选择性电极；

(5) 微型磁力搅拌器。

2. 试剂

用去离子水配制下述试剂，现用现配。

(1) 总离子强度调节缓冲剂 TISAB：57 mL 冰醋酸，58 g NaCl，12 g 二水合柠檬酸钠加 500 mL 蒸馏水，再用 NaOH(6 mol/L) 调 pH 至 5.0～5.5，定容至 1 000 mL。

(2) 氟标准溶液：在分析天平上精确称取 0.221 g 经 100℃干燥 4 h 的氟化钠，并溶于水中，移入 1 000 mL 容量瓶中加水稀释到刻度，此溶液含氟量为 5 $\mu mol/mL$。

(3) 氟标准溶液：取 20 mL 氟标准溶液置于 100 mL 容量瓶中加水稀释到刻度，此溶液含氟量为 1 $\mu mol/mL$。

四、实验步骤

1. 标准系列溶液的制备

吸取 0 mL，1.0 mL，2.0 mL，4.0 mL，5.0 mL，10.0 mL 氟标准溶液（相当于 0 μmol，1 μmol，2 μmol，4 μmol，5 μmol，10 μmol 氟）分别置于 50 mL 容量瓶中，并于各容量瓶中加入 10 mL 总离子强度调节剂，加水稀释至刻度，摇匀备用。

2. 水样制备

取 10 mL 的水样，置于 50 mL 容量瓶中，再加入 10 mL 总离子强度调节剂，加水稀释至刻度，摇匀备用。

3. 操作

将氟电极、甘汞电极分别与酸度计相接，并将上述各溶液依次插入小聚乙烯塑料烧杯中，然后将电极依次插入氟的各标准系列及试样溶液中（浓度由稀到浓）开动搅拌器，待电位值(或 pX 值)稳定后依次测取读数。

五、实验结果

1. 原始数据

数据记录于表 10-6 中。

表 10-6 原始数据记录表

$V_{标准}$/mL	0	1.00	2.00	4.00	5.00	10.00	自来水
$E_{电位}$/mV							

2. 数据处理

(1) 将原始数据处理成表 10-7 的形式。

表 10-7 实验数据处理表

$V_{标准}$/mL	0	1.00	2.00	4.00	5.00	10.00	自来水
$E_{电位}$/mV							
c_{F^-}/(μmol/mL)							
pF							

(2) 制作标准曲线:以电极电位 $E_{电位}$ 为纵坐标、pF 为横坐标绘制工作曲线,由水样的实测电位值在工作曲线上查找该电位对应的氟离子浓度 A。

(3) 按下式计算:

$$c_x = \frac{A \times 50 \times 1\,000}{V \times 1\,000}$$

式中,c_x 为样品中含氟量,μmol/L;A 为试样氟的含量,μmol/mL;V 为水样的体积。

六、实验注意事项

1. 注意溶液配制的准确性,否则影响实验结果。
2. 氟离子选择电极要清洗充分,否则测定的电位值不准确。

七、思考题

1. LaF_3 电极为什么能反映 F^- 活度?
2. 饮用水中含氟量的多少对人体健康有什么影响?

附录 17 pHS-3C 型酸度计的使用

pHS-3C 型酸度计可供测定酸碱度,也可测定电极电位(mV)值。

技术特性:

环境温度　　　5~40℃;相对湿度　　　　<85%;

被测溶液温度 0~60℃;供电电源　　　　220 V×(1±10%);50 Hz;

测量范围　　　pH 挡　　0～14；　　　　mV 挡　　0～±1 999 mV（自动极性显示）；

精度　　　　　pH 挡　　0.01P±1 个字；mV 挡　　1 mV±1 个字；

零点飘移　　0.01pH/3 小时；

仪器成套性：主机、复合电极 1 个、搅拌机 1 台；

操作方法如下。

1. 标定

(1) 接通电源，预热 30 min。

(2) 安装电极：在测量电极插座处拔下短路插头，在测量电极插座处插上复合电极。如不用复合电极，在测量电极插座处插上电极转换器的插头，把选择旋钮调到 pH 挡。

(3) 将温度补偿器旋至与标准缓冲液温度（或室温）相同的示值处。

(4) 把斜率调节旋钮顺时针旋到底，把清洗过的电极插入 pH＝6.86 的缓冲溶液中，调节定位旋钮，使仪器显示读数与该缓冲溶液的 pH 一致。

(5) 用蒸馏水清洗电极，再用 pH＝4.00（或 pH＝9.18）的标准缓冲溶液重复上一步动作，调节斜率旋钮到 pH＝4.00（或 pH＝9.18）。

(6) 烧杯内置与供试液 pH 接近的标准缓冲液，放一小的磁棒，置烧杯于搅拌器上，将电极插入溶液内，打开搅拌器开关。

2. pH 的测量

(1) 将温度补偿器旋至与标准缓冲液温度（或室温）相同的示值处。

(2) 定位旋钮不变，用蒸馏水清洗电极头部，用滤纸吸干；样品置于烧杯内，烧杯内放一小的磁棒，置烧杯于搅拌器上，将电极插入溶液内，打开搅拌器开关，搅拌均匀后，读出显示屏上溶液的 pH。

3. mV 值的测量

(1) 用蒸馏水清洗电极头部，用滤纸吸干。

(2) 安装电极：在测量电极插座处拔下短路插头，再把电极转换器的插头插入仪器后部的测量电极插座内，然后把离子选择电极插头插入转换器插座处，最后把选择旋钮调到 mV 挡。

(3) 把甘汞电极的插头插入仪器后部的参比电极插座内。

(4) 把两种电极插入在被测溶液内，将溶液搅拌均匀后，即可在显示屏上读出该离子选择电极的电极电位。

4. 维护保养

(1) 仪器的输入端须保持干燥清洁。仪器不使用时，将短路插头插入插座，防止灰尘及水汽侵入。在环境湿度大的场所使用时，应把电极插头用干净纱布擦干。

(2) 对弱缓冲液（如蒸馏水）的 pH 的测定，应先用邻苯二甲酸氢钾缓冲液（pH＝4.01）标定仪器后再测试，并重复取测试液再测，直至读数在 1 min 内改变不超过±0.05 为止，然后用硼砂标准缓冲液（pH＝9.18）标定仪器，再用上述方法测定，两次测定结果不超过 0.1，取平均值。

(3) 配标准缓冲液应用新煮沸过的二次冷蒸馏水，并用两种标准缓冲液（pH 不超过 3）核对，误差不超过±0.1。

(4) 玻璃电极球泡如有裂纹或老化（放置 2 年以上）应更换新的。

(5) 仪器的输入端应保持清洁。测量时，电极的导线必须静止。

（6）标准缓冲液的 pH 必须可靠。

附录 18　ZD－2 型自动电位滴定仪的使用

1. 仪器安装

将银电极和饱和甘汞电极用电极夹固定,分别与仪器的"＋"端及"－"端相连,将滴定开关放在"－"位置上。把滴定毛细管插入水样中,管端与电极下端应在同一水平位置。用电磁搅拌器搅拌数分钟,测定起始电池电动势。

2. 校正

（1）将选择器置于"pH 测量"挡位置。

（2）将适量的标准溶液注入烧杯,将两支电极浸入溶液,并缓缓摇动烧杯。

（3）将温度补偿器调节在被测缓冲液的实际温度位置上。

（4）按下读数开关,调节校正器,使电表指针指在标准溶液的 pH 位置。

（5）复按读数开关,使其处在放开位置,电表指针应推回至 pH＝7 处。

（6）校正至此结束,以蒸馏水冲洗电极。校正后切勿再旋动校正调节器,否则必须重新校正。

3. 自动电位滴定法的操作步骤

（1）将选择器旋到"终点"位置,按下读数开关,旋转预定终点调节器,使电表指针在 E_{sp-1} 值。然后将旋钮转到 mV 位置。

（2）将滴定装置的工作开关调到"滴定"位置。

（3）取一份水样,将电极和毛细管一起插入水样中,开始搅拌。

（4）按下滴定开始开关至滴定指示灯和终点指示灯同时亮,自动滴定开始。

（5）当滴定器终点指示灯熄灭,读取并记录消耗 $AgNO_3$ 溶液的体积 V_1,即为滴定 I^- 的 $AgNO_3$ 溶液用量。

（6）按同样方法,预设第二个计量点的电池电动势 E_{sp-2} 值。使仪器自动滴定至终点,读取并记录 $AgNO_3$ 溶液的用量 V_2,即为滴定 Cl^- 的 $AgNO_3$ 溶液的用量。

按同样方法重复测定一次。

4. 测定结束

仪器使用结束后,切断仪器电源,清洗电极和滴定管,用滤纸擦干银电极,放回电极盒。

第11章 极谱分析法

11.1 方法原理

以电解过程中的电压-电流曲线为基础建立起来的电化学分析方法称为伏安法,其中以滴汞电极为工作电极的伏安法称为极谱法。

目前在经典极谱法的基础上建立了一些新的极谱分析方法,如示波极谱、方波极谱、脉冲极谱、催化极谱等,使极谱法称为电化学分析法中的一个重要分支。

11.1.1 基本原理

极谱分析是一种在特殊条件下进行的电解分析,它的特殊表现在两个电极上,即采用了一个面积很大的参比电极和一个面积较小的滴汞电极进行电解。

电极的上部为贮汞瓶,下接一厚壁塑料管,塑料管的下端接一毛细管,内径约为 0.05 mm,汞自毛细管中有规则地下落,其滴下时间约为 3~5 s。

参比电极常采用饱和甘汞电极,其面积较大,电流密度小,无极化现象。使用时,滴汞电极一般作为负极,饱和甘汞电极为正极。

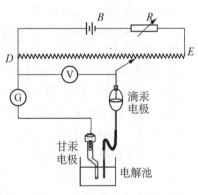

图 11-1 极谱法基本原理图

极谱法的基本原理如图 11-1 所示。由直流电源 B,可变电阻 R 和滑线电阻 DE 构成电位计线路。通过电位计线路,可连续地改变施加于电解池上的电压(一般为 0~2 V),并可由伏特表 V 指示(电压改变速度一般为 100~200 mV/min)。电压改变过程中电流的变化,则用串联在电路中的检流计 G 来测量,记录得到的电流-电压曲线称为极谱图。

极限扩散电流 i_d:电流平台部分,电流大小与 c 成正比,不随电压的增加而增加,这时电流达到最大值,称为极限扩散电流。极限扩散电流的大小与溶液中被测离子的浓度 c 成正比,即

$$i_d = Kc \tag{11-1}$$

在极谱分析中,通常使用周期(4~8 s)检流计记录电流。由于检流计有一定的阻尼,所以只能记录在平均极限扩散电流值附近的较小摆动,使极谱曲线呈锯齿状(图 11-2),摆动

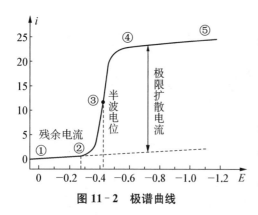

图 11-2　极谱曲线

的中心点即为平均极限扩散电流 $\bar{i_d}$。平均极限扩散电流易于测量,重现性好,所以在极谱分析中用它来进行定量计算。

极谱定性分析的依据:当电流为极限电流的一半时,滴汞电极的电位为半波电位,以 $\varphi_{1/2}$ 表示。不同物质在一定条件下具有不同的 $\varphi_{1/2}$,所以 $\varphi_{1/2}$ 是极谱定性分析的依据。

影响极限扩散电流和半波电位的因素有如下几点。

（1）影响极限扩散电流的因素

被测物质的浓度是影响扩散电流的主要因素,其他因素如汞柱高度、溶液组成及温度也对扩散电流有影响。

① 毛细管特性。扩散电流与汞柱压力的平方根成正比,而一般作用于每一滴汞上的压力以贮汞瓶中的汞面与滴汞电极末端之间的汞柱高度 h 来表示。因此,在极谱定量分析过程中,不仅应使用同一支毛细管,而且还应该保持汞柱高度一致。

② 滴汞电极电位的影响。在实际测定时,电位在 $-1.0\sim0$ V 时可以认为对 i_d 产生的影响不必考虑;但在更负的电位下,对 i_d 产生的影响必须考虑。

③ 溶液组成的影响。黏度越大,物质的扩散系数就越小,因此 i_d 也随之减小。

④ 温度的影响。在极谱分析过程中需尽可能地使温度保持不变。若将温度变化控制在 ±0.5℃内,可以保证因温度变化而产生的误差小于 $\pm1\%$。

（2）影响半波电位的因素

半波电位是极谱分析中的重要参数。对于一定的电极反应,当支持电解质的种类、浓度及温度一定时,半波电位为一恒定值。

① 支持电解质的种类和浓度。同一种物质在不同的支持电解质溶液中,其半波电位往往有差别;当支持电解质的种类相同,浓度不同时,同一物质的半波电位也不同。因此,在提到某物质的半波电位时,必须注明底液。

② 温度。半波电位随温度而变化。一般温度升高 1 K,半波电位向负方向移动 1 mV,可见温度对半波电位的影响不大。但是在温度变化较大时,应对半波电位进行校正。

③ 形成配合物。在极谱分析中,若被测离子与溶液中其他组分配合,生成了配合物,则在半波电位中包含了该配合物的稳定常数项,使得半波电位向负方向移动。配合物越稳定,则半波电位越负。可以利用配合效应将原来重叠的两个波分开。

④ 溶液的酸度。酸度会影响许多物质的半波电位。当有 H^+ 参加电极反应时,对半波电位的影响更大。

11.1.2　分析方法

由 $i_d=Kc$ 可知,只要测得极限扩散电流就可以确定被测物质的浓度。极限扩散电流为极限电流与残留电流之差,在极谱图上通常以波高来表示其相对大小,而不必测量其绝对值,于是有

$$h = Kc \tag{11-2}$$

式中，h 为波高；K 为比例常数；c 为待测物浓度。

因此，只要测出波高，根据上式就可以进行定量分析。

1. 波高的测量方法

极谱图上的波高代表极限电流。因此，正确地测量波高就可以减少定量分析的误差。测量波高的方法很多，常用的主要有三种：平行线法、三切线法和矩形法。

2. 极谱定量方法

（1）直接比较法

直接比较法是分别测出浓度为 c_s 的标准溶液和浓度为 c_x 的未知液的极谱图，并分别测量它们的波高 h_s 和 h_x(mm)。经推导可求出未知液的浓度

$$c_x = c_s \frac{h_x}{h_s} \tag{11-3}$$

测定应在相同的条件下进行，即应使两个溶液的底液组成、温度、毛细管、汞柱高度等保持一致。

该法简单，但准确度较低，并要求标准溶液与未知溶液的组成相近。

（2）标准曲线法

标准曲线法是配制一系列标准溶液，在相同的条件下测得一系列的标准溶液和未知液的极谱图，分别测量其波高，绘制浓度-波高的标准曲线。根据未知液的波高，从标准曲线上求出其浓度。

该法较准确，适用于例行分析。

（3）标准加入法

标准加入法是首先测出体积为 V_x 的未知液的极谱图，测量其波高 h_x；然后在电解池中加入体积为 V_s，浓度为 c_s 的被测物质的标准液，在相同的实验条件下再测出其极谱图，测定波高为 H。由波高的增加可以计算未知液的浓度 c_x。

$$c_x = \frac{c_s V_s h_x}{H(V_x + V_s) - h_x V_x} \tag{11-4}$$

11.1.3 极谱分析法的应用

凡是在滴汞电极上可发生氧化还原反应的物质，如金属离子、金属配合物、阴离子和有机物均可用极谱法测定。某些不发生氧化还原的物质，也可用间接法测定，因此极谱法的应用范围十分广泛。

1. 无机化合物的测定

极谱分析法可以测定元素周期表中的大多数元素。最常用极谱法测定的元素有 Cr、Mn、Fe、Co、Ni、Cu、Zn、Cd、As 等，这些元素的还原电位均在 $-1.6 \sim 0\,\mathrm{V}$，往往可以在极谱图上同时得到几种元素的极谱图。

极谱分析法还可以用于许多含氧酸根的测定，如 BrO_3^- 等。

对于无机化合物,极谱分析法主要用于纯金属、合金或矿石中金属元素的测定,工业制品、药物、食品中金属元素的测定,以及动植物体内或海水中的微量金属元素的测定等。

2. 有机化合物的测定

凡是能在电极上进行氧化或还原反应的有机物均可用极谱法进行测定。

极谱分析法还可用于鉴别某些对位、间位、邻位化合物,因为这三种化合物的半波电位不同。

11.2 仪器结构与原理

1. JP‐2型示波极谱仪

JP‐2型示波极谱仪是四川成都仪器厂生产的单扫描示波极谱仪。JP‐2型示波极谱仪是一种用现代电子学方法来获得极谱曲线,对溶液作定性定量分析的实验室仪器,仪器可检测 $1\times10^{-8}\sim1\times10^{-3}\,mol/dm^3$ 浓度的物质,量程宽,灵敏度高。其工作原理图如图11‐3所示,在含有待测离子溶液的电解池两极上加一随时间做直线变化的电压,引起电解池电流在测量电阻 R 上产生电压降,把电解池上的电压加至液晶显示屏的 X 轴上,把 R 上的电压加至垂直偏转系统,就可以在液晶显示屏上显示出电解池的伏安曲线,被称为极谱波。伏安曲线中,峰点电位取决于被测离子的特性,波高与被测离子的浓度成正比。这就是示波极谱法做定性、定量分析的基础。

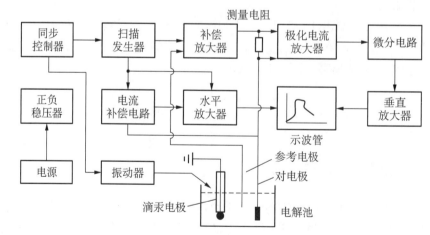

图11‐3 JP‐2型示波极谱仪的原理图

示波极谱仪由主机、电极系统构成。

主机电路:分为同步控制器、扫描电压发生器、补偿放大器、电流补偿电路、阻抗转移器、垂直电压放大器、微分器、液晶显示、稳压电源。

电极系统:包括滴汞电极、铂电极、甘汞电极、振动器和供汞器具,电解池是特制的15 mL烧杯,隔绝氧气还设有气罩和玻皿。本仪器可以工作于双电极或三电极。双电极为滴汞电极和辅助电极(大面积汞层),三电极为滴汞电极,参比电极(小型饱和氯化钾甘汞电极)和辅助电极(铂电极)。振动器装有电极夹持杆,它受仪器同步控制器的控制,在每次扫描结束时被一个电流脉冲所振动,振动电极夹持杆,振落滴汞电极毛细管下端的汞滴,以使滴汞周期和扫描周期取得同步。

2. CHI600B 系列电化学分析仪

CHI600B 系列电化学分析仪/工作站为通用电化学测量系统。内含快速数字信号发生器、高速数据采集系统、电位电流信号滤波器、多级信号增益、iR 降补偿电路以及恒电位仪/恒电流仪(CHI660B)。电位范围为 ±10 V,电流范围为 ±250 mA,电流测量下限低于 50 pA,可直接用于超微电极上的稳态电流测量。如果与 CHI200 微电流放大器及屏蔽箱连接,可测量 1 pA 或更低的电流。600B 系列也是十分快速的仪器。信号发生器的更新速率为 5 MHz,数据采集速率为 500 kHz。循环伏安法的扫描速度为 500 V/s 时,电位增量仅为 0.1 mV;当扫描速度为 5 000 V/s 时,电位增量为 1 mV。又如交流阻抗的测量频率可达 100 kHz,交流伏安法的频率可达 10 kHz。仪器可工作于二、三或四电极的方式,四电极对于大电流或低阻抗电解池(例如电池)十分重要,可消除由于电缆和接触电阻引起的测量误差。仪器还有外部信号输入通道,可在记录电化学信号的同时记录外部输入的电压信号,例如光谱信号等,这对光谱电化学等实验极为方便。此外仪器还有一高分辨辅助数据采集系统,对于相对较慢的实验可允许很大的信号动态范围和很高的信噪比。

仪器由外部计算机控制,在视窗操作系统下工作。仪器十分容易安装和使用,不需要在计算机中插入其他电路板。用户界面遵守视窗软件设计的基本规则,如果用户熟悉视窗环境,则无须用户手册就能顺利进行软件操作。命令参数所用术语都是化学工作者熟悉和常用的,一些最常用的命令在工具栏上都有相应的键,从而使得这些命令的执行方便快捷。软件还提供详尽完整的帮助系统。仪器软件具有很强的功能,包括极方便的文件管理、全面的实验控制、灵活的图形显示以及多种数据处理。软件还集成了循环伏安法的数字模拟器,模拟器采用快速隐式有限差分法,具有很高的效率。算法的无条件稳定性使其适合于涉及快速化学反应的复杂体系,模拟过程中可同时显示电流以及随电位和时间改变的各种有关物质的动态浓度剖面图,这对于理解电极过程极有帮助。同时,这也是一个很好的教学工具,可帮助学生直观地了解浓差极化以及扩散传质过程。

CHI600B 系列仪器集成了几乎所有常用的电化学测量技术,包括恒电位、恒电流、电位扫描、电流扫描、电位阶跃、电流阶跃、脉冲、方波、交流伏安法、流体力学调制伏安法、库仑法、电位法以及交流阻抗,等等。不同实验技术间的切换十分方便。实验参数的设定是提示性的,可避免漏设和错设。

为了满足不同的应用需要以及经费条件,CHI600B 系列又分成多种型号。不同的型号具有不同的电化学测量技术和功能,但基本的硬件参数指标和软件性能是相同的。CHI600B 和 CHI610B 为基本型,分别用于机理研究和分析应用,它们也是十分优良的教学仪器。CHI602B 和 CHI604B 可用于腐蚀研究,CHI620B 和 CHI630B 为综合电化学分析仪,而 CHI650B 和 CHI660B 为更先进的电化学工作站。

11.3　实验内容

实验一　阳极溶出伏安法测定水样中的铜、镉含量

一、目的及要求

1. 掌握阳极溶出伏安法的基本原理。
2. 学习溶出伏安计的使用方法。

二、实验原理

溶出伏安法包括阳极溶出伏安法和阴极溶出伏安法。待测组分在恒定电位下经过富集，金属电极在工作电极上，随后电极电位由负电位向正电位方向快速扫描达到一定电位时，电极的金属经过氧化重新以离子状态进入溶液，在这一过程中形成相当强的氧化电流峰。在一定的实验条件下，电流的峰值与待测组分的浓度成正比，借此可对该组分进行定量分析。

通常以汞膜电极为工作电极，采用非化学计量的电积法，即无须使溶液中全部待测离子电积在工作电极上，这样可缩短电积时间，提高分析速度。为使电积部分的量与溶液中的总量之间维持恒定的比例关系，实验中电积时间、静止时间、扫描速率、电极的位置和搅拌状况等，都应保持严格相同。

设电积时的电流 i_d 很小，在较长的电积时间 t_d 内，可以认为 i_d 不变，则流过的电量为

$$Q_d = i_d \cdot t_d$$

如果电积的金属在溶出阶段能全部溶出，其流过的电量 Q_s 应与 Q_d 相等，并且

$$Q_s = i_s \cdot t_s$$

式中，i_s 为溶出的平均电流；t_s 为溶出时间。

采用快速电位扫描技术，可使溶出时间 t_s 大大减少，从而使溶出电流 i_s 相应大大提高。待测组分经过预先富集，在溶出时突然氧化，使检测信号(溶出峰电流)显著增加，因此溶出伏安法具有较高的灵敏度。

商品化的溶出伏安仪均采用自动控制阴极(或阳极)电位的三电极系统，即除了工作电极(如汞膜电极)和参比电极(如 Ag-AgCl 电极)外，增加一个辅助电极(常用铂电极)，以稳定工作电极的电位。

用标准曲线法或标准加入法均可进行定量测定。标准加入法的计算公式为

$$c_x = \frac{c_s V_s h_x}{H(V_x + V_s) - h_x V_x}$$

式中，c_x，V_x，h_x 分别为试样的浓度、体积和溶出峰的峰高；c_s，V_s 分别为加入标准溶液的浓度和体积；H 为加入标准溶液后，测得的溶出峰的峰高。

由于加入的标准溶液体积 V_s 非常小,也可简化为下式计算浓度

$$c_x = \frac{c_s V_s h_s}{(H - h_x) V_x}$$

本实验以 HAc–NaAc 为支持电解质,用标准加入法测定水样中 Cd^{2+},Cu^{2+} 的含量。

三、仪器与试剂

1. 仪器

(1) 溶出伏安仪(玻碳汞膜电极、Ag–AgCl 电极、铂电极三电极系统);

(2) 氮气钢瓶;

(3) 电解杯 100 mL;

(4) 高型烧杯;

(5) 吸管 25 mL;

(6) 吸量管 1 mL。

2. 试剂

(1) $10\ \mu g \cdot mL^{-1}\ Cu^{2+}$ 标准溶液。

(2) $10\ \mu g \cdot mL^{-1}\ Cd^{2+}$ 标准溶液。

(3) HAc–NaAc 溶液(pH≈5.6):$905\ mL\ 2\ mol \cdot L^{-1}\ NaAc$ 溶液与 $95\ mL\ 2\ mol \cdot L^{-1}\ HAc$ 溶液混合均匀。

(4) $2 \times 10^{-2}\ mol \cdot L^{-1}\ HgSO_4$ 溶液。

(5) 试样(约含 $0.02\ \mu g \cdot mL^{-1}\ Cu^{2+}$,$0.2\ \mu g \cdot mL^{-1}\ Cd^{2+}$)。

四、实验步骤

1. 于电解杯中加入 25 mL 二次蒸馏水和数滴 $HgSO_4$ 溶液,将玻碳电极抛光洗净后浸入溶液中,以玻碳电极为阴极,铂电极为阳极,控制阴极电位在 $-1.0\ V$,在通氮气搅拌下,电镀 5～10 min 即得玻碳汞膜电极。

2. 连接仪器,并输入下列参数:

(1) 短路清洗时间为 60 s;

(2) 电积电位与时间分别为 $-1.2\ V$, 30 s;

(3) 静止时间为 30 s;

(4) 溶出电位为 -1.2～$+0.1\ V$;

(5) 氧化清洗电位与时间分别为 $+0.1\ V$, 30 s;

(6) 记录仪落笔电位与抬笔电位分别为 $-0.1\ V$, $+0.1\ V$。

3. 于电解杯中加入 25 mL 水样和 1 mL HAc–NaAc 溶液,将玻碳汞膜电极、Ag–AgCl 参比电极、铂电极和通气搅拌管浸入溶液中,调节适当的氮气流量,并使之稳定。按"启动"键,由记录仪记录溶出伏安曲线。Cd^{2+} 先溶出,Cu^{2+} 后溶出。

4. 在尽量不改变电极位置的情况下,于电解杯中加入 0.40 mL Cd^{2+} 标准溶液和 0.10 mL Cu^{2+} 标准溶液,按"启动"键,记录几次溶出伏安曲线,以获得稳定的峰值电流。按"暂停"键。

5. 做好实验的结束清理工作。

五、数据处理

1. 记录实验条件：
(1) 短路清洗时间；
(2) 电积电位与时间；
(3) 静止时间；
(4) 溶出电位范围；
(5) 氧化清洗电位与时间。

2. 填写表 11-1。

Cu^{2+} 标准溶液浓度 $c_s =$ _____ ，加入体积 $V_s =$ _____ ；

Cd^{2+} 标准溶液浓度 $c_s =$ _____ ，加入体积 $V_s =$ _____ ；

未知水样的体积 $V_x =$ _____ 。

3. 测量溶出伏安曲线上水样 Cd^{2+}，Cu^{2+} 的各个峰高 h_x 和加入标准溶液后的各个峰高 H，并分别取平均值 $\overline{h}_x$ 和 $\overline{H}$，填入表 11-1 中。

表 11-1 实验数据记录表

	Cd^{2+}			Cu^{2+}		
h_x						
$\overline{h}_x$						
H						
$\overline{H}$						

4. 计算水样中 Cd^{2+}，Cu^{2+} 的浓度，以 $\mu g \cdot mL^{-1}$ 表示。

六、思考题

1. 结合本实验说明阳极溶出伏安法的基本原理。
2. 溶出伏安法为什么有较高的灵敏度？
3. 实验中为什么对各实验条件必须严格保持一致？

实验二 食盐中碘酸根离子含量测定

一、目的及要求

1. 加深对方波伏安法的理解。
2. 掌握精制盐中碘酸根离子的测定方法。

二、实验原理

我国规定在食盐中定量加入碘酸钾，为了控制食盐中碘的加入量，需要一种简单、快速而准确测定碘酸根离子的方法。在 0.5 mol/L NaCl 介质中，碘酸根离子在汞膜电极上于 -1.3 V(vs. 饱和甘汞电极)左右产生一灵敏的方波伏安峰，峰高与碘酸根离子浓度在一定范围内呈良好的线性关系,可用于测定微量碘酸根离子。

三、仪器与试剂

1. 仪器

（1）Chi660e 型电化学工作站:采用方波伏安法(Square Wave Voltammetry,SWV)和三电极系统,其中汞膜电极为工作电极,饱和甘汞电极为参比电极,光亮铂片电极为辅助电极。

（2）微型电磁搅拌器。

2. 试剂

（1）氯化钠溶液:2.5 mol/L。

（2）碘标准溶液:1.0×10^{-3} mol/L,称取优级纯碘酸钾 0.214 0 g,用水定容至 1 L,用时稀释至所需浓度的工作液,其他试剂为分析纯。

（3）精制碘盐。

四、实验步骤

1. 标准曲线的绘制:分别取碘酸根离子的标准溶液 1.0 mL,2.0 mL,3.0 mL,4.0 mL,5.0 mL 于 50 mL 容量瓶中,准确加入 10.0 mL 氯化钠溶液,稀释至刻度,置入电极。以 4 mV/s 的扫描速度,从 -0.5 V 起负向扫描至 -1.6 V,记录方波伏安峰,测量 -1.3 V 左右处的峰高,作标准曲线。

2. 称取 5 g 加碘食盐置于烧杯中,少量水溶解后,转移至 50 mL 容量瓶中定容。将样品溶液倒入电解池中,按步骤 1 的实验方法进行测定,由标准曲线求得食盐碘含量。

五、数据处理

1. 原始数据

（1）电化学仪器的参数

起始电位:-0.5 V;

最后电位:-1.6 V;

扫描速度:4 mV/s;

精度:10^{-5}。

（2）实验数据记录于表 11 - 2 中。

表 11 - 2 实验数据记录表

$V_{标}$/mL	1.00	2.00	3.00	4.00	5.00	试样溶液
i_{p1}/A						
i_{p2}/A						
i_{p3}/A						
i_p平均值/A						

2. 数据处理

（1）根据记录的数据,绘制标准曲线;

（2）计算食盐中碘酸根离子含量测定。

六、思考题

1. 我国食盐中的碘是以什么形式加入的？
2. 说明方波伏安法测定中的注意事项。

实验三　烫发液中巯基乙酸的测定

一、目的及要求

1. 了解巯基化合物在汞电极上的特征灵敏反应。
2. 掌握标准加入法的计算方法。
3. 学会用方波极谱法测定烫发水中巯基乙酸的含量。

二、实验原理

在氨-氯化铵缓冲溶液中加入巯基乙酸，在汞膜电极上的半波电位为-0.75 V 左右。当在氨-氯化铵缓冲溶液中加入巯基乙酸做方波伏安扫描时，方波伏安图上出现巯基乙酸的特征波的峰高与巯基乙酸的加入量成正比。

三、仪器与试剂

1. 仪器

（1）电化学分析仪或电化学工作站；
（2）汞膜电极、甘汞电极、铂电极组成三电极系统；
（3）微型磁力搅拌器。

2. 试剂

（1）氨-氯化铵缓冲溶液：pH＝10。
（2）标准巯基乙酸溶液：0.1 mol/L。
（3）市售烫发液。

四、实验步骤

1. 取一定量的氨-氯化铵缓冲溶液置于 50 mL 烧杯中，用方波极谱法从-0.4到$+1.0$ V扫描得到空白基线方波极谱图。

2. 加入 5.0 mL 标准巯基乙酸溶液到烧杯中，用极谱法从-0.4到$+1.0$ V扫描，记录方波极谱图和出现的峰高 h；再加入 5.0 mL 烫发水溶液，再次记录方波极谱图和出现的峰高 H，用标准加入法计算烫发水中巯基乙酸的含量。

3. 如有必要，在空白溶液中周围多次循环伏安扫描消除电极吸附物。

五、数据处理

1. 原始数据

（1）电化学仪器的参数

起始电位：_____；最后电位：_____；

    ΔE：_____；精   度：_____。

（2）溶液的数据

$c_s=$_____；$V_s=$_____；$h=$_____；$V_x=$_____；$H=$_____。

（3）加入标准溶液的极谱数据（表 11-3）

表 11-3　标准溶液的极谱数据表

E/V			...		
i/A			...		

$E_p=$_____； $i_p=$_____。

（4）加入烫发水溶液的极谱数据（表 11-4）

表 11-4　烫发水溶液的极谱数据表

E/V			...		
i/A			...		

$E_p=$_____； $i_p=$_____。

2. 数据处理

（1）作出两次方波极谱图。

（2）根据下式,计算巯基乙酸的含量。

$$c_x = \frac{c_s \times V_s \times h}{H \times (V_x + V_s) - V_x \times h}$$

式中,c_x 为烫发水中巯基乙酸的含量;c_s 为标准巯基乙酸溶液浓度;V_x 为加入烫发水的体积;V_s 为加入标准巯基乙酸溶液的体积;H 为加烫发水溶液得到的峰高;h 为加标准溶液得到的峰高。

六、思考题

1. 为什么可以用在空白溶液中周围多次循环伏安扫描的方法消除电极吸附物?

2. 方波极谱法有何优点和缺点?

实验四　循环伏安法测亚铁氰化钾

一、目的及要求

1. 学习固体电极表面的处理方法。

2. 掌握循环伏安仪的使用技术。

3. 了解扫描速率和浓度对循环伏安图的影响。

二、实验原理

铁氰根离子 $[Fe(CN)_6]^{3-}$、亚铁氰根离子 $[Fe(CN)_6]^{4-}$ 氧化还原电对的标准电极电位为

$$[Fe(CN)_6]^{3-} + e^- = [Fe(CN)_6]^{4-} \qquad E^\ominus = 0.36 \text{ V(vs. NHE)}$$

电极电位与电极表面活度的 Nernst 方程式为

$$E = E^\ominus + RT/F \ln(c_{Ox}/c_{Red})$$

在一定扫描速率下,从起始电位(-0.2 V)正向扫描到转折电位($+0.8$ V)期间,溶液中 $[Fe(CN)_6]^{4-}$ 被氧化生成 $[Fe(CN)_6]^{3-}$,产生氧化电流;当负向扫描从转折电位($+0.8$ V)变到原起始电位(-0.2 V)时,在指示电极表面生成的 $[Fe(CN)_6]^{3-}$ 被还原生成 $[Fe(CN)_6]^{4-}$,产生还原电流。为了使液相传质过程只受扩散控制,应在加入电解质和溶液处于静止下进行电解。在 0.1 mol/L NaCl 溶液中 $[Fe(CN)_6]^{4-}$ 的扩散系数为 0.63×10^{-5} cm·s^{-1};电子转移速率大,为可逆体系(1 mol/L NaCl 溶液中,25℃时,标准反应速率常数为 5.2×10^{-2} cm·s^{-1})。溶液中的溶解氧具有电活性,用通入惰性气体除去。

三、仪器与试剂

1. 仪器

(1) 电化学分析仪或电化学工作站;

(2) 汞膜电极、甘汞电极、铂电极组成三电极系统;

(3) 微型磁力搅拌器。

2. 试剂

$K_4[Fe(CN)_6]$ 溶液、NaCl 浓度为 0.1 mol·L^{-1}。

四、实验步骤

1. 指示电极的预处理

铂电极用 Al_2O_3 粉末(粒径 0.05 μm)将电极表面抛光,然后用蒸馏水清洗。

2. 支持电解质的循环伏安图

在电解池中放入 0.1 mol·L^{-1} NaCl 溶液,插入电极,以新处理的铂电极为指示电极,铂丝电极为辅助电极,饱和甘汞电极为参比电极,进行循环伏安仪设定,扫描速率为 100 mV/s;起始电位为 -0.2 V;终止电位为 $+0.8$ V。开始循环伏安扫描,记录循环伏安图。

3. $K_4[Fe(CN)_6]$ 溶液的循环伏安图

分别作 0.01 mol·L^{-1}、0.02 mol·L^{-1}、0.04 mol·L^{-1}、0.06 mol·L^{-1}、0.08 mol·L^{-1} 的 $K_4[Fe(CN)_6]$ 溶液(均含支持电解质 NaCl 浓度为 0.1 mol·L^{-1})循环伏安图。

4. 不同扫描速率 $K_4[Fe(CN)_6]$ 溶液的循环伏安图

在 0.04 mol·L^{-1} $K_4[Fe(CN)_6]$ 溶液中,以 100 mV/s、150 mV/s、200 mV/s、250 mV/s、300 mV/s、350 mV/s,在 $-0.2 \sim +0.8$ V 电位内扫描,分别记录循环伏安图。

五、数据处理

1. 从 $K_4[Fe(CN)_6]$ 溶液的循环伏安图,测量 i_{pa}、i_{pc}、φ_{pa}、φ_{pc} 的值。

2. 分别以 i_{pa}、i_{pc} 对 $K_4[Fe(CN)_6]$ 溶液的浓度作图,说明峰电流与浓度的关系。

3. 分别以 i_{pa}、i_{pc} 对 $v^{\frac{1}{2}}$ 作图，说明峰电流与扫描速率间的关系。

4. 计算 i_{pa}、i_{pc} 的值 $E^{\ominus}$ 和 ΔE；说明 $K_3[Fe(CN)_6]$ 在 KCl 溶液中电极过程的可逆性。

六、思考题

扫描速率和浓度对循环伏安图有什么影响？

七、注意事项

1. 实验前电极表面要处理干净。

2. 扫描过程保持溶液静止。

附录 19 CHI660B 电化学工作站的操作规程

1. 仪器操作

将电极夹头夹到电解池上，设定实验技术和参数后，便可进行实验。

实验中如果要电位保持或暂停扫描（仅对伏安法而言），可用 Control 菜单中的 Pause/Resume 命令。此命令在工具栏上有对应的键。如果需要继续扫描，可再按一次该键。对于循环伏安法，如果临时需要改变电位扫描极性，可用 Reverse（反向）命令，在工具栏也有相应的键。若要停止实验，可用 Stop（停止）命令或按工具栏上相应的键。如果实验过程中发现电流溢出（Overflow，经常表现为电流突然成为一水平直线或得到警告），可停止实验，在参数设定命令中重设灵敏度（Sensitivity）。数值越小越灵敏（1.0 e-006 要比 1.0 e-005 灵敏）。如果溢出，应将灵敏度调低（数值调大）。灵敏度的设置以尽可能灵敏而又不溢出为准。如果灵敏度太低，虽不致溢出，但由于电流转换成的电压信号太弱，模数转换器只用了其满量程的很小一部分，数据的分辨率会很差，且相对噪声增大。

对于 600 和 700 系列的仪器，在 CV 扫速低于 0.01 V/s 时，参数设定时可设自动灵敏度控制（AutoSens）。此外，TAFEL、BE 和 IMP 都是由自动灵敏度控制的。

实验结束后，可执行 GraphHics 菜单中的 PresentDataPlot 命令进行数据显示。这时实验参数和结果（如峰高、峰电位和峰面积）都会在图的右边显示出来，可进行各种显示和数据处理。很多实验数据可以用不同的方式显示。在 GraphHics 菜单的 GraphOption 命令中可找到数据显示方式的控制，例如，CV 可允许选择任意段的数据显示，CC 可允许 Q-t 或 Q-$t/2$ 的显示，ACV 可选择绝对值电流或相敏电流（任意相位角设定），SWV 可显示正反向或差值电流，IMP 可显示波德图或奈奎斯特图，等等。

要存储实验数据，可执行 File 菜单中的 Save As 命令。文件总是以二进制的格式储存，用户需要输入文件名。

若要打印实验数据，可用 File 菜单中的 Print 命令。但在打印前，需先在主视窗的环境下设置好打印机类型，打印方向（Orientation）请设置在横向（Landscape）。如果 Y 轴标记的打印方向反了，请用 Font 命令改变 Y 轴标记的旋转角度（90°或 270°）。建议使用激光打印机，其速度快，分辨率好。若要调节打印图的大小，可用 GraphOptions 命令调节 XScale 和 YScale。若要切换实验技术，可执行 Setup 菜单中的 Technique 命令，选择新的实验技术，然后重新设定参数。

如果要做溶出伏安法实验，可在 Control 的菜单中执行 StrippingMode 命令，在显示的对话框中设置 Stripping Mode Enabled。如果要使沉积电位不同于溶出扫描时的初始电位（也是静置时的电位），可选择 DepositionE，并给出相应的沉积电位值。只有单扫描伏安法才有相应的溶出伏安法，因此 CV 没有相应的溶出法。

一般情况下，每次实验结束后电解池与恒电位仪会自动断开。做流动电解池检测时，往往需要电解池与恒电位仪始终保持接通，以使电极表面的化学转化过程和双电层的充电过程结束而得到很低的背景电流。用户可用 Cell（电解池控制）命令设置"Cell On Between It Runs"。这样，实验结束后电解池将保持接通状态。

2. 关于仪器的噪声和灵敏度

仪器的灵敏度与多种因素有关。仪器有自己的固有噪声，但很低，大多噪声来自外部环境。其中最主要的是 50 Hz 的工频干扰，解决的办法是采用屏蔽。可用一金属箱子（铜、铝或铁都可）作屏蔽箱，但箱子一定要良好接地，否则无效果或效果很差。如果三芯单相电源插座接地（指大地）良好，则可用仪器后面板上的黑色橡胶插座作为接地点。CHI6xxB，CHI7xxB 和 CHI900 内部有低通滤波器。平时是自动设定的。在扫描速度为 0.1 V/s 时，自动设定的截止频率为 150 Hz 和 320 Hz，对 50 Hz 的工频干扰抑制很差。但扫描速度为 0.05 V/s 时，滤波器自动设定为 15 Hz 和 32 Hz，对 50 Hz 工频干扰有较好的抑制，噪声大大减少。如果在 0.1 V/s 或更高的扫描速度下得到较大的噪声，不妨试试 0.05 V/s 以下的扫描速度。即使在不屏蔽的条件下也能测量微电极的信号。但要注意在不屏蔽的条件下较易受到其他干扰，甚至人的动作也会引起环境电磁场的改变。由于人的动作频率很小，15 Hz 或 32 Hz 的截止频率不能有效抑制，仍会呈现噪声。因此最好的办法是屏蔽。

提高信噪比的办法还包括增加采样间隔（或减小采样频率）。信噪比和采样时间的平方根成正比。如果采样时间是工频噪声源的整数倍时，对工频干扰可有很好的效果，例如采用 0.1 s 的采样间隔（5 倍于工频周期）或采用 0.01 V/s 的扫描速度。

3. CHI 电化学分析仪软件使用说明

（1）文件部分

① "Open"打开文件：用此命令打开数据文件。数据会显示在屏幕上。多文件界面允许打开多个文件。读文件时，将鼠标器指向文件名，然后双击该文件名就行，也可单击文件名，然后按"OK"键。

② "Save As"存储文件：用此命令储存数据。数据是以二进制格式储存的。二进制格式最节省磁盘空间，而且实验参数和控制参数都一起存入文件中。如果要运行与以前完全相同条件的实验，可读入以前的文件，然后运行实验。存数据时，只要输入文件名，然后按"OK"键，文件类型".BIN"会被自动加上。如果该文件名已经存在，会有警告给出。如果要取代以前的文件，用鼠标器选择已有的文件名，然后按"OK"键。

③ "Delete"删除文件：用此命令删除文件。若要同时删除多个文件，可按住键盘上的"Ctrl"键，同时用鼠标器一个个地选择文件名，然后按"OK"键，你会得到一个文件删除的警告。

④ "List Data File"将文件数据列表：用此命令可将盘中文件以列表的方式把数据读出来。

⑤ "Convert to Text"转换成文本文件：用此命令可将盘中的二进制数据文件转换成文

本文件(又称 ASCII 文件)。这可使得其他商品软件也可读入测量数据,从而进行各种数据处理和显示。若要同时转换多个文件,可按住键盘上的"Ctrl"键,同时用鼠标器一个个地选择文件名,然后按"OK"键。

⑥ "Text File Format"文本文件格式:用此命令可定义文本文件(又称 ASCII 文件)的格式,例如是否要实验参数和结果、X 和 Y 的分隔符、有效数字的位数等。

⑦ "Print"打印:用此命令可将当前的数据图形打印出来。打印的图形就如同屏幕上的显示格式。显示格式可用 Graph Option(图形设置)命令来改动。注意打印机方向设置必须是 Landscape(横向)。这一设置最好是在 Windows 的打印机设置处设定,使其成为整个系统的预置状态。这不影响文字处理器等软件的打印。

⑧ "Print Multiple Files"多文件打印:用此命令可将磁盘中的多个数据文件的图形打印出来。这可帮助充分利用时间。选择多文件可按住键盘上的"Ctrl"键,同时用鼠标器一个个地选择文件名,然后按"OK"键。

⑨ "Exit"关闭程序:用此命令可终止程序并退出窗口。退出窗口时程序的许多状态可被保存。

(2) 设置部分

① "Technique"实验技术:CHI 电化学分析仪是多功能仪器。用此命令可选择某一电化学实验技术。将鼠标器指向所选择的技术,然后双击该技术名就行。也可单击技术名,然后按"OK"键。如果某伏安法技术有相对应的极谱法(Polarography),亦可选择极谱法。差别在于极谱法每次采样周期结束后都会送出一个敲击汞滴的 TTL 信号。如果你的汞电极可用 TTL 信号控制的话,可做极谱实验。如果某伏安法技术有相对应的溶出法(Stripping),也可在 Control(控制)菜单下用 Stripping Mode(溶出方式)命令设置溶出法的控制参数并进行溶出伏安法的实验。

② "Parameters"实验参数:选定实验技术后,就可设置所需的实验参数。实验参数的动态范围可用 Help(帮助)看到。如果你输入的参数超出了许可范围,程序会给出警告,给出许可范围,并让你修改。

在数据采样不溢出的情况下,应该选择尽可能高的 Sensitivity(灵敏度)。这样模/数转换器可充分利用其动态范围。这可保证数据有较高的精度和较高的信噪比。

③ "System"系统设置:用此命令可设置串行通信口,电流的极性和电流电位轴正负的走向。Line Frequency(工频)在我国应设在 50 Hz。工频的设置会影响信号采样周期的预设置。在某些实验技术中,将采样时间设为交流电周期的整倍数,可显著提高信噪比。

如果选择 Present Data Override Warning(当前数据被冲掉警告),每次做新的实验前或读入数据文件前,当前一实验数据尚未存储时,系统会发出警告。

④ "Control"控制:Run 运行实验选定实验技术和参数后,便可进行实验。此命令启动实验测量。

Pause/Resume 暂停/继续实验。在伏安法实验过程中,用此命令可暂停电位扫描,这时电解池仍接通。再次执行此命令可继续实验测量。此命令不适用于快速实验。

⑤ "Stop Run"终止实验:执行此命令可终止实验。对于快速实验,由于实验可在短时间内完成。大部分时间是用于数据传送的,所以此命令不适用。

⑥ "Reverse Scan"反转扫描极性:此命令只适用于 Cyclic Voltammetry(循环伏安法),

且当扫描速度低于 $0.5V/s$ 时有效。实验过程中执行此命令可改变电位扫描方向。这对初次考察一个体系特别有用。随时改变扫描极性可防止过大电流流过电极造成电极损坏。

⑦ "Repetitive Runs"反复运行实验：如果需要反复地进行同样条件的测量,可用此命令。最大实验重复次数为 999 次。如果用户输入基础文件名,每次实验结束后,数据将被存到磁盘上,所用文件名为基础文件名加上该实验的次数。如果不给出文件名,数据将不被储存。如果用户设置信号平均,在所有的实验结束后,各次实验数据会被相加然后除以实验的次数。信号平均后的数据以基础文件名加零而被存入盘中。用户还可输入两次相邻实验的间隔,或等待用户许可再进行下一次测量。

⑧ "Run Status"实验状态：此命令可允许用户对实验的某些条件进行控制,例如是否要校正电位和电流的零点,是否要检查电极线接线情况,是否要 iR 降补偿,实验数据是否要平滑,以及通氮、搅拌和旋转电极控制,等等。

⑨ "Open Circuit Potential"开路电位测量：用此命令可测量电解池的开路电压。

⑩ "iR Compensation IR"降补偿：CHI6xxA 和 CHI7xxA 具有正反馈 iR 降补偿的功能。要进行 iR 降补偿,首先是进行溶液内阻的测量。选一个没有电化学反应的电位做测试。系统会报告电阻和电解池时间常数的测量结果并进行稳定性测试。用户可决定是否要降低稳定性来提高补偿的程度。每次改变灵敏度,自动补偿就失效,需要重做电阻和稳定性测试。用户也可选择手动补偿。这时只要输入希望补偿的阻值就行,但必须非常小心不要过补偿引起恒电位仪振荡并造成电极损坏。

⑪ "Filter Setting"滤波器设定：CHI6xxA 和 CHI7xxA 设有电位和电流信号的低通滤波器。一般情况下软件自动设定能很好地工作,但亦允许用户手工设定。手工设定后一定不要忘记重新设成自动,否则实验条件改变会造成信号失真。

⑫ "Cell"电解池控制：此命令可用于控制通气除氧、搅拌,汞电极的敲击以及电解池的临时通断。仪器有通气、搅拌和敲击的 TTL 信号输出。如果用户有相应的被控制设备且与 TTL 匹配,就能实现这些动作的自动控制。对于 CHI6xxA 系列的仪器,此命令还可设定三电极或四电极系统。

⑬ "Step Function"电位阶跃函数：此命令可产生电位阶跃信号,可用于电极的预处理或其他用途。电极电位在两个值之间来回阶跃,电位值和阶跃时间可调。启动后会显示状态,但没有数据采集和显示。

⑭ "Preconditioning"电极预处理：在每次实验前,可允许电极在三个电位下进行预处理。三个电位及每个电位下保持的时间长短可调。

⑮ "Rotating Disk Electrode"旋转电极控制：对于 CHI7xxA 和 CHI630A 以上的仪器,有一个 $0\sim10$ V 的电压输出,对应于 $0\sim10\,000$ r/min 的旋转速度控制。

⑯ "Stripping Mode"溶出伏安法方式：除了循环伏安法外,其他伏安法技术都有相对应的溶出法。当溶出法设定后,电沉积步骤会被加在普通伏安法的步骤之前。电沉积电位可以不同于溶出时电位扫描的初始电位。

(3) 图形显示

① "Present Data Plot"当前数据作图：此命令用于显示当前的数据。图形的显示方式可通过 Graph Option(图形设置),Colorand Legend(颜色和符号)以及 Font(字体)等命令设置。有些实验技术有多种数据显示方式(Help 中给出了不同技术的不同显示方式),可通过

Graph Option(图形设置)命令来设置。例如 CV 可允许选择任意段的数据显示,CC 可允许 Q-t 或 Q-$t/2$ 的显示,ACV 可选择绝对值电流或相敏电流(任意相位角设定),SWV 可显示正反向或差值电流,IMP 可显示波德图或奈奎斯特图,等等。

X 轴和 Y 轴可以拉大缩小。将鼠标移至 X 轴或 Y 轴上,鼠标的显示会变成上下箭头(Y 轴)或左右箭头(X 轴),这时按下鼠标的左键,然后移动鼠标,当左键松开时,轴的范围就改变了。如果双击 X 轴或 Y 轴,会出现一个轴的设定对话框,可用于改变轴有关的一些设定。例如,轴的标记的表达除了用科学表达(如一微安表达为 1 e - 6 A)外也可用工程的表达(如一微安表达为 1 μA),轴上的标记线数也可人工设定了。

数据图中可允许插入文字。用鼠标在数据区域中双击,会出现插入文字的对话框。鼠标双击的位置也就是文字显示的第一个字母的左上角位置。文字的位置、字体、颜色、大小和旋转角度都可调节。如果要修改或删除现有文字,可将鼠标移至第一个字母的左上角,然后双击,这时会选中现有文字,可做修改或删除。如果将数据存盘的话,输入的文字会和数据一起被储存。

② "Overlay Plot"数据重叠显示:此命令可将多组数据重叠在同一张图上以做比较。图的 X - Y 轴的范围取决于当前的数据,也可用 Graph Option(图形设置)命令来锁定 XY 轴的范围。选择多文件可按住键盘上的"Ctrl"键,同时用鼠标器一个个地选择文件名,然后按"OK"键。

③ "Add to Overlay"增加重叠显示文件:如果已有多组数据在屏幕上重叠显示,但还要再叠加一组或数组数据,可用此命令。此命令还能选择不在同一个子目录中的数据。

④ "Parallel Plot"数据平行显示:此命令可将多组数据平行并排地显示在屏幕上,这对不同实验技术所得到的数据显示及判断十分有用。

⑤ "Add to Parallel"增加平行显示文件:如果已有多组数据在屏幕上平行显示,但还要再加上一组或数组数据,可用此命令。此命令还能控制图形的排列顺序或选择不在同一个子目录中的数据。

⑥ "Zoom In"局部放大显示:用此命令可将局部数据放大显示。按下工具栏的 Zoom In 键后,将鼠标器移至要放大的矩形区域的一个角。按下鼠标器的左边键然后移至矩形的对角。放开鼠标器的键。该矩形区域的数据便占满整个图形显示区域。用户可多次放大局部数据显示。再按工具栏的 Zoom In 键,局部放大显示的功能取消,全部数据重新显示在屏幕上。

⑦ "Peak Definition"峰形定义:常见的电化学信号响应可能是类似于高斯分布的对称峰(Gausian Peak),或是由于扩散层变厚引起电流下降的拖尾峰(Diffusive Peak),或是类似于极谱波的稳态响应(Sygmoidal Wave)。由于响应的不同,搜寻和定义峰或波的方法也不同。用此命令可定义峰或波的类型。用户并可选择是否要报告峰或波的电位、半峰电位、峰电流和峰面积。

⑧ "X - YPlot"X - Y 数组作图:这是一个用于二维数组作图的工具。对于点数不多的工作曲线或其他数据,可手工输入 X - Y 数组、坐标说明、单位以及其他注解后作图。这些数据也可存入盘中以便以后调用。图形的显示方式可通过 Graph Option(图形设置)、Colorand Legend(颜色和符号)以及 Font(字体)等命令设置。

⑨ "Peak Parameter Plot"峰参数作图:此命令可允许将峰电流对扫描速度或扫描速度

的平方根作图,将峰电位对扫描速度的对数作图。这在电化学研究中是十分有用的。先选择作图的类型,峰电位的范围,然后选择哪些数据文件要求作图。至少要三套数据(文件)才能作图。用户还可决定是否要用最小二乘法报告斜率、截距、相关系数。按"OK"键便可作图。

⑩ "Semilog Plot"半对数图:对于类似于极谱图的稳态响应,半对数图(电位相对于 $\lg(I_d - I)/I$ 作图)可帮助确定半波电位、可逆性以及电子转移数等。手工作图极为费时。利用此命令,用户只要输入作半对数图的电位范围(通常是半波电位两边各 59 mV/n 的范围)就行。用户还可决定是否要用最小二乘法报告斜率、截距和相关系数。按"OK"键便可作图。

⑪ "Graph Option"图形设置:此命令用于调节数据图形显示的参数和细节。用户可选择是否要注解,实验条件和结果,图形是否要有网格,峰测量基线是否要显示,坐标轴是否要改变方向,X 和 Y 的范围是否要锁定,坐标轴的文字和单位是否要改变,电流是否要表达成电流密度,电位轴是否要注明参比电极的类型以及图的大小,等等。对于许多电化学技术,数据往往需要用不同的方式显示,也可在此设置。例如 CV 可允许选择任意段的数据显示,CC 可允许 $Q-t$ 或 $Q-t/2$ 的显示,ACV 可选绝对值电流或相敏电流(任意相位角设定),SWV 可显示正反向或差值电流,IMP 可显示波德图或奈奎斯特图,等等。

⑫ "Colorand Legend"颜色和符号:此命令可允许用户调节曲线、坐标和背景的颜色。数据显示可以是线条、点或各种其他的符号或形状。线条的粗细,符号的大小也可调节。数据点的间隔也可设置 Font 字体。此命令可设置数据图形显示时各种文字说明的字体、大小和颜色。另外由于不同的打印机关于字体旋转的定义不同,Y 轴的文字的旋转角度或是 90° 或是 270°。如果打印出来的数据图的 Y 轴的文字方向反了,请用此命令选择另一旋转角度。

⑬ "Copy to Clipboard"复制到剪贴板:此命令可将屏幕上的数据图形复制到剪贴板上,也可粘贴(Paste)到文字处理器或其他软件中。

(4) 数据处理

① "Smooth"平滑:此命令用于平滑实验数据。可有两种方法进行平滑:最小二乘法或傅里叶变换。最小二乘法可允许 5 至 49 点的平滑。点数取得越多,平滑效果越好,但也越容易造成数据失真。很多时候傅里叶变换可给出很好的平滑效果且较小的失真。傅里叶变换平滑的截止值(Cutoff)取得越小,平滑效果越好,但也越易失真。用户还可决定是否实验结束后自动对数据进行平滑。

② "Derivative"导数:此命令用于对实验数据求导数。导数的阶数可从一至五。最小二乘法的点数为 5 至 49 点。导数过程是高频噪声的放大过程,最小二乘法的点数取得越多,导数数据越光滑,但也容易造成数据失真。

③ "Integration"积分:此命令用于对实验数据积分。

④ "Semiinteg and semideriv"半微分半积分:此命令用于对实验数据进行半微分或半积分。半微分可将拖尾的散峰变换成对峰,有助于分辨及定量测量。半积分可将拖尾的扩散峰变换成类似极谱波的稳态响应,从而可用极谱理论分析数据。

⑤ "Interpolation"插值:此命令用于在数据点之间插值,插值后数据点数是原始数据的 $2n$ 倍。

⑥ "Baseline Correction"基线校正:此命令可用于校正实验数据的基线,以便更好更准

确地测量。用户可用鼠标器确定基线。先将鼠标器移至基线的一端,按下鼠标器的左键,然后移动鼠标器到基线的另一端,放开左键。原始数据将减去输入的基线,从而使得倾斜的基线变得平坦。此命令还可用于直流电平的扣除。如果用户用鼠标器在想要扣除的直流电平处定义一条水平基线,原始数据将减去这一电平。

⑦ "Data Point Removing"数据点删除:此命令用于删除一些不需要的数据点,但数据点删除仅限于头尾的数据点。

⑧ "Data Point Modifying"数据点修改:此命令用于修改数据点。有时候由于某种已知偶然因素会造成数据点的明显偏差,例如静汞电极的某一点接触问题造成零电流。此命令用于修正数据而不必重新测量整套数据。需要强调的是,任何数据处理都会有记录并随文件存储起来。打印数据图形时或文字显示数据时,所进行过的数据处理都会显示出来。

⑨ "Background Subtraction"本底扣除:此命令用于本底扣除。要进行本底扣除,先要做空白或本底实验并将数据存入盘中。进行样品测量后可用此命令以本底实验数据文件扣除。

⑩ "Signal Averaging"信号平均:用此命令可得到当前数据和多个已储存的相同实验条件的数据的平均值。信号平均可提高信噪比,提高的倍数等于测量次数的平方根。

⑪ "Mathematical Operation"数学运算:用此命令可对 X 或 Y 数组进行加减乘除、指数、对数、平方、开方、倒数等各种数学运算。例如电位减去平衡电位便可得到过电位,电流除以其最大值便得到了归一化的电流。

⑫ "Fourier Spectrum"傅里叶变换谱:此命令可将数据做傅里叶变换从而得到频谱。这对了解数据的性质,频率范围等很有帮助。

附录 20　IM6eX 电化学工作站操作规程

1. 操作程序

(1) 使用前先检查仪器各个连接是否正常,然后开机。

(2) 测试之前,确保电极引线与实验体系连接正确,避免接触不良的情况,否则对测试结果会有影响,甚至会损坏仪器和实验体系。

(3) 电极引线与实验体系连接正确后,设定实验技术和参数后,便可进行实验。

(4) 实验结束后进行数据处理、保存。

(5) 关闭控制程序,然后关闭工作站电源。打开总电源开关,依次打开稳压电源、计算机及仪器主机的电源开关。

2. 注意事项

(1) 使用仪器前要经过使用培训,得到使用许可后方可独立操作本仪器。

(2) 仪器不宜时开时关,但晚上离开实验室时建议关机。

(3) 仪器的电源应采用单相三线,其中地线应与大地连接良好。

(4) 使用温度为 15～28℃,此温度范围外也能工作,但会造成漂移和影响仪器寿命。

附录 21　M370 微区扫描电化学工作站操作说明

1. 操作程序

(1) 使用前先检查仪器各个连接是否正常,然后开机。

（2）将样品池装好样品，装好探针、显微镜。

（3）将电极夹头夹到电解池上，设定实验技术和参数后，便可进行实验。

（4）实验结束后进行数据处理、保存。

（5）关闭控制程序，然后关闭工作站电源。打开总电源开关，依次打开稳压电源、计算机及仪器主机的电源开关。

2. 注意事项

（1）使用仪器前要经过使用培训，得到使用许可后方可独立操作本仪器。

（2）仪器不宜时开时关，但晚上离开实验室时建议关机。

（3）注意保护好探针和显微镜表面。

（4）仪器所处环境湿度不能太大，否则会对仪器造成影响。

第12章　电导分析法

12.1　方法原理

电导分析法是电分析化学的一个分支。本方法有极高的灵敏度,但几乎没有选择性,因此在分析中应用不广泛,它的主要用途是电导滴定及测定水体中的总盐量。

电解质溶液能导电,当溶液中离子浓度发生变化时,其电导也随之变化,用电导来指示溶液中离子浓度的方法称为电导分析法。电导分析法包括直接电导法和电导滴定法。

12.1.1　基本原理

将两个铂电极插入电解质溶液中,并在两电极上施加一定的电压,就会有电流通过。电流是电荷的移动,在金属导体中仅仅是电子的移动,而在电解质溶液中是由正离子和负离子向相反方向的迁移来共同形成的。

电解质溶液的导电能力用电导 G 来表示,对于一个均匀的导体来说,它的电导的大小与其长度 L 和截面积 A 有关,即

$$G = k\frac{A}{L} \tag{12-1}$$

式中,k 为电导率。

电导是电阻的倒数,因此测量溶液的电导也就是测量它的电阻。经典的测量电阻的方法是采用惠斯通电桥平衡法。

溶液电导的测量通常是将电导电极直接插入试液中进行。电导电极是将一对大小相同的铂片按一定的几何形状固定在玻璃杯上制成的。

$$G = k\frac{A}{L} = k\frac{1}{L/A} \tag{12-2}$$

式中,L/A 是一常数,用 θ 表示,称为电导池常数。

在实际应用中,大多数电导仪都是直读式,这有利于快速测定和连续自动测定。

12. 1. 2　分析方法

1. 直接电导法

直接根据溶液的电导来确定待测物质含量的方法,称为直接电导法。

1) 定量方法

直接电导法是利用溶液电导与溶液中离子浓度成正比的关系进行定量分析的,即

$$G = Kc \tag{12-3}$$

式中,K 与实验条件有关,当实验条件一定时为常数。

定量方法可以用标准曲线法、直接比较法或标准加入法。

(1) 标准曲线法

配制一系列已知浓度的标准溶液,分别测定其电导,绘制 G-c 标准曲线;然后,在相同条件下测定待测试液的电导 G_x,从标准曲线上查得待测试液中被测物的浓度 c_x。

(2) 直接比较法

在相同条件下,同时测定待测试液和一个标准溶液的电导 G_x 和 G_s,根据式(12-3)有

$$G_x = Kc_x \text{ 和 } G_s = Kc_s \tag{12-4}$$

将两式相除并整理得

$$c_x = c_s \frac{G_x}{G_s} \tag{12-5}$$

(3) 标准加入法

先测定待测试液的电导 G_1,再向待测试液中加入已知量的标准溶液(约为待测试液体积的 1/100),然后再测定其电导 G_2,根据式

$$G_1 = Kc_x \text{ 和 } G_2 = K \frac{V_x c_x + V_s c_s}{V_x + V_s} \tag{12-6}$$

整理得

$$G_x = \frac{G_1}{G_2 - G_1} \cdot \frac{V_s c_s}{V_x} \tag{12-7}$$

2) 直接电导法的应用

直接电导法灵敏度高,仪器简单,测量方便,不仅可以用于定量分析,还可以用来测量各种常数,如介电常数、弱电解质的离解常数。由于直接电导法的选择性差,在定量中只能测定离子的总浓度,所以直接电导法的应用受到限制,它的主要应用有以下几个方面。

(1) 水质纯度的鉴定

由于纯水中的主要杂质是一些可溶性的无机盐类,它们在水中以离子状态存在,所以通过测定水的电导率,可以鉴定水的纯度,并以电导率作为水质纯度的指标。

普通蒸馏水的电导率约为 2×10^{-6} S·cm^{-1},离子交换水的电导率小于 5×10^{-6} S·cm^{-1}。

值得注意的是,水中的细菌、悬浮杂质和某些有机物等非导电性物质对水质纯度的影响,很难通过直接电导法测定。

(2) 合成氨中一氧化碳与二氧化碳的自控监测

在合成氨的生产流程中,必须监控一氧化碳和二氧化碳的含量。因为当其超过一定限度时,便会使催化剂铁中毒而影响生产的进行。在实际生产过程中,可采用电导法进行监测。

2. 电导滴定法

电导滴定法根据滴定过程中被滴定溶液电导的突变来确定终点,然后根据到达滴定终点时所耗用滴定剂的体积和浓度来求出待测物质的含量。

如果滴定反应产物的电导与反应物的电导有差别,那么在滴定过程中,随着反应物和产物浓度的变化,在化学计量点时滴定曲线出现转折点,可指示滴定终点。

电导滴定可用于滴定极弱的酸或碱,也能用于滴定弱酸盐、弱碱盐以及强、弱混合酸。在普通滴定分析或电位滴定中这些都是无法进行的,这也是电导滴定法的一大优点。

(1) 中和滴定中的应用

用强碱 MOH 滴定强酸 HX 时的反应为

$$H^+ + X^- + M^+ + OH^- \Longrightarrow H_2O + M^+ + X^-$$

由于 H^+ 的浓度比 M^+ 大,所以随着滴定的进行,体系的电导率下降。电导率 K 的变化情况如图 12-1 所示。到达等电点($x=1$)前,电导率随着滴定的进行呈线性减小。过了等电点,电导率则和过剩的 OH^- 浓度成正比递增。由这两条直线的交点可以求出滴定终点。

随着滴定试剂的添加、溶液的体积不断增加,测得的电导率必须用下式进行校正,即

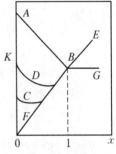

图 12-1 滴定曲线图

$$K' = K \frac{V+v}{V} \qquad (12-8)$$

式中,K' 是校正后的电导率;V 是试样溶液的初始体积;v 是滴定试剂的滴加量。

用氨那样的弱碱滴定强酸时,由于受氨离解所产生的 NH_4^+ 的抑制,所以,即使过了等电点后电导率也不增加,滴定曲线的形状见图 12-1 中的 ABG。

弱酸滴定时,初始电导率较小,滴定曲线的形状如图 12-1 中的 DBC、DBG、EBC、EBG、FBC、FBG 所示。由滴定曲线的拐点可以求出等电点。

(2) 沉淀滴定中的应用

XA 盐与 YB 盐发生沉淀反应时,X^+ 与 Y^+ 置换。

$$X^+ + A^- + Y^+ + B^- \Longrightarrow XB + Y^+ + A^-$$

滴定曲线因 X^+ 与 Y^+ 浓度的大小不同而改变,当沉淀物的溶解度较大时,在等电点附近曲线急剧变化,而沉淀物的溶解度较小时的结果正相反。

(3) 氧化还原滴定中的应用

由于氧化还原反应通常是在高浓度的支持电解质溶液中进行,所以因反应产生的电导

率变化相对来说很小。在大部分的情况下,电导率分析不适合于氧化还原反应。氧化还原反应的分析使用伏安法为好。

12.2　仪器结构与原理

电导率是以数字表示溶液传导电流的能力。水的电导率与其所含无机酸、碱盐的量有一定的关系,当它们的浓度较低时,电导率随着浓度的增大而增加,因此,该指标常用于推测水中离子的总浓度或含盐量。

根据欧姆定律,一个截面积为 A,长度为 L 的导体,其电阻为

$$R = \rho L / A \tag{12-9}$$

式中,ρ 为导体的电阻率,其大小与导体的性质、温度等有关。

电导率(κ 值)是电阻率的倒数 $1/\rho$。水溶液依靠其中带电离子的移动传导电流,因此水溶液的 κ 值与其所含带电离子(杂质)的数量有关。在完全纯净的水中,只有极少量的带电离子,其 κ 值约为 $5.6 \times 10^{-2}\ \mu S \cdot cm^{-1}$,一般纯水(蒸馏水或去离子水)的数值要高 $1 \sim 2$ 个数量级,在 $0.5 \sim 10\ \mu S \cdot cm^{-1}$,而含有较多杂质水体的 κ 值可达数千 $\mu S \cdot cm^{-1}$。

水溶液 κ 值的测量需利用一对相互平行、截面积和间距已知的电极,一般称为电导测量电极,简称电导电极。当电导电极浸入溶液时,在两电极侧的水溶液构成传导电流的导体。设电极的有效截面积为 A,间距为 L,两电极间水溶液的电阻为 R。根据 κ 值的定义,溶液的 κ 值可简单地由下式算出

$$\kappa = 1/\rho = 1/R \times (L/A) = Q/R \tag{12-10}$$

根据上述原理设计的测量仪器称为电导率仪,电导率仪由电导电极和电子单元组成。图 12-2 是电导率测量仪的电路原理图。图左半部分是由电导电极(R_x)、高频交流电源(O)和量程电阻(R_m)相互串联构成的测量回路,而右半部分则是由量程电阻(R_m)、放大电

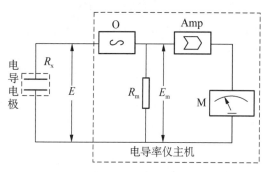

路(Amp)和显示仪表(M)构成的放大显示回路。电导电极的两个测量电极板平等地固定在一个玻璃杯内,以保持两电极间的距离和位置不变,这样,电极的有效截面积 A 及其间距 L 均为定值,因此,可以准确得知 Q 值,Q 称为电导电极的电极常数,测量过程中为了减少由于溶液内离子成分向电极表面聚集而形成的极化效应,测量电导池电阻时,往往使用高频交流电源。

图 12-2　电导率测量仪的电路原理图

当高频交流电源工作时,在电导电极和量程电阻两端分别产生电位差 E 和 E_m,则 R_x 可由下式求出

$$R_x = E \times R_m / E_m \tag{12-11}$$

式中,Q、R_m 和 E(实际上是由高频交流电源提供的 $E+E_m$)均为已知常数。

测量过程中溶液 κ 值的变化(即 R_x 的变化)会引起电导率仪测量回路中 E_m 的变化,该信号经放大电路放大、整流后,通过显示仪表显示出来,即实现了对溶液 κ 值的测量。

仪器中还配有与仪器相匹配的温度测量系统,能补偿到标准温度电导率的温度补偿系统、温度系数调节系统、电导池常数调节系统以及自动换挡功能等。

目前,市场上出售的各种电导率测量仪,尽管外观各异,测量原理基本上均如上所述。

12.3　实验内容

实验一　水及溶液电导率的测定

一、实验目的

1. 了解电导率的含义。
2. 掌握电导率测定水质的意义及其测定方法。

二、实验原理

电导率是以数字表示溶液传导电流的能力。纯水的电导率很小,当水中含有无机酸、碱、盐或有机带电胶体时,电导率就增加。电导率常用于间接推测水中带电荷物质的总浓度。水溶液的电导率取决于带电荷物质的性质和浓度、溶液的温度和黏度等。

电导率的标准单位是 S/m(即西门子/米),一般实际使用单位为 mS/m,常用单位为 μS/cm(微西门子/厘米)。

单位间的互换

$$1\ \mathrm{mS/m}=0.01\ \mathrm{mS/cm}=10\ \mu\mathrm{S/cm}$$

新蒸馏水的电导率为 $0.05\sim0.2$ mS/m,存放一段时间后,由于空气中的二氧化碳或氨的溶入,电导率可上升至 $0.2\sim0.4$ mS/m;饮用水的电导率为 $5\sim150$ mS/m;海水的电导率大约为 $3\,000$ mS/m;清洁河水的电导率为 10 mS/m。电导率随温度变化而变化,温度每升高 $1\,^{\circ}\mathrm{C}$,电导率增加约 2%,通常规定 $25\,^{\circ}\mathrm{C}$ 为测定电导率的标准温度。

由于电导率是电阻率的倒数,因此,把两个电极(通常为铂电极或铂黑电极)插入溶液中,可以测出两电极间的电阻 R。根据欧姆定律,温度一定时,电阻值 R 与电极的间距 L(cm)成正比,与电极截面积 $A(\mathrm{cm}^2)$ 成反比,即

$$R=\rho\times L/A$$

由于电极面积 A 与间距 L 都是固定不变的,故 L/A 是一个常数,称为电导池常数(以 Q 表示)。

比例常数 ρ 叫作电阻率。其倒数 $1/\rho$ 称为电导率,以 κ 表示。

$$\kappa=1/\rho=1/R\times(L/A)=Q/R$$

已知电导池常数,并测出电阻后,即可求出电导率。

三、仪器与试剂

1. 仪器

(1) 电导率仪;

(2) 温度计;

(3) 恒温水浴锅。

2. 试剂

(1) 纯水(电导率小于 0.1 mS/m)。

(2) 0.001 mol/L HCl 溶液。

(3) 氯化钾标准溶液:0.010 0 mg/L(称取 0.745 6 g 于 105℃干燥 2 h 并冷却的氯化钾,溶于纯水中,于 25℃下定容至 1 000 mL,此溶液在于 25℃时的电导率为 141.3 mS/m)。

必要时可适当稀释氯化钾标准溶液。各种浓度氯化钾溶液的电导率(25℃)见表 12 - 1。

表 12 - 1　不同浓度氯化钾的电导率(25℃)

浓度/(mol/L)	电导率/(mS/m)	电导率/(µS/cm)
0.000 1	1.494	14.94
0.000 5	7.39	73.90
0.001	14.7	147.0
0.005	71.78	717.8

四、实验步骤

1. 测定 25℃纯水的电导率。

2. 测定 30℃,35℃,40℃,45℃,50℃,60℃水温下纯水的电导率。

3. 测定 25℃ 0.001 mol/L HCl 溶液的电导率。

4. 测定 30℃,35℃,40℃,45℃,50℃,60℃ 0.001 mol/L HCl 溶液的电导率。

五、数据处理

1. 恒温 25℃下测定水样的电导率,仪器的读数即为水样的电导率(25℃),以 µS/cm 单位表示。

2. 在任意水温下测定,必须记录水样温度,样品测定结果按下式计算

$$\kappa_{25} = \kappa_t / [1 + a(t - 25)]$$

式中,κ_{25} 为水样在 25℃时的电导率,µS/cm;κ_t 为水样在温度 t 下的电导率,µS/cm;a 为各种离子电导率的平均温度系数,取值 0.022;t 为测定时水样品的温度,℃。

六、思考题

1. 电导池常数怎样计算?

2. 电导率与温度有什么关系?

实验二　盐酸和醋酸混合液的电导滴定

一、目的及要求

1. 巩固电导滴定的理论知识。
2. 学会电导滴定的分析操作。
3. 学会绘制电导滴定曲线及滴定终点的确定方法。
4. 测定 HCl 和 HAc 混合溶液中 HCl 和 HAc 的含量。

二、实验原理

电导滴定是容量分析法的一种,其终点是根据滴定过程中电导的变化来确定的。

用 NaOH 溶液滴定 HCl 和 HAc 混合溶液时,HCl 首先被中和,溶液中迁移速度较大的氢离子被加入的 OH^- 中和而生成难以电离的水及迁移速度较小的 Na^+ 所代替。反应如下:

$$H^+ + Cl^- + Na^+ + OH^- \longrightarrow Na^+ + Cl^- + H_2O$$

已知 Na^+ 的摩尔电导小于 H^+ 的摩尔电导,因此,在化学计量点前随滴定的进行,溶液的电导不断下降。化学计量点后,随着过量 NaOH 的加入,溶液中的 Na^+ 和 OH^- 浓度增加,则溶液的电导也随之增大。当 HCl 被中和完后,HAc 开始被中和,生成难电离的 H_2O 和易离解的 NaAc,其反应如下:

$$H^+ + Ac^- + Na^+ + OH^- \Longrightarrow Na^+ + Ac^- + H_2O$$

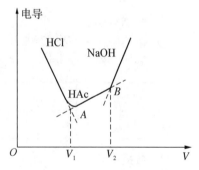

所以电导略有增加,当 NaOH 过量时,由于 OH^- 溶液中迁移速度很大,使电导迅速上升。以溶液的电导为纵坐标,NaOH 标准溶液的体积为横坐标绘图,如图 12-3 所示。

根据图 12-3 可得出具有两个拐点的滴定曲线,第一个拐点 A 所对应的体积为滴定 HCl 所消耗的 NaOH 量,滴定 HAc 所需的 NaOH 量应为两个拐点 A、B 所对应的体积之差。根据当量定律即可求出 HCl 和 HAc 的含量。

图 12-3　NaOH 标准溶液的体积-电导曲线图

三、仪器与试剂

1. 仪器

(1) 电导率仪;
(2) 铂黑电极;
(3) 微型磁力搅拌器。

2. 试剂

(1) 邻苯二甲酸氢钾(分析纯);
(2) 1% 酚酞指示剂;

（3）1.00 mol/L NaOH 标准溶液；

（4）0.100 0 mol/L NaOH 标准溶液；

（5）HCl 未知溶液(0.1 mol/L)；

（6）HAc 未知溶液(0.1 mol/L)。

NaOH 标准溶液的标定：在分析天平上准确称取三份已在 105～110℃烘干 1 h 的分析纯邻苯二甲酸氢钾，每份约为 1～1.5 g 放于 250 mL 锥形瓶中，用 50 mL 煮沸后冷却的蒸馏水使之溶解（若没有完全溶解，可稍加热），冷却后加入两滴酚酞指示剂，用 NaOH 标液滴定至呈微红色 30 s 内不褪，即为终点，准确计算 NaOH 的浓度。

四、实验步骤

1. 准备仪器，清洗好电极。

2. 分别吸取未知 HCl 和 HAc 溶液各 20 mL，置于小烧杯中(三份)，并用水清洗杯壁，将烧杯置于磁力搅拌器上，使溶液充分搅拌。

3. 用已知的标准 NaOH 溶液进行滴定，测量相应的电导率。

4. 根据消耗 NaOH 的体积和所测得的电导值绘制 G-V 滴定曲线，并分别确定两个滴定终点。

5. 分别计算未知液的 HCl 和 HAc 的浓度和测定的平均值差。

6. 测定完毕，整理好仪器和电极。

五、数据处理

1. 原始数据

实验数据记录于表 12-2。

表 12-2 实验原始数据记录表

V/mL								
电导								

2. 数据处理

（1）作出电导滴定曲线 G-V，查出 V_1、V_2。

（2）HCl 浓度计算：$M_{HCl} = \dfrac{M_{NaOH} \times V_1}{V_{HCl}}$；

HAc 浓度计算：$M_{HAc} = \dfrac{M_{NaOH} \times (V_2 - V_1)}{V_{HCl}}$；

式中，M 为物质的量浓度，mol/L；V_1 为滴定盐酸时消耗氢氧化钠标准溶液的体积，mL；V_2 为滴定盐酸和醋酸混合溶液时消耗氢氧化钠标准溶液的体积，mL。

六、思考题

1. 什么是电导滴定曲线？电导曲线是根据什么来判断滴定终点的？

2. 影响电导测定的因素有哪些？

实验三　电导滴定法测定自来水中溶解氧

一、目的及要求

1. 巩固电导滴定的理论知识。
2. 学会电导滴定的分析操作。
3. 学会绘制电导滴定曲线及滴定终点的确定方法。
4. 测定水质中溶解氧的含量。

二、实验原理

溶解氧(DO)是评价地面水质的重要指标,它的测定是环境监测中常见的检测项目,在工业、农业、医疗和科研等各个领域也有广泛的应用。水中溶解氧与金属铊作用,将 Tl 氧化为 TlOH,然后用 HCl 溶液滴定体系中的 OH^-,反应式为

$$4Tl + O_2 + 2H_2O \rule[0.5ex]{2em}{0.1ex} 4TlOH$$

$$TlOH + HCl \rule[0.5ex]{2em}{0.1ex} H_2O + TlCl \downarrow$$

TlOH 是一种强电解质,在滴定开始前,溶液具有一定的电导率,随着 HCl 溶液的加入,反应产物 TlCl 是一种沉淀,H_2O 是弱电解质,电导率非常小,因而溶液电导率迅速下降。到化学计量点后,TlOH 反应完全,溶液的电导率随着 HCl 溶液的加入而缓慢增长。这样在化学计量点前后,由于溶液电导率的变化导致出现两条不同斜率的直线,其交点即为化学计量点,如图 12-4 所示。因此,我们可以通过测定化学计量点前后若干点的电导率,再通过作图法求出到达化学计量点时消耗 HCl 溶液的体积,从而计算水中溶解氧的含量。

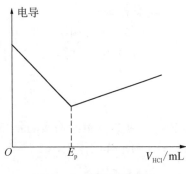

图 12-4　电导滴定曲线

三、仪器与试剂

1. 仪器
(1) 电导率仪;
(2) 铂黑电极;
(3) 微型磁力搅拌器。

2. 试剂
(1) HCl 标准溶液(分析纯):0.01 mol/L;
(2) 金属铊(分析纯);
(3) 混合床离子交换树脂;
(4) 充氧蒸馏水:用空压机向蒸馏水中充氧约 5 min,保存于 20℃ 的生化培养箱中备用。

四、实验步骤

1. 将混合床离子交换树脂浸泡后装入滴定管中,将水样倒入滴定管通过树脂进行离子

交换。

2. 将交换水装满溶解氧瓶,加入 0.2 g 金属铊粒,密封,放置暗处 30 min 后取出,混匀。

3. 取 100 mL 溶液倒入烧杯中,放入搅拌器,开动搅拌机,用 0.010 00 mol/L 的 HCl 溶液滴定,每加入 1 mL HCl 溶液,读取一次电导率,直至加到 15 mL 为止。

4. 根据消耗 HCl 的体积和所测得的电导值绘制 G-V 滴定曲线,并确定滴定终点。

5. 计算水中溶解氧的值。

6. 测定完毕,整理好仪器和电极。

五、数据处理

1. 原始数据

实验数据记录于表 12-3。

表 12-3　实验原始数据记录表

V/mL										
电导										

2. 数据处理

(1) 作出电导滴定曲线:G-V,查出 V_1。

(2) 溶解氧的计算:

$$\omega(\text{DO})(\text{mg/L}) = \frac{c_1 \cdot V_1 \times 32}{V_2 \times 4} \times 1\,000$$

式中,c_1 为 HCl 溶液物质的量浓度,mol/L;V_1 为滴定至计量点时消耗 HCl 溶液的体积,mL;V_2 为水样的体积,mL。

六、思考题

1. 离子交换树脂的作用是什么?

2. 电导滴定和传统的溶解氧测定方法(如碘量法、传感器法等)相比有何特点?

实验四　电导滴定法测定食醋中乙酸的含量

一、目的及要求

1. 学习电导滴定法测定原理。

2. 掌握电导滴定法测定食醋中乙酸含量的方法。

3. 进一步掌握电导率仪的使用。

二、实验原理

电导滴定法是根据滴定过程中被滴定溶液电导的变化来确定滴定终点的一种容量分析方法。电解质溶液的电导取决于溶液中离子的种类和离子的浓度。在电导滴定中,由于溶液中离子的种类和浓度发生了变化,因而电导也发生了变化,据此可以确定滴定终点。

食醋中的酸主要是乙酸。用氢氧化钠滴定食醋,滴定开始时,部分高摩尔电导的氢离子被中和,溶液的电导略有下降。随后,由于形成了乙酸-乙酸钠缓冲溶液,氢离子浓度受到控制,随着摩尔电导较小的钠离子浓度逐渐增加,在化学计量点以前,溶液的电导开始缓慢上升。在接近化学计量点时,由于乙酸的水解,转折点不太明显。化学计量点以后,高摩尔电导的氢氧根离子浓度逐渐增大,溶液的电导迅速上升。作两条电导上升直线的近似延长线,其延长线的交点即为化学计量点。

食醋中乙酸的含量一般为 3～4 g/100 mL,此外还含有少量其他弱酸如乳酸等。用氢氧化钠滴定食醋,以电导法指示终点,测定的是食醋中酸的总量,尽管如此,测定结果仍按乙酸含量计算。

三、仪器与试剂

1. 仪器

(1) DDS-11A 型电导率仪;

(2) 电导电极;

(3) 电磁搅拌器;

(4) 搅拌子。

2. 试剂

0.100 0 mol·L⁻¹ NaOH 标准溶液。

四、实验步骤

1. 将 0.100 0 mol·L⁻¹ NaOH 标准溶液装入 50 mL 碱式滴定管,并记录读数。

2. 用 2 mL 移液管移取 2 mL 食醋于 200 mL 烧杯中,加入 100 mL 去离子水,放入搅拌子,将烧杯置于电磁搅拌器上,插入电导电极,开启电磁搅拌器,测量溶液电导。

3. 用 0.100 mol·L⁻¹ NaOH 标准溶液进行滴定,每加 1.00 mL,测量一次电导率,共测量 20～25 个点。平行测定三份。

五、数据处理

1. 绘制滴定曲线,从滴定曲线直线部分的交点求出化学计量点时消耗 NaOH 标准溶液的体积。

2. 计算食醋中乙酸的含量(g/100 mL)。

六、思考题

1. 用电导滴定法测定食醋中乙酸的含量与指示剂法相比,有何优点?

2. 如果食醋中含有盐酸,滴定曲线有何变化?

七、注意事项

滴定过程中,在接近终点时滴定速度要慢。

附录 22 DDSJ-308 型电导率仪结构及使用

1. 技术参数

（1）测量范围

电导率测量范围为 $0 \sim 2 \times 10^5 \, \mu S/cm$，共分成五挡量程（五挡量程能自动切换）。当选用常数为 0.01 的电极时，测量范围为 $0 \sim 200 \, \mu S/cm$；当选用常数为 0.1 的电极时，测量范围为 $0 \sim 2\,000 \, \mu S/cm$；当选用常数为 1.0 的电极时，测量范围为 $0 \sim 20\,000 \, \mu S/cm$；当选用常数为 5.0 的电极时，测量范围为 $0 \sim 10\,000 \, \mu S/cm$；当选用常数为 10.0 的电极时，测量范围为 $0 \sim 200\,000 \, \mu S/cm$；当电导率大于 $20\,000 \, \mu S/cm$ 时，一定要用电极常数为 10 的电极。

（2）温度测量范围

温度测量范围是 $0 \sim 50 \text{℃}$。

2. 仪器的使用

（1）电极的选择

电导率范围/($\mu S/cm$)	电阻率范围	电极常数/cm^{-1}
$0.05 \sim 20$	$20 \, M\Omega \sim 50 \, k\Omega$	0.01
$1 \sim 200$	$1 \, M\Omega \sim 5 \, k\Omega$	0.1
$10 \sim 10\,000$	$100 \, k\Omega \sim 100 \, \Omega$	1
$100 \sim 200\,000$	$10 \, k\Omega \sim 5 \, \Omega$	10

（2）将电导电极和温度电极分别插入各自插座，并浸入被测溶液中。

（3）插入电源，显示仪器型号后，直接进入测量状态（仪器参数为用户最新设计的参数，仪器出厂时初始值定为 $\kappa = 1.00$，$\alpha = 0.02$），仪器能自动校正、自动量程转换，显示所测的电导率（折算成 25℃时的电导率值，右上角为其单位）及温度值。

3. 电极常数 κ 和温度补偿系数 α 的设置

设置键：按下 E 键，设置电极常数 κ、温度补偿系数 α；P 键设置打印机以打印储存在计算机里的测量数据；L 键设置即时打印中的起始序号。

依次连续按下设置键，可以在设置、调节电导池常数和设置温度补偿系数间翻转而不改变仪器的原设定值。需按下取消键，仪器才能退出设置功能，返回测量状态。

确认键：用于设置当前的操作状态以及操作数据。

Λ 键、V 键：称作上行键、下行键，主要用于调节参数或功能之间的翻转。

取消键：按此键仪器将退出设置功能，返回测量状态。

附录 23 DDS-11A 型电导率仪

DDS-11A 型电导率仪的测量范围广，可以测定一般液体和高纯水的电导率，操作简便，可以直接从表上读取数据，并有 $0 \sim 10 \, mV$ 信号输出，可接自动平衡记录仪进行连续记录。

1. 技术指标

（1）测量范围：$0 \sim 200 \sim 2\,000 \sim 20\,000 \, \mu S/cm$。

(2) 准确度：$\pm 1\%$。

(3) 稳定性：0.5%。

(4) 配套电极：塑料结构，常数为 $1.0 \ \mathrm{cm}^{-1}$。

(5) 温补元件：NTC。

(6) 介质温度：$5\sim50℃$。

(7) 温度补偿：以 $25℃$ 为基准，自动补偿。

(8) 电源消耗：$<1 \ \mathrm{W}$。

(9) 环境条件：温度 $0\sim50℃$，湿度不大于 $85\% \ \mathrm{RH}$。

2. 电极安装

电极安装注意事项：

(1) 电极应安装在管路中位置较低、流速稳定且不易产生气泡处；

(2) 电导池平装和竖装都应深入到活动水体；

(3) 测量信号属于微弱电信号，其采集电缆应独立走线，禁止和动力线、控制线连接在同一组电缆接头或端子板中，以免受潮干扰或击穿损坏测量单元；

(4) 测量电缆需加长时，请与厂家联系或供货前约定。

3. 设置

仪表安装完毕后，接通电源，请进行如下操作。

(1) 常数校正

将后面板短路插片 K1 移至 CHECK（校正位）位置，显示屏显示的数据为电极常数值，如遇所配电极常数不符，可调节 CHECK 按钮使其相符。

(2) 量程选择

将后面板短路插片移至不同的量程挡，可实现量程切换。为获得最佳分辨率请选择合适量程。量程太大，读数精度会有所降低。显示为"1"时，表示被测溶液的电导率超过该量程，此时应切换至高一挡的量程。

4. 使用方法

(1) 打开电源开关前，应观察表针是否指零；若不指零，可调节表头的螺丝，使表针指零。

(2) 将校正、测量开关拨在"校正"位置。

(3) 插好电源后，再打开电源开关，此时指示灯亮。预热数分钟，待指针完全稳定下来为止。调节校正调节器，使表针指向满刻度。

(4) 根据待测液电导率的大致范围选用低周或高周，并将高周、低周开关拨向所选位置。

(5) 将量程选择开关拨到测量所需范围。如预先不知道被测溶液电导率的大小，则由最大挡逐挡下降至合适范围，以防表针打弯。

(6) 根据电极选用原则，选好电极并插入电极插口。各类电极要注意调节好配套电极常数，如配套电极常数为 0.95（电极上已标明），则将电极常数调节器调节到相应的位置 0.95 处。

(7) 倾去电导池中的电导水，将电导池和电极用少量待测液洗涤 $2\sim3$ 次，再将电极浸入待测液中并恒温。

（8）将校正、测量开关拨向"测量"，这时表头上的指示读数乘以量程开关的倍率，即为待测液的实际电导率。

（9）当量程开关指向黑点时，读表头上刻度（$0\sim1\ \mu S \cdot cm^{-1}$）的数值；当量程开关指向红点时，读表头下刻度（$0\sim3\ \mu S \cdot cm^{-1}$）的数值。

（10）当用 $0\sim0.1\ \mu S \cdot cm^{-1}$ 或 $0\sim0.3\ \mu S \cdot cm^{-1}$ 这两挡测量高纯水时，在电极未浸入溶液前，调节电容补偿调节器，使表头指示为最小值（此最小值是电极铂片间的漏阻，由于此漏阻的存在，调节电容补偿调节器时表头指针不能达到零点），然后开始测量。

5. 注意事项

（1）电极的引线不能潮湿，否则所测数值不准确。

（2）高纯水应迅速测量，否则空气中 CO_2 溶入水中变为 CO_3^{2-}，使电导率迅速增加。

（3）测定一系列浓度待测液的电导率，应注意按浓度由小到大的顺序测定。

（4）测定完毕，应将电极洗净浸在蒸馏水中。

第13章 设 计 性 实 验

在做完仪器分析"基本实验"的基础上,为了进一步发挥学生的学习主动性,巩固学过的基础知识和操作技术,使学生在查阅文献能力、解决问题和分析问题能力以及动手能力等诸方面得到锻炼与提高,我们增加了一部分设计性实验。这类实验课程具有以前所做实验的延续性、综合性、典型性、探索性。部分设计性实验可以选做,要求学生对老师给定的实验题目通过自己预先查阅参考文献,搜集文献上对该题目的各种分析方法,结合本实验室的设备条件和本人的兴趣,自行推导有关理论,确定实验方法,选择配套仪器设备,拟定具体实验步骤,写出总结报告。在此基础上,同学之间在实验讨论课上交流各自设计的实验,并展开讨论,讨论内容包括以下几方面。

(1) 解决某具体测定对象的各种分析方法、原理,并比较它们的优缺点。

(2) 实验步骤。

(3) 误差来源及消除。

(4) 结果处理。

(5) 注意事项。

(6) 特殊试剂的配制。

设计性实验的核心是设计、选择实验方案,并在实验中检验方案的正确性与合理性。设计时一般包括:根据研究的要求、实验精度的要求以及现有的主要仪器,确定应用原理,选择实验方法与测量方法,选择测量条件与配套仪器以及测量数据的合理处理等。

在进行设计性实验时,应考虑各种误差出现的可能性,分析其产生的原因,并且根据众多的测量数据和检验系统存在的误差,估计其大小并消除或减小系统误差的影响。

希望通过选定的设计性实验实践积累和总结,培养学生进行科学实验的能力和提高进行科学实验的素质。

1. 设计性实验的教学目的

提高学生实验素质和科学研究能力,进行创造性能力的培养。

2. 设计性实验的特点

教师提出实验课题和研究项目,实验室提供条件。学生自行推证有关理论,自行确定实验方法,自行选择和组合配套仪器设备,自行拟订实验程序和注意事项等,做出具有一定精度的定量的测试结果,撰写完整的实验报告。

3. 设计性实验的教学要求

在完成设计性实验的整个过程中,充分反映自己的实际水平与能力,力求有创新。

4. 科学实验设计的原则

(1) 实验方案的选择——最优化原则;

（2）测量方法的选择——误差最小原则；

（3）测量仪器的选择——误差均分原则；

（4）测量条件的选择——最有利原则。

5. 设计性实验的程序

（1）通常分两次完成。

（2）第一次实验,学生学习实验室提供的电子和文字资料,熟悉实验仪器,选定实验内容,拟订实验方案。

（3）在第一次与第二次实验之间,学生可利用业余时间充分酝酿实验方案。

（4）第二次实验,各显神通,全面开展实验。在教师指导下,学生确定具体的实验方法。实验时,根据各自设计的实验,从试剂的配制到最后写出实验报告,都由每一位学生独立完成。

实验一 铝合金中 Mg、Be、Mn、Mo、Fe、Ti、Si 和 Zn 含量的测定

一、目的及要求

1. 了解 ICP - AES 仪器的原理与应用。

2. 了解 ICP - AES 多用途分析途径。

3. 了解铝合金中各元素的多种测定方法。

二、设计思路

1. 在老师的指导下查阅相关文献,了解 ICP - AES 的原理及铝合金的测定常用方法,并了解将 ICP - AES 用于测定铝合金中各元素的优越性。与通常采用的测定方法进行比较。

2. 设计一个包括取样、标准溶液制备、测定原理、具体的实验操作步骤、数据处理及结果评价等方面的可行性方案。

3. 先用传统方法测定。

4. 对比两种方法所得结果,总结仪器分析方法的特点与优势。

5. 完成实验报告,实验报告以论文形式书写,内容包括：题目、摘要、关键词、前言、方法与结果、讨论。讨论部分必须对实验结果和现象做出解释。

三、仪器与试剂

1. 仪器

（1）高频电感耦合等离子直读光谱仪（美国热电公司）；

（2）电子天平；

（3）测定金属离子传统方法使用的仪器等。

2. 试剂

（1）盐酸、硝酸：均为优级纯。

（2）实验室用水：为二次去离子水。

（3）标准贮备溶液：镁、铍、锌、钛、铁、锰、钼标准溶液（$1\,000\ \mu g/mL$）。

（4）硅标准溶液（1 000 μg/mL）。

（5）标准溶液：将标准贮备溶液按合金中各组分的含量要求，稀释成混合标准溶液。

四、知识点

本实验涉及 ICP - AES 仪器的应用、传统测定金属元素分析方法的使用。

五、考察点

ICP - AES 的应用，仪器条件的选择、样品的处理方法，标准曲线的建立及数据处理。

实验二 仪器分析及化学分析方法测定水的硬度

一、目的及要求

指导学生分别采用化学分析方法和仪器分析方法对实验室自来水的硬度进行测定，对比两种方法测定的结果，使学生掌握火焰原子吸收光谱仪的使用，并通过对比，加深学生对仪器分析方法特点的认识。

二、设计思路

1. 指导学生学习火焰原子吸收光谱仪的使用，测定最佳实验条件的选择。

2. 每组学生针对同一份样品（实验室自来水，同一时间取得），采用火焰原子吸收光谱法对其硬度进行测定。

3. 采用 EDTA 配位滴定法对同一份样品进行测定。

4. 对比两种方法所得结果，总结仪器分析方法的特点与优势。

5. 完成实验报告，实验报告以论文形式书写，内容包括：题目、摘要、关键词、前言、方法与结果、讨论。讨论部分必须对实验结果和现象做出解释。

三、仪器与试剂

1. 仪器

（1）TAS - 986 原子吸收分光光度计；

（2）空气压缩机；

（3）乙炔钢瓶；

（4）酸式滴定管。

2. 试剂

（1）16 mol/L 盐酸溶液；

（2）10％氨水；

（3）三乙醇胺溶液；

（4）铬黑 T 指示剂；

（5）pH=10 的氨-氯化铵缓冲溶液；

（6）0.01 mol/L EDTA 标准溶液；

（7）镁标准溶液 0.005 00 mg/mL；

(8) 钙标准溶液 0.100 0 mg/mL。

四、知识点

本实验涉及原子吸收光谱的应用及仪器分析方法的特点。

五、考察点

原子吸收光谱法的应用,标准曲线的建立及数据处理。

实验三　光度法测定双组分混合物

一、目的及要求

1. 掌握光度法测定双组分混合物的原理和方法。
2. 熟悉 UV9600 型双光束紫外-可见分光光度计的使用方法。

二、设计思路

1. 从光度法测定双组分混合物的原理和方法入手,设计一个包括取样、标准溶液制备、测定原理、分析过程、数据处理及结果评价等方面的可行的实验方案。

2. 实验方案中,只能涉及所给的仪器及药品等,不能超出范围;若确实需要补充范围外的仪器和药品,要征得指导教师的同意。

3. 给出数据处理方法和结果准确性评价方法。

4. 完成实验报告,实验报告以论文形式书写,内容包括:题目、摘要、关键词、前言、方法与结果、讨论。讨论部分必须对实验结果和现象做出解释。

三、仪器与试剂

1. 仪器

(1) UV9600 型双光束紫外-可见分光光度计;

(2) 实验室常规玻璃仪器。

2. 试剂

(1) $KMnO_4$、$K_2Cr_2O_7$ 标准溶液;

(2) 随意配制的 $KMnO_4$ 和 $K_2Cr_2O_7$ 混合氧化剂样品。

四、知识点

1. 本实验涉及的 UV9600 型双光束紫外-可见分光光度计;

2. 实验室常规玻璃仪器的正确操作。

五、考察点

UV9600 型双光束紫外-可见分光光度计、实验室常规玻璃仪器的正确操作,标准溶液的制备。

实验四　TOC 分析仪测定水中总碳的方法

一、目的及要求

1. 了解 TOC 分析仪的原理与应用。
2. 了解总碳的测定方法。

二、设计思路

1. 在老师的指导下查阅相关文献,了解水中总有机物的测定方法,了解 TOC 分析仪用于测定总有机物含量的优越性,与通常测定有机物的方法进行比较。
2. 设计一个包括取样、标准溶液制备、测定原理、具体的实验操作步骤、数据处理及结果评价等方面的可行性方案。
3. 对比分析不同水样的预处理方式所得结果和误差原因。
4. 完成实验报告。实验报告以论文形式书写,内容包括:题目、摘要、关键词、前言、方法与结果、讨论。讨论部分必须对实验结果和现象做出解释。

三、仪器与试剂

1. 仪器

Multi N/C2100 TOC 分析仪。

2. 试剂

(1) 邻苯二甲酸氢钾(KHP):优级纯。

(2) KHP 标准溶液配制方法:将 KHP 粉末置于烘箱中,于 110℃下烘干至少 2 h;将 KHP 粉末取出置于干燥箱内,待药品降至室温,称取(2.126±0.001) g,溶于 1 000 mL 纯水中,配制成质量浓度约为 1 000 mg/L 的 KHP 标准液备用。

四、知识点

本实验涉及的 TOC 分析仪的应用、其他有机物测定方法的基本原理和测定方法。

五、考察点

TOC 的应用及操作规程、仪器条件的选择、样品预处理的方法、标准曲线的建立和数据的处理。

实验五　GC 法测定药物中的有机溶剂残留量

一、目的及要求

1. 掌握 GC 法测定药物中残留有机溶剂含量的原理,色谱条件选择的原则,系统适用性内容与测试计算。
2. 熟悉 GC 色谱条件的选择,包括载气流速、柱温、分流比等条件的变化对色谱峰的影响。
3. 熟悉 GC 仪器的操作。

二、设计思路

1. 在老师的指导下查阅文献,查阅中西药物中有机溶剂残留量的 GC 测定方法,以及残留有机溶剂的定义、药典规定的方法等。总结文献资料,参考文献,设计出自己拟采用的实验方法。

2. 以 2～3 人为 1 组,各小组派代表,对文献内容和设计方案进行课堂交流、讨论。最后确定具体实验内容和分析方法。

3. 各小组成员实施自己设定的实验方案。尝试不同的色谱条件,观测色谱峰随色谱条件改变而变化的情况。并根据实际情况调整色谱参数,最后对实验结果进行总结分析。

4. 实验报告以论文形式书写,内容包括:题目、摘要、关键词、前言、方法与结果、讨论。讨论部分必须对实验结果和现象做出解释。

三、仪器与试剂

1. 仪器

(1)气相色谱仪;

(2)气相色谱手动进样针;

(3)分析天平;

(4)漩涡混合器。

2. 试剂

选择 4～5 种中西药物作为分析对象。

四、知识点

本实验涉及仪器分析方法的选择,气相色谱的分离原理及气相色谱的应用。

五、考察点

FID 检测器的使用注意事项、操作 GC 时的开关机顺序,在实验过程中操作的准确性。

实验六　反相高效液相色谱仪测定水中的氟离子

一、目的及要求

1. 了解反相高效液相色谱仪的原理与应用。

2. 了解液相色谱多用途分析途径。

二、设计思路

1. 在老师的指导下查阅相关文献,了解反相高效液相色谱仪的原理及氟化物的测定常用方法,并了解将高效液相色谱(HPLC)用于测定无机离子 F^- 的优越性。与通常采用的电化学方法和专门离子色谱仪测定进行比较。

2. 设计一个包括取样、标准溶液制备、测定原理、具体的实验操作步骤、数据处理及结果评价等方面的可行性方案。

3. 先用电化学分析方法进行测定。

4. 对比两种方法所得结果,总结仪器分析方法的特点与优势。

5. 完成实验报告。

三、仪器及试剂

1. 仪器

(1) Agilent 1200LC 高效液相色谱仪;

(2) PHS-3C 精密酸度计;

(3) IC 柱(ODP-50);

(4) 超声振荡器;

(5) 电化学工作站。

2. 试剂

(1) 氟离子标准溶液 1 000 mg/L;

(2) 混合阴离子标准溶液(F^- 的浓度为 1 000 mg/L,随 Agilent 仪器带);

(3) 流动相添加剂(仪器带);

(4) 乙腈(分析纯);

(5) 实验用水为二次蒸馏水。

四、知识点

本实验涉及高效液相色谱仪的应用、电化学工作站的使用及仪器分析方法的特点。

五、考察点

高效液相色谱的应用,标准曲线的建立及数据处理。

实验七 复方阿司匹林中有效成分的分析测定

一、目的及要求

1. 掌握仪器分析的基本方法。

2. 了解样品分析中前处理的一般程序。

3. 加强对仪器分析方法的理解和应用,提高分析问题、解决问题的能力。

二、设计思路

1. 在老师的指导下查阅文献,了解阿司匹林的主要成分及测定方法。

2. 确定测定方法并设计实验方案。

3. 分析测定并完成实验报告。

三、仪器及试剂

1. 仪器

(1) WQF-510 傅里叶变换红外光谱仪;

（2）压片装置；

（3）Agilent 1200LC 高效液相色谱仪。

2. 试剂

（1）阿司匹林(医用)；

（2）乙醇(分析纯)；

（3）硫酸铁铵(分析纯)；

（4）水杨酸(分析纯)；

（5）盐酸(分析纯)；

（6）冰醋酸(分析纯)；

（7）流动相添加剂(仪器带)；

（8）乙腈(分析纯)；

（9）实验用水为二次蒸馏水。

四、知识点

阿司匹林的测定可选取多种分析测定方法,涉及分子光谱、电位分析及高效液相色谱的使用。

五、考察点

根据待测样品的性质,现有实验条件选择合适的分析测定方法,样品的处理及数据处理。

实验八 工业废水中有机污染物的分离与鉴定

一、目的及要求

1. 学会用多种手段对化合物进行分离与鉴定。

2. 掌握用紫外-可见分光光度计对化合物进行定性分析。

3. 掌握用红外光谱对化合物的鉴定。

4. 掌握用气相色谱法对化合物的定量测定。

二、设计思路

1. 在老师的指导下查阅相关文献,了解工业废水中有机污染物的种类、常用测定方法。

2. 确定自己的测定方法并设计实验方案。如:样品如何采集,样品如何预处理,分离以及分离出的样品如何进行定性鉴定。以标样紫外吸收光谱判断试样中是否含有芳香族化合物。通过有机相样品中特征吸收与标样比较,判定样品是否含有苯、甲苯、硝基苯,确定样品中含有苯、甲苯、硝基苯在红外谱图上的异同点,然后对每种组分用气相色谱法分别进行定量。

3. 分析测定并完成实验报告。

三、仪器与试剂

1. 仪器

（1）UV－9600 型紫外-可见分光光度计；

（2）WQF－510 傅里叶变换红外光谱仪；

(3) 配有 FID 的气相色谱仪；

(4) 各类玻璃仪器。

2. 试剂

(1) 环己烷(分析纯)；

(2) 苯(分析纯)；

(3) 甲苯(分析纯)；

(4) 硝基苯(分析纯)；

(5) 石油醚；

(6) 无水硫酸钠等。

四、知识点

工业废水中有机污染物的分离与鉴定涉及样品预处理、分离以及分离出的样品如何进行定性定量分析。

涉及多种分析仪器，如 UV、FTIR、GC 等仪器的使用。

五、考察点

根据待测样品的性质、现有实验条件，选择合适的分析测定、谱图的分析、结构的确定、样品的处理及数据处理方法。

实验九　鲜花中挥发性成分的分析测定

一、目的及要求

1. 掌握用 GC‐MS 分析的一般过程和主要操作。

2. 了解 GC‐MS 分析条件的设置。

3. 了解 GC‐MS 数据处理方法。

二、设计思路

1. 在老师的指导下查阅相关文献，了解常用的鲜花中挥发性成分的萃取方法以及测定方法。

2. 确定自己的测定方法并设计实验方案，如：如何优选样品的采集方法，优选 GC‐MS 的分析条件(萃取温度、时间等)。

3. 分析测定并讨论两种鲜花中挥发性物质的组成的异同点以及其含量的差异；分析其原因；并分析自己选择的方法的优缺点。

4. 完成实验报告。

三、仪器与试剂

1. 仪器

气相色谱‐质谱联用仪、手动进样器、硅胶垫螺纹口样品瓶。

2. 试剂

(1) 金桂、银桂或其他鲜花；

(2) 各类萃取药品。

四、知识点

涉及鲜花中挥发性物质的萃取方法以及 GC－MS 仪器的使用。

五、考察点

根据待测样品的性质和现有实验条件,选择合适的萃取方法,分析测定方法,谱图的分析,结构的确定,各成分的量的比较以及数据处理等。

实验十　电位滴定仪分析混合碱的组成并确定各组分含量

一、目的及要求

1. 掌握利用电位滴定仪进行混合碱组成确定及各组分含量测定的原理和方法。
2. 掌握自动电位滴定仪的使用。

二、设计要求

1. 从电位滴定法确定混合碱组成及各组分含量测定的原理和方法入手,设计一个包括从取样、标准溶液制备、测定原理、分析过程到数据处理及结果评价等方面的可行的实验方案。
2. 实验方案中,只能涉及所给的仪器及药品等,不能超出范围;若确实需要补充范围外的仪器和药品,要征得指导教师的同意。
3. 可先用传统的双指示剂法进行分析。
4. 使用自动电位滴定方法进行分析,并给出数据处理方法。
5. 对采用两方法所得结果分别进行讨论评价,完成实验报告。

三、仪器与试剂

1. 仪器

(1) ZD－2 型自动电位滴定仪;
(2) 231 型玻璃电极;
(3) 232 型饱和甘汞电极。

2. 试剂

(1) 邻苯二甲酸氢钾标准缓冲溶液:0.05 mol/L(pH＝4 左右)。
(2) 硼砂标准缓冲溶液:0.01 mol/L(pH＝9 左右)。
(3) 盐酸标准溶液:0.2 mol/L。
(4) 酚酞和甲基橙指示剂。
(5) 碳酸钠和碳酸氢钠混合碱。

四、知识点

本实验涉及 ZD－2 型自动电位滴定仪的使用。

五、考察点

电位仪的使用情况、滴定过程的正确操作、数据的处理方法。

实验十一 绿色植物叶子中叶绿素含量 测定的质量控制和统计分析

一、目的及要求

1. 掌握质控图的构成,了解质量控制在分析测定中的重要作用。
2. 理解方差分析在实践中的运用。
3. 通过实践,初步掌握正确的采样方法。
4. 掌握用双波长分光光度法同时测定叶绿素 a 和 b 的方法。

二、实验原理

叶绿素 a 和 b 微溶于水,易溶于有机溶剂(丙酮、乙醛等),因此能够容易地用丙酮-水体系把它们从植物叶子中提取出来。叶绿素的结构如图 13-1 所示。

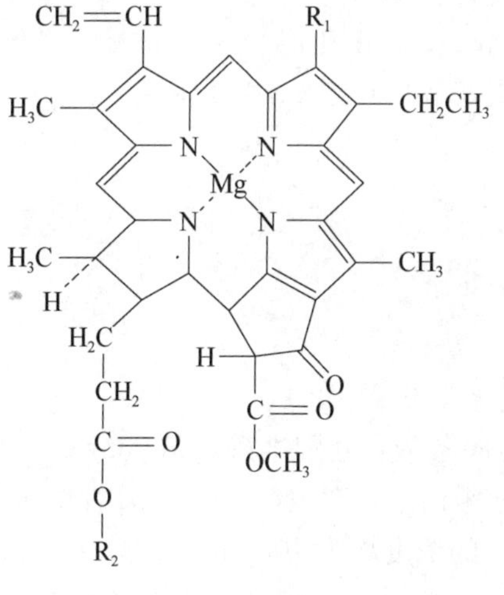

R₁= —CH₃(叶绿素a),—CHO(叶绿素b)

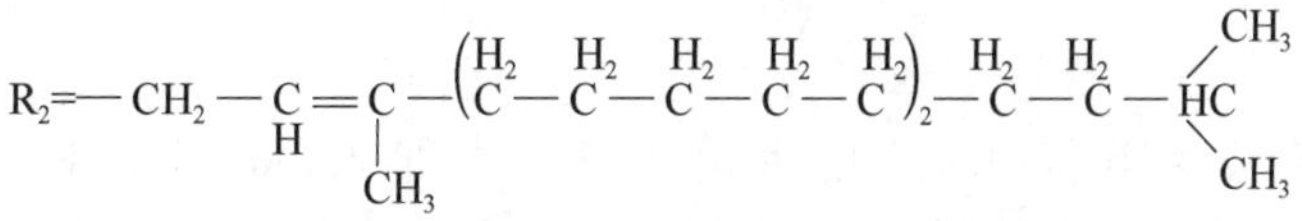

R₂= —CH₂—C=C（C—C—C—C—C）₂—C—C—HC...

图 13-1 叶绿素的结构

从它们的光谱图可知,用双波长($\lambda_1=645\ \text{nm}$,$\lambda_2=663\ \text{nm}$)法可以同时测定叶绿素 a 和 b 的含量:

$$
\begin{cases}
A_{\lambda_1}^{a+b}=\varepsilon_{\lambda_1}^{a}c_a+\varepsilon_{\lambda_1}^{b}c_b \\
A_{\lambda_2}^{a+b}=\varepsilon_{\lambda_2}^{a}c_a+\varepsilon_{\lambda_2}^{b}c_b
\end{cases}
\tag{13-1}
$$

解此联立方程式,得

$$c_a = \frac{A_{\lambda_1}^{a+b} \varepsilon_{\lambda_2}^b - A_{\lambda_2}^{a+b} \varepsilon_{\lambda_1}^b}{\varepsilon_{\lambda_1}^a \varepsilon_{\lambda_2}^b - \varepsilon_{\lambda_2}^a \varepsilon_{\lambda_1}^b} \tag{13-2}$$

$$c_b = \frac{A_{\lambda_1}^{a+b} - \varepsilon_{\lambda_1}^a c_a}{\varepsilon_{\lambda_1}^b} \tag{13-3}$$

式中,$\varepsilon_{\lambda_1}^a$,$\varepsilon_{\lambda_2}^a$,$\varepsilon_{\lambda_1}^b$,$\varepsilon_{\lambda_2}^b$ 分别代表叶绿素 a 和 b 在 λ_1 和 λ_2 波长处的摩尔吸光系数。

在 λ_1 和 λ_2 处,通过分别测定叶绿素 a 和 b 标准系列溶液的吸光度,绘制标准曲线,标准曲线的斜率即为叶绿素 a 和 b 在 λ_1 和 λ_2 处的摩尔吸光系数 $\varepsilon_{\lambda_1}^a$、$\varepsilon_{\lambda_1}^b$、$\varepsilon_{\lambda_2}^b$ 和 $\varepsilon_{\lambda_2}^a$。求得了这些值,再在 λ_1 和 λ_2 波长下,测定叶绿素 a 和 b 样品溶液的吸光度 $A_{\lambda_1}^{a+b}$ 和 $A_{\lambda_2}^{a+b}$,代入式(13-2)、式(13-3)就可以计算试样中叶绿素 a 和 b 的浓度。

三、仪器与试剂

1. 仪器

(1) 722 型光栅分光光度计:1 套。

(2) 容量瓶:250 mL 4 只,100 mL 10 只。

(3) 吸量管:10 mL 1 支,5 mL 1 支,2 mL 1 支。

(4) 烧瓶:100 mL 2 只。

(5) 玻璃研钵和短颈漏斗:各 1 个。

(6) 剪刀:1 把。

(7) 采样塑料袋、量筒等若干。

2. 试剂

(1) 丙酮-水溶液(体积比等于 80:20)。

(2) 叶绿素 a 和 b 标准储备液:分别准确称取叶绿素 a 和 b 标准品 25.0 mg 于 2 只 100 mL 烧瓶中,用丙酮-水溶液溶解,定量移至 250 mL 容量瓶中,用 80:20 的丙酮-水溶液稀释至刻度,则叶绿素 a 和 b 的浓度均为 100 mg/L。

四、实验步骤

1. 采样

选定研究对象(如麦叶、草叶、菜叶、稻叶等)和采样地点,将 15 名学生分成 3 组,每组 5 人,选择一个地区采样。每个地区分 5 个采样点,每名学生负责一个采样点采集样本,将样本保存于干净的塑料袋或塑料瓶中。

2. 样品处理

每位学生将自己采集的样本叶子用剪刀剪碎,并且四等分,在每个等分中准确称取约 0.15 g 碎叶子于玻璃研钵中,加少量丙酮-水溶液,研细,以利于完全提取叶绿素,当溶液变绿后,过滤于 25 mL 容量瓶中。应进行多次提取,直至叶子失去绿色,最后用 80:20 的丙酮-水溶液稀释至刻度线。由预备案准备的质控样品要与样品平行进行处理(每位学生给一个质控样品以对学生的分析质量进行监测)。

3. 分析

取 5 只 100 mL 容量瓶,分别移取 2.00 mL, 3.00 mL, 4.00 mL, 5.00 mL, 6.00 mL 叶绿素 a 标准储备液,另取 5 只 100 mL 容量瓶,分别移取 0.50 mL, 1.00 mL, 1.50 mL, 2.00 mL, 2.50 mL 叶绿素 b 标准储备液,皆用 80∶20 的丙酮-水溶液稀释至刻度表,摇匀。在 645 nm 和 663 nm 处分别测定其吸光度,并绘制出四条相应的标准曲线,求出 $\varepsilon_{\lambda_1}^a$、$\varepsilon_{\lambda_2}^b$、$\varepsilon_{\lambda_1}^b$ 和 $\varepsilon_{\lambda_2}^a$。

在同样条件下,测定质控样品和实际样品溶液的吸光度 A_{λ_1} 和 A_{λ_2},代入式(13-2)和式(13-3),计算出质控样品和实际样品溶液中叶绿素 a 和 b 的浓度,进而计算实际样品中叶绿素的含量(以 mg/g 为单位)。

五、数据处理

1. 结构质控图

质控样品的 $\bar{x}$ 和 s 由预备室提供,根据所绘制的 $\bar{x}$ 和 s 值,构成一幅全班学生样品测定的质量控制图。

2. 列出方差分析表

计算样本的总均值、均值均方、样本间和样本内均方,并列出方差分析表。

3. 统计分析和比较

(1) 利用方差分析表,采用 F 检验法判断每一个地区样本均值之间是否存在显著性差异。并由此说明样本总均值能否代表该地区植物的总体。

(2) 采用 F 检验法和 t 检验法对不同地区样本总体进行显著比较,并由此说明不同地区样本性质是否存在差异。

六、注意事项

1. 这个实验的目的是说明质量控制和方差分析技术在实践中是如何运用并完成的,使学生能够得到直接的练习并且亲身体会到采样的重要性。这个实验的结果是全班学生合作产生的,要求每个学生从采样到分析自始至终都要以对全班高度负责的态度进行工作。凡是质控样品测定值超过控制值的,其相应的样品测定值在统计分析时应剔除出去。

2. 预备室在采集质控样品时,要选择均质同种植物,并重复测定 20 次以上,其结果平均值 x 和 s 值才能用于构造控制图。这种由实验制定的质量标准,用于质控分析,也称为室内质控。

3. 只有先用 F 检验法证明所采集的样本能够代表本地区样本总体,然后才能利用样本总均值性质进行补贴地区样本总体性质的比较。

七、思考题

1. 如何构造质控图?在构造质控图时应注意哪些问题?

2. 结合本实验说明如何进行方差分析。

3. 结合本实验,你认为采样过程中应该注意哪些问题?

4. 简述双波长分光光度法测定原理。

附录 24 自选实验题目

综合设计性实验自选题
(学生除了从实验一～实验十一中选题外,还可以从下列题目中选做)

1. 人发中微量元素铜和锌的测定。

2. 城市干道树叶上铅的分析统计。

3. 茶叶中咖啡因的测定。

4. 奶粉中微量元素分析。

5. 大气浮尘中微量元素分析。

6. 矿泉水中金属微量元素分析。

7. 尿中钙、镁、钠和钾的测定。

8. 血清或血浆中铜和锌的测定。

9. 鱼或肉中铅的测定。

10. 番茄中维生素 C 的测定。

11. 止痛片中阿司匹林、非那汀和咖啡因含量的测定。

12. 水样中的六六六、滴滴涕含量的测定。

13. 光度法测定矿物油中油的含量。

为了帮助学生迅速、准确地搜集到切合所选的设计性实验题目的文献资料,下面列出一些常用的书刊、手册以供参考。

一、教科书

[1] 方惠群,史坚,倪君蒂.仪器分析原理.南京:南京大学出版社,1994.

[2] 北京大学化学系仪器分析教学组.仪器分析教程.北京:北京大学出版社,1997.

[3] 赵藻藩,周性尧,张悟铭,等.仪器分析.北京:高等教育出版社,1990.

[4] 戚菩,陈佩琴,翁笃蓉,等.化学分析与仪器分析实验.南京:南京大学出版社,1992.

[5] 复旦大学化学系《仪器分析实验》编写组.仪器分析实验.上海:复旦大学出版社,1986.

[6] 北京大学化学系分析化学教研组.基础分析化学实验.北京:北京大学出版社,1998.

[7] Sawyer DT,Heineman WR,Beebe JM.仪器分析实验.方惠群,等译.南京:南京大学出版社,1989.

[8] Sawyer DT,Heineman WR,Beebe JM. Chemistry Experiments for Instrumental Methods. NewYork:Wiley,1984.

二、辞典、手册和图集

[1] 《中国大百科全书化学卷》(分两册),由中国大百科全书出版社于 1989 年出版。

[2] 《Dictionary of Organic Compounds》(有机化合物辞典).由 J. Buckingham 主编,Chapman and Hall 1982 年出版。其第 3 版已译成中文,名为《汉译海氏有机化合

物辞典》。

[3] 《化工百科全书》,共 18 卷,由化学工业出版社出版。全书词目约有半数为物质类词条,从多方面对化学品、系列产品进行阐述,内容包括物理和化学性质、用途和应用技术、生产方法、分析测试等。

[4] 《Lange's Hand book of Chemistry》(兰氏化学手册)Dean J.A. 主编,McGraw-Hill Book Company 出版,这是一本最常用的化学手册,已译成中文,名为《兰氏化学手册》,由科学出版社 1991 年出版。

[5] 《分析化学手册》,杭州大学化学系分析化学教研室、成都科技大学化学系近代分析专业教研组、中国原子科学院药物研究所合编,自 1979 年起由化学工业出版社陆续出版。

[6] 《现代化学试剂手册》,梁树权、王爕、曹庭礼、张泰、时雨组织编写,自 1987 年起由化学工业出版社陆续出版。全书分通用试剂、化学分析试剂、金属有机试剂、无机离子显色剂、生化试剂、临床试剂、高纯试剂和总索引等分册。

[7] 《Sadder Reference Spectra Collection》(萨德勒标准光谱集),由美国费城 Sadder Research Laboratories(萨德勒研究实验室)收集、整理和编辑出版,收录范围:红外、紫外、核磁、荧光、拉曼以及气相色谱的保留指数等,是迄今为止在光谱方面篇幅最大的一套综合性图谱集。

三、期刊

1. 期刊式检索工具

期刊式检索工具是像期刊一样的定期连续出版物,具有收集文献量大、面广、出版速度快等优点,是手工检索原始文献最重要的工具。有关分析化学的检索期刊列举如下。

(1)《Analytical Abstracts》(英国分析文摘),创刊于 1954 年,月刊,是一部分析化学学科的综合性文摘。

(2)《分析化学文摘》,创刊于 1960 年,月刊,由中国科学技术信息研究所重庆分所编辑,科学技术文献出版社重庆分社出版。

(3)《Chemical Abstracts》(美国化学文摘),创刊于 1907 年,现为周刊。其摘录范围包括刊物 16 000 余种,会议录、专利、政府报告、学位论文和图书,是化学工作者检索化学文献最重要、最方便的检索工具。

2. 分析期刊

(1)《分析化学》,创刊于 1973 年,现为月刊,中国化学会主办,该会由分析学科委员会领导。

(2)《分析测试通报》,创刊于 1982 年,双月刊,中国分析测试学会主办,内容不限于分析化学本身,还涉及分析测试技术各个方面,除论文、简报、实验技术与方法、综述等栏目外,还有仪器的试制和维护、分析实验室管理。

(3)《理化检验》,创刊于 1965 年,双月刊,分成《物理分册》和《化学分册》。由中国机械师学会、理化检验学会及上海材料研究所联合主办。刊载文章侧重黑色、有色金属及其原材料的化学分析与仪器分析等方面的研究成果及新技术、新方法等。

(4)《色谱》,创刊于 1984 年,双月刊,中国化学会色谱专业委员会主办,涉及色谱中各个领域的研究论文、简报、综述和应用实例等。

(5)《分析试验室》,创刊于 1982 年,双月刊,以无机分析及有色金属分析为主要内容,中国有色金属工业总公司与中国有色金属学会主办。

(6)《光谱学与光谱分析》,创刊于 1981 年,双月刊,中国光学学会主办,主要登载研究报告与简报。

(7)《冶金分析》,创刊于 1981 年,双月刊,由冶金部钢铁研究总院主办,包括研究与实验报告、综述与评论、经验交流和工作简报等栏目。

(8)《药学学报》,创刊于 1953 年 7 月,月刊,中国药学会主办。

(9)《药物分析杂志》,创刊于 1981 年,双月刊,中国药学会和中国药品生物制品检定所主办。

(10)《环境化学》,创刊于 1982 年,双月刊,中国环境科学学会环境化学专业委员会和中国科学院生态环境研究中心主办。

(11)《食品与发酵工业》,创刊于 1974 年,双月刊,轻工业部食品发酵工业科学研究所、全国食品与发酵工业科技情报站主办。

(12)《高等学校化学学报》,创刊于 1964 年,现为月刊,教育部主办。

附录 25　Multi N/C2100 TOC 操作规程

一、开机准备

1. 打开氧气瓶总阀,调整氧气减压阀的分压阀至 0.2～0.4 MPa。

2. 打开计算机电源。

3. 待主机指示灯变绿后,双击"MultWin"图标,打开软件。

4. 输入软件口令"Admin",然后点击"OK"。

5. 调节针型阀"Main",使 MFM1 的流量数值在 160。

二、标准曲线绘制

1. 点击"Calibration",编辑校准曲线的标准样品份数(4 个以上),输入标准液浓度(mg/L)。

2. 按提示进行测量,标线完成后将标线匹配已建立好的 NPOC 方法。

三、样品测量

点击"Measurement",输入样品名称,按提示吹出二氧化碳,进样 250 μL。

四、样品结果的调出

点击"数据报告/分析数据报告",弹出分析数据表,点击图标,出现列表,在列表中双击自己要查看的结果。

参 考 文 献

［1］ 朱明华.仪器分析[M].3 版.北京：高等教育出版社,2004.

［2］ 高庆宇.仪器分析实验[M].徐州：中国矿业大学出版社,2002.

［3］ 穆华荣,陈志超.仪器分析实验[M].2 版.北京：化学工业出版社,2004.

［4］ 张剑荣,戚苓,方惠群.仪器分析实验[M].北京：科学出版社,1999.

［5］ 高向阳.新编仪器分析[M].北京：科学出版社,2004.

［6］ 胡鹃,等.仪器分析(实验技术)[M].北京：地质出版社,2000.

［7］ 张济新,孙海霖,朱明华.仪器分析实验[M].北京：高等教育出版社,2003.

［8］ 陈培榕,邓勃.现代仪器分析实验与技术[M].北京：清华大学出版社,1999.

［9］ 赵文宽,张悟铭,王长发,等.仪器分析实验[M].北京：高等教育出版社,2003.

［10］ 邓芹英,刘岚,邓慧敏.波谱分析教程[M].北京：科学出版社,2003.

［11］ 韦进宝,钱沙华.环境分析化学[M].北京：化学工业出版社,2002.

［12］ 杨孙楷,苏循荣.仪器分析实验[M].厦门：厦门大学出版社,2000.

［13］ 李克安.分析化学教程[M].北京：北京大学出版社,2005.

［14］ 何锡文.近代分析化学教程[M].北京：高等教育出版社,2005.

［15］ 万家亮.现代光谱分析手册[M].武汉：华中师范大学出版社,1987.

［16］ 张剑荣,余晓冬,屠一锋,等.仪器分析实验[M].2 版.北京：科学出版社,2009.